土木建筑工人职业技能考试习题集

木 工

马丽琴　主编

中国建筑工业出版社

图书在版编目（CIP）数据

木工／马丽琴主编．—北京：中国建筑工业出版社，
2014.6

（土木建筑工人职业技能考试习题集）

ISBN 978-7-112-16791-3

Ⅰ.①木… Ⅱ.①马… Ⅲ.①建筑工程—木工—技术培训—习题集 Ⅳ.①TU759.1-44

中国版本图书馆 CIP 数据核字（2014）第 088507 号

土木建筑工人职业技能考试习题集

木　工

马丽琴　主编

*

中国建筑工业出版社出版、发行（北京西郊百万庄）

各地新华书店、建筑书店经销

北京永峥印刷有限公司制版

北京云浩印刷有限责任公司印刷

*

开本：850×1168毫米　1/32　印张：12　字数：323千字

2014 年 9 月第一版　2014 年 9 月第一次印刷

定价：**38.00**元

ISBN 978-7-112-16791-3

（25436）

本习题集根据现行职业技能鉴定考核方式，分为初级工、中级工、高级工三个部分，采用选择题、判断题、计算题、填空题、简答题、实际操作题的形式进行编写。

本习题集主要以现行职业技能鉴定的题型为主，针对目前土木建筑工人技术素质的实际情况和培训考试的具体要求，本着科学性、实用性、可读性的原则进行编写。可帮助准备参加技能考核的人员掌握鉴定的范围、内容及自检自测，有利于建筑工程工人岗位等级培训与考核。

本书可作为土木建筑工人职业技能考试复习用书。也可作为广大土木建筑工人学习专业知识的参考书。还可供各类技术院校师生使用。

*   *   *

责任编辑：胡明安
责任设计：李志立
责任校对：陈晶晶 赵 颖

前　言

随着我国经济的快速发展，为了促进建设行业职工培训、加强建设系统各行业的劳动管理，开展职业技能岗位培训和鉴定工作，进一步提高劳动者的综合素质，受中国建筑工业出版社的委托，我们编写了这套《土木建筑工人职业技能考试习题集》，分10个工种，分别是：《木工》、《瓦工》、《混凝土工》、《钢筋工》、《防水工》、《抹灰工》、《架子工》、《砌筑工》、《建筑油漆工》、《测量放线工》。本套习题集根据现行职业技能鉴定考核方式，分为初级工、中级工、高级工三个部分，采用选择题、判断题、简答题、计算题、填空题、实际操作题的形式进行编写。

本套书的编写从实践入手，针对目前土木建筑工人技术素质的实际情况和培训考试的具体要求，以贯彻执行国家现行最新职业鉴定标准、规范、定额和施工技术，体现最新技术成果为指导思想，本着科学性、实用性、可读性的原则进行编写，本套习题集适用于各级培训鉴定机构组织学员考核复习和申请参加技能考试的学员自学使用，可帮助准备参加技能考核的人员掌握鉴定的范围、内容及自检自测，有利于建筑工程工人岗位等级培训与考核。本套习题集对于各类技术学校师生、相关技术人员也有一定的参考价值。

本套习题集的内容基本覆盖了相应工种"岗位鉴定规范"对初、中、高级工的知识和技能要求，注重突出职业技能培训考核的实用性，对基本知识、专业知识和相关知识有适当的比重分配，尽可能做到简明扼要，突出重点，在基本保证知识连贯性的基础上，突出针对性、典型性和实用性，适应土木建筑工人知识与技能学习的需要。由于全国地区差异、行业差异及企业差异较大，使用本套习题集时各单位可根据本地区、本行业、本单位的具体情况，适当增加或删除一些内容。

本书由广州市市政职业学校的马丽琴主编。

在编写过程中参照了部分培训教材，采用了最新施工规范和技术标准。由于编者水平有限，书中难免存在若干不足甚至错误之处，恳请读者在使用过程中提出宝贵意见，以便不断改进完善。

编者

目　录

第一部分　初级木工

第二部分　中级木工

第三部分　高级木工

第一部分 初级木工

1.1 单项选择题

1. 常见的轻钢龙骨的非上人主龙骨的型号有（A）。
A. 38 型　　B. 50 型　　　C. 60 型　　　D. 30 型

2. 纸面石膏板的主要组成材料为（C）。
A. 纸纤维　　B. 矿渣棉　　　C. 熟石膏　　　D. 石灰石

3. 矿棉板顶主要和（A）配套使用。
A. T 形龙骨　B. U 形龙骨　C. L 形龙骨　D. H 形龙骨

4. 铝合金或矿棉板吊顶的主龙骨选用（B）。
A. 三角龙骨　B. 38U 形龙骨　C. T 形龙骨　D. L 形龙骨

5. 石膏板的拼接应为（C）拼接形式。
A. 平接缝　　B. 对接缝　　C. 错缝拼接　　D. 以上都不是

6. 木龙骨最重要的施工注意事项为（C）。
A. 四面刨平　　　　　　　　　B. 含水率要达标
C. 要涂刷防火涂料两遍以上　　D. 以上都不是

7. 轻钢龙骨石膏板吊顶的主龙骨吊筋尺寸常用的为（B）。
A. $\phi 410$　　B. $\phi 48$　　C. $\phi 44$　　D. $\phi 46$

8. 绝大部分的塑料地板属于（A）类的地板。
A. 聚乙烯　B. 聚丙烯　C. 聚氯乙烯　D. 以上都不是

9. 塑料地板在铺贴前应进行（A）的处理。
A. 除蜡脱脂　B. 清洁　C. 热水浸泡　D. 以上都不是

10. 塑料地板粘贴好后，要保证（B）小时不上人。
A. 12　　B. 24　　C. 36　　D. 30

11. 塑料地板焊接时，最好是（A）人操作。

A. 2　　B. 4　　C. 1　　D. 8

12. 木地板的搁栅间距一般为（A）。

A. 4000mm　　B. 500mm　　C. 600mm　　D. 300mm

13. 踢脚板的拼接一般为（B）的拼接。

A. 30°　　B. 90°　　C. 45°　　D. 60°

14. 木地板要求其含水率约在（A）以内。

A. 10%　　B. 15%　　C. 8%　　D. 20%

15. 制作窗帘盒一般应选用（B）。

A. 实木板　　B. 机拼硬芯木工板　　C. 纤维板　　D. 刨花板

16. 木窗台的收边厚度标准为（B）。

A. 同结构层　　　　　　B. 盖住结构面层

C. 视效果可任意厚度　　D. 以上都不是

17. 职业一词包括两层含义。"职"包含着（D）的意思；"业"包含着业务、事业，具有独特性的专业工作的意思。

A. 职责　　　　　　B. 权利和义务

C. 职责和权利　　　D. 职责、权利和义务

18. 职业种类的划分与（E）相适应，职业是人类社会存在和发展的最基本的社会组织形式。

A. 社会分工　　B. 权利和义务　　C. 人的主观意愿

D. 社会发展　　E. 社会分工和生产内部的劳动分工

19. 在材垛之间，要留出足够的作业通道和防火线。留出的防火线的宽度决定于材种的长短，应便于检尺和搬运，一般为（C），材垛之间的通道决定于作业方式，一般不少于5m，如果是机械装卸则不能少于7m，用以防火及便于搬运。

A. 5m　　B. 3m　　C. 1.5~2m　　D. 1m

20. 安全文明施工是建设行业对每个项目最基本的要求，既要保证施工质量，又要保证（D）。

A. 施工规范　　B. 施工成本　　C. 施工进度　　D. 施工安全

21. 木制品完工后第一步工序是（C）。

A. 机具、余料退场　　B. 测量工作量

C. 现场清洁　　　　　D. 机具保养

22. 把施工质量从事后把关，变为（D）。

A. 预防控制　B. 事中控制　C. 事后控制　D. 事前控制

23. 事前控制是对（A）的质量控制。

A. 投入资源和条件　　B. 工序

C. 分部、分项工程　　D. 生产过程

24. 事中控制是对（B）的质量控制。

A. 投入资源和条件　　　　B. 生产过程及各环节

C. 图纸会审及技术交底　　D. 施工方案

25. 事后控制是对（C）的质量控制。

A. 生产过程　B. 隐蔽工程　C. 中间产品　D. 工程产出品

26. 施工过程质量控制重点是（C）。

A. 设计变更与图纸修改的审核

B. 中间产品质量控制

C. 工序控制

D. 分部、分项工程质量评定

27. 隐蔽工程检查主要项目有（D）。

A. 门窗套检查　　　　B. 实木地板检查

C. 墙面木造型饰面　　D. 吊顶轻钢龙骨结构检查

28. 安装木门窗的铰链时，应用木螺钉固定，不要用钉替代。一般先将木螺钉敲入木内（B），然后用旋具拧紧。对于硬木则可先钻（B）深度的孔，再将螺钉拧进。

A. 1/4　　B. 1/3　　C. 1/2　　D. 2/3

29. 工程材料检验对不合格品要采取标识、（A）、退场等措施。

A. 隔离　　B. 实验　　C. 抽检　　D. 机具保养

30. 三角形木屋架的弦杆、斜杆、竖杆连接处是（C）。

A. 端节点　　B. 脊节点　　C. 中间节点　　D. 中央节点

31. （C）一般是在斜杆端头作凸榫，弦杆上开榫齿，齿深

小于或等于弦杆截面高度1/4，并不限于20mm，凸榫抵紧于槽齿内。

 A. 端节点 B. 脊节点 C. 中间节点 D. 中央节点

32. 对于三角形木屋架的中间节点，当竖杆是木料时，一般将竖杆夹在弦杆两侧，再用螺栓与弦杆连接，注意所用螺栓的直径应不小于（D），所用垫板的厚度应不小于直径的 3.5 倍。

 A. 50mm B. 20mm C. 10mm D. 12mm

33. 屋架起拱的高度一般为其跨度的（C）、起拱一般利用下弦接头，做成一至两个曲折点，当下弦有两个接头时，起拱点在下弦的 1/3 处。

 A. 1/100 B. 1/400 C. 1/200 D. 1/600

34. 制作木屋架时，如果选夹板料，必须选用优等材制作。当下弦采用湿材制作时，木夹板厚度应取下弦宽度的（D）。

 A. 1/3 B. 2/5 C. 1/2 D. 2/3

35. 在铺钉木屋架屋面板时，屋面板的接头应在檩、椽条上并分段错开，每段接头处板的总宽度不大于（B），应无漏钉现象。

 A. 2m B. 1m C. 5m D. 4m

36. 封檐板和封山板要表面光洁，接头采用燕尾榫并镶接严密，下边缘至少低于檐口平顶（C）。

 A. 60mm B. 80mm C. 25mm D. 50mm

37. 用一个剖切面完全地剖开工业产品后所得的剖视图称（A）。

 A. 全剖视 B. 半剖视 C. 局部剖视 D. 旋转剖视

38. 只反映家具造型和功能的设计图是满足不了要求的，因此这就要进一步划出家具的内外详细结构，包括零、部件的形状、它们之间的连接方法等，这种图样称为（C）。

 A. 剖视图 B. 零件图 C. 装配图 D. 俯视图

39. 我国树木种类大约有七千余种，一般分为针叶树和（D）两大类。

A. 圆木　B. 常绿树　　C. 软木　　D. 阔叶树

40. 圆木是由（B）按一定尺寸加工成规定直径和长度的木材。又分为直接使用圆木和加工用圆木。

A. 锯材　B. 原条　C. 橡木　D. 木质人造板材

41. 圆木径级应在小头通过断面中心量得的（B）直径作为检尺径。

A. 1/2　B. 最小　C. 最大　D. 2 倍

42. 榫头加工时为了使榫头插入榫眼，常将榫端的两面或四面加工成（B）的斜棱。

A. 90°　B. 30°　C. 45°　D. 60°

43. 树干中的活枝条或枯枝条在树干中着生的断面称为（D）。按节子质地及其与周围木材相结合的程度，主要分为活节、死节、漏节三种。

A. 木瘤　B. 腐朽　C. 裂纹　D. 节子

44. 木材缺陷中的腐朽按在树干（C）的不同，分为外部腐朽和内部腐朽。

A. 分布大小　B. 分布时间　C. 分布部位　D. 分布密度

45. 木材经过良好的干燥，可以提高木材的强度，防止变形、开裂和腐朽并可提高加工的精确度，（A）是目前一些木材加工企业主要采取的一种干燥方法。

A. 天然干燥法　B. 人工干燥法　C. 红外线法　D. 烟熏法

46. 人造板材中的（B）是利用胶粘剂（合成树脂胶）在一定的温度和压力下，把破碎成一定规格的碎木、刨花胶合而成的一种人造板。

A. 胶合板　B. 刨花板　C. 细木工板　D. 纤维板

47. 目前，在木材工业中使用的多为骨胶，由于它价廉和使用方便，在家具制造上用得较多。但由于其原料为动物皮骨，来源受到限制，故近年来常用（B）来代替。

A. 皮胶　B. 酚醛树脂胶

C. 白乳胶　D. 聚醋酸乙烯酯胶粘剂

48. 表面上看，（A）与普通铰链相类似，但是，由于其在两管脚之间装有尼龙垫圈，因此，门扇转动轻便、灵活，且无摩擦噪声，表面镀铬或古铜，外型美观，故多用于高档建筑房门。

A. 无声铰链　B. 轻型铰链　C. 轴承铰链　D. 扇形铰链

49. 一般在工程测量中，我国采用的测量单位是国际单位：米，在环境建筑和室内空间中我们常常使用的测量单位是（B）。

A. m　　B. mm　　C. cm　　D. nm

50. 力的大小反映物体间相互作用的强弱程度。通常可以由数量表示出来，力的度量单位采用国际单位制（SI）。在国际单位制中，力的单位用（A）。

A. 牛顿或千牛顿　　B. 平方米或平方公里

C. 克或千克　　　　D. 米或千米

51. 普通木工刨的刨刀，它的锋利和迟钝以及磨后使用是否长久，与刃锋的角度大小有关，刨削硬木的刨刃，它的角度为（B）。

A. 25°　　B. 35°　　C. 30°　　D. 20°

52. 凡是发生弯曲变形或以弯曲变形为主的杆件或构件，通常叫做（B）。

A. 柱　　B. 梁　　C. 桁架　　D. 板

53. 普通木工刨的刨刀，它的锋利和迟钝以及磨后使用是否长久，与刃锋的角度大小有关，一般刨刀，它的角度为（A）。

A. 25°　　B. 35°　　C. 30°　　D. 20°

54. 普通木工刨的刨刀，它的锋利和迟钝以及磨后使用是否长久，与刃锋的角度大小有关，粗刃刨刀，它的角度为（C）。

A. 25°　　B. 35°　　C. 30°　　D. 20°

55. 三角尺也称斜尺，是由不易变形的木料或金属片制成，是划（B）斜角结合线不可缺少的工具。

A. 30°　　B. 45°　　C. 60°　　D. 120°

56. 竹笔又称（C），在建筑施工制造门窗、模型板、屋架、放线等工程以及民用木工制作家具方面广泛使用。

A. 墨株　　　B. 墨斗　　　C. 墨衬　　　D. 勒子

57. 在锯削过程中，推锯要有力，但锯回拉时用力要轻。尽量加大推拉距离，锯的上端向后倾斜，使锯条与木料表面的夹角约成（C）左右。

A. 30°　　　B. 60°　　　C. 70°　　　D. 90°

58. （A）是木工使用最多的一种刨，主要用来刨削木料的表面。

A. 平刨　　　B. 槽刨　　　C. 线刨　　　D. 边刨

59. 大平刨又称邦克，其长度为（B），由于刨床较长，专供板方材的刨削拼缝之用。

A. 300mm　　　B. 600mm　　　C. 900mm　　　D. 1200mm

60. 钉冲子是用来将圆钉打入木材内部的专用工具。尖端应磨成（D），另一端为平顶，便于锤击。

A. 方形　　　B. 平顶　　　C. 三角形　　　D. 扇形

61. 单刃斧的刃在一面，角度约为（A），导向性好，砍削面较平整，且刃磨容易，适合于砍而不适合于劈。

A. 35°　　　B. 15°　　　C. 60°　　　D. 75°

62. （C）常采用带状砂磨，用于各种不同场合的表面砂光及水磨涂饰表面等多种用途。按结构分有带式、盘式、振动式等几种。

A. 手提式电锯　　　　　　B. 手提式电刨
C. 手提式电动磨光机　　　D. 手提式电钻

63. 木门的种类很多，（A）的构造简单，开启灵活，加工制作简便，易于维修，是建筑中最常见、使用最广泛的一种门。

A. 平开门　　　B. 弹簧门　　　C. 推拉门　　　D. 折叠门

64. 当门扇高度大于（C）时，一般采用下滑式推拉门，即在门扇下部设置滑轮，将滑轮置于预埋在地面的铁轨（下导轨）上。

A. 2m　　　B. 3m　　　C. 4m　　　D. 5m

65. 折叠门按开启方式可分为侧挂式折叠门和推拉式折叠门两种。由多扇门构成，每扇门宽度 500～1000mm 一般以（A）为宜，适用于宽度较大的洞口。

A. 600mm　　B. 700mm　　C. 800mm　　D. 900mm

66. （B）具有构造简单，开启灵活，制作维修方便等特性，是民用建筑中使用最广泛的窗。

A. 悬窗　　B. 平开窗　　C. 飘窗　　D. 固定窗

67. 门窗用材应尽量采取用窑干法干燥的木材，含水率要控制在（B）以内，并作防虫、防腐、防火处理。

A. 8%　　B. 12%　　C. 14%　　D. 16%

68. 门窗框、扇的立梃与冒头节点处采用（C）角交接，交接处要严密，不得出现高低或互相错开现象，两条边的合角处如能相互对齐者为交圈整齐。

A. 35°　　B. 15°　　C. 45°　　D. 75°

69. 办公桌属于下列哪类家具（B）。

A. 支承类家具　　　B. 凭倚类家具
C. 贮存类家具　　　D. 板式家具

70. 方凳的拉脚档应采用（A）榫头形式与腿接合较合适。

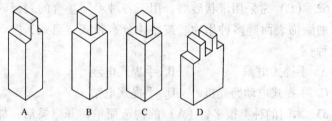

71. 下列（D）家具不属于拆装式家具。

A. KD 家具　　　　　B. RTA 家具
C. "32mm" 系统家具　　D. SOHO 家具

72. 在进行刨削加工时，为了保证刨削质量，刨削中如遇到节疤、纹理不顺或材质坚硬的木料时，应采取下面（C）操作。

A. 先在毛料上加工出正确的基准面

B. 操作者应适当加快进料速度

C. 操作者应适当降低进料速度

D. 保持刨削进料速度均匀

73. 对于翘曲变形的工件进行刨削加工时，一般应按（B）操作。

A. 要先刨大面，后刨小面

B. 要先刨其凹面，将凹面的凸出端或边沿部分多刨几次，直到凹面基本平直，再全面刨削

C. 要先刨其凸面，将凸面刨到基本平直，再全面刨削

D. 应先刨最大凸出部位，并保持两端平衡，刨削进料速度均匀

74. 在平刨上加工基准面时，为获得光洁平整的表面，应按（D）调整。

A. 将前、后工作台调平行并在同一水平面上，柱形刀头切削圆的上层切线与工作台面间保持一次走刀的切削量

B. 将前、后工作台调平行，调整导尺与工作台面的夹角，使其成直角

C. 将平刨的前工作台平面调整至柱形刀头切削圆同一切线上，前、后工作台保持平行

D. 将平刨的后工作台平面调整至柱形刀头切削圆同一切线上，前、后工作台保持平行

75. 倾斜的端基准面（即端面与侧面不垂直）的加工可以在下列（A）机床上进行。

A. 精密圆锯机或悬臂式万能圆锯机　　B. 平刨或压刨

C. 带锯　　　　　　　　　　　　　　D. 双端铣

76. 拼板操作时，下面（B）操作或要求不正确。

A. 用于拼板的单块木板的宽度应有所限制

B. 要求配料时的木材含水率应接近使用地区或场所的平衡含水率

C. 拼接时，先将加工好的木板摆到一起，让木纹的走向一

致，而年轮的方向要相反

D. 涂胶后，应将拼接的两块木板作前后搓动，并将多余的胶液推挤出

77. 关于直角榫接合的技术要求，下面（A）描述是错误的。

A. 当榫头的厚度略大于榫眼的宽度 0.1 时，接合较紧密

B. 榫头的宽度比榫眼长度大 0.5 ~ 1.0mm 时，接合强度最大

C. 当采用暗榫接合时，榫头的长度不小于榫眼零件宽度（或厚度）的 1/2

D. 榫头与榫肩应垂直，也可略小，但不可大于 90°

78. 关于圆榫接合的技术要求，下面（D）描述是错误的。

A. 制造圆榫的材料应选用密度大、无节不朽、无缺陷、纹理通直、具有中等硬度和韧性的木材

B. 当采用暗榫接合时，榫头的长度不小于榫眼零件宽度（或厚度）的 1/2

C. 选用的圆榫直径应为板材厚度的 0.4 ~ 0.5

D. 圆榫应保持干燥，所以不用时要用放在干燥的地方，不得弄潮

79. 普通木工刨的刨刀，它的锋利和迟钝以及磨后使用是否长久，与刃锋的角度大小有关，细刨刨刀，它的角度为（D）。

A. 25°   B. 35°   C. 30°   D. 20°

80. 刨的刨刃应磨成一定的形状，下列（A）形状为正确的。

A. 直线形   B. 凹线圆弧形   C. 凸线圆弧形   D. 斜线形

81. 榫头的厚度视零件的断面尺寸的接合的要求而定，单榫的厚度接近于方材厚度或宽度的（C），双榫的总厚度也接近此数值。

A. 01 ~ 0.3   B. 1 ~ 2   C. 0.4 ~ 0.5   D. 0.8 ~ 0.9

82. 为使榫头易于插入榫眼，常将榫端倒楞，两边或四边削

成（C）的斜棱。当零件的断面超过 40mm × 40mm 时，应采用双榫。

A. 25° 　 B. 35° 　 C. 30° 　 D. 20°

83. 为使榫头易于插入榫眼，常将榫端倒楞，两边或四边削成 30°的斜棱。当零件的断面超过 40mm × 40mm 时，应采用（B）。

A. 多榫 　 B. 双榫 　 C. 燕尾榫 　 D. 直角单榫

84. 榫头的长度根据榫接合的形式而定。采用明榫接合时，榫头的长度等于榫眼零件的宽度（或厚度）当采用暗榫接合时，榫头的长度不小于榫眼零件宽度（或厚度）的（D），一般控制在 25 ~ 35mm 时可获得理想的接合强度。

A. 1/3 　 B. 1/4 　 C. 2/3 　 D. 1/2

85. 榫头的宽度，不宜小于构件宽度的（B），否则容易发生构件断裂的现象。

A. 1/5 　 B. 1/4 　 C. 1/3 　 D. 1/2

86. 榫眼的宽度，不宜大于构件宽度的（B），否则容易发生构件断裂的现象。

A. 1/4 　 B. 1/3 　 C. 1/2 　 D. 3/4

87. 门窗拉手的位置应在门窗扇中线以下。窗拉手一般距地面（C），门拉手一般距地面（D）。

A. 1000 ~ 1200mm 　 　 B. 1200 ~ 1400mm

C. 1500 ~ 1600mm 　 　 D. 800 ~ 1100mm

88. 门窗铰链距上、下边的距离应等于门窗边长的（C），但须错开上、下冒头。装三只铰链时，其中间铰链装于上下铰链中间，但不要正对中冒头。

A. 1/5 　 B. 1/8 　 C. 1/10 　 D. 1/2

89. 门扇离地的风路：外门为 5mm，内门为 8mm，卫生室为 22mm，工业厂房大门为（B），窗扇和下槛间的风路，以单页铰链的厚度为宜。

A. 1.0 ~ 2.5mm 　 　 B. 10 ~ 20mm 　 　 C. 5mm 　 　 D. 2 ~ 5mm

90. 刨削松软且含水率大的木材时，会因刨刀不锋利而产生（C），这一缺陷不克服，将会影响油漆制品质量。

A. 戗槎 　　B. 刨痕 　　C. 毛刺 　　D. 脱棱

91. 机械加工时表面出现的小波纹或手工刨削时出现的不很明显的凹凸不平状态称为（B），可采用净光或手工刨光消除这一缺陷。

A. 戗槎 　　B. 刨痕 　　C. 毛刺 　　D. 脱棱

92. 木门扇的中帽头与挺的连接，常用（C）。

A. 单榫 　　B. 双榫 　　C. 双夹榫 　　D. 燕尾榫

93. 木门扇的下帽头与挺的连接，常用（B）。

A. 单榫 　　B. 双榫 　　C. 双夹榫 　　D. 燕尾榫

94. 木门扇的中贯档与框子梃的连接，常用（C）。

A. 单榫 　　B. 双榫 　　C. 双夹榫 　　D. 燕尾榫

95. 屋面木檩条、木橡条安装时，间距允许的偏差为（B）。

A. -5 　　B. -10 　　C. -15 　　D. -20

96. 对于承重的木结构方木，（A）等材不允许有死节。

A. Ⅰa 　　B. Ⅱa 　　C. Ⅲa 　　D. Ⅱb

97. 对于承重的木结构方木，（A）等材不允许有虫眼。

A. Ⅰa 　　B. Ⅱa 　　C. Ⅲa 　　D. Ⅱb

98. （C）不宜长期用在湿度较大的场所，如浴室、卫生间等，在沿海、南方湿度较大的环境建议使用厚度 15mm 以上的规格。

A. 铝合金 　　B. 铝扣板 　　C. 矿棉板 　　D. 塑铝板

99. 根据以下的木材截面尺寸，指出薄板为：（A）。

A. 10mm×80mm 　　B. 20mm×240mm

C. 50mm×60mm 　　D. 50mm×240mm

100. 根据以下的木材截面尺寸，指出中板为：（B）。

A. 10mm×150mm 　　B. 25mm×240mm

C. 50mm×100mm 　　D. 75mm×100mm

101. 根据以下木材截面尺寸，指出小方为：（C）。

12

A. 10mm×50mm B. 30mm×100mm

C. 30mm×30mm D. 80mm×80mm

102. 根据以下的木材截面尺寸，指出中方为：（A）。

A. 80mm×80mm   B. 80mm×300mm

C. 100mm×150mm D. 100mm×300mm

103. 根据以下木材截面尺寸，指出大方为：（B）。

A. 100mm×100mm   B. 150mm×150mm

C. 150mm×240mm   D. 300mm×300mm

104. 安装450mm×600mm的玻璃窗扇，采用普通铰链规格为：（B）。

A. 25mm配12mm木螺钉 B. 50mm配18mm木螺钉

C. 75mm配30mm木螺钉   D. 100mm配50mm木螺钉

105. 安装500mm×1250mm的玻璃窗扇，采用普通铰链规格为：（C）。

A. 50mm配18mm木螺钉 B. 75mm配20mm木螺钉

C. 75mm配30mm木螺钉   D. 100mm配35mm木螺钉

106. 安装一般的门窗，采用铰链规格：（D）。

A. 75mm配30mm木螺钉   B. 75mm配35mm木螺钉

C. 100mm配30mm木螺钉 D. 100mm配35mm木螺钉

107. 安装宽度较大的门扇，采用铰链规格为：（C）。

A. 100mm配35mm木螺钉   B. 100mm配50mm木螺钉

C. 150mm配50mm木螺钉   D. 150mm配35mm木螺钉

108. 安装600mm×1500mm的纱窗扇，采用铰链规格为：（B）。

A. 50mm配18mm木螺钉   B. 75mm配30mm木螺钉

C. 75mm配50mm木螺钉   D. 100mm配35mm木螺钉

109. 燕尾榫比较牢固，榫肩的倾斜度不得大于（A），否则容易发生剪切破坏。

A. 15°   B. 25°   C. 35°   D. 45°

110. 将20mm厚的屋面板钉于檩条上，应该采用长（D）

mm 的钉。

A. 20   B. 30   C. 40   D. 60

111. 当把两块厚 50mm 小方作单剪连接时，应该采用长（C）mm 的圆钉。

A. 50   B. 70   C. 100   D. 150

112. 钢模板代号 P3015 中，（D）表示平面模板的长度。

A. P   B. 30   C. 01   D. 15

113. 钢模板代号 P3015 中，（B）表示平面模板的宽度。

A. P   B. 30   C. 01   D. 15

114. 钢模板代号 Y1015 中，（D）表示阳角模板的长度。

A. Y   B. 10   C. 01   D. 15

115. 钢模板代号 E1015 中，（D）表示阴角模板的长度。

A. E   B. 10   C. 01   D. 15

116 钢模板代号 J0015 中，（D）表示连接角模的长度。

A. J   B. J00   C. 0015   D. 15

117. 木门扇的锁，一般安装高度为（B）mm。

A. 800～900   B. 900～950   C. 950～1000   D. 100～1100

118. 木门扇的铰链距离扇顶边为（C）mm。

A. 150～160   B. 160～175   C. 175～180   D. 180～185

119. 木门扇的下铰链离底为（D）mm。

A. 175～180   B. 180～190   C. 190～195   D. 195～200

120. 一般木门窗扇的垂直风缝为（B）mm。

A. 1～2   B. 1.5～2.5   C. 0.2～3.0   D. 2.5～3

121. 一般木门扇的下风缝（门扇与地面之间）为（D）mm。

A. 2   B. 4   C. 6   D. 8

122. 在灰板条平顶的铺钉板条中，板条接头应在吊筋搁栅上，不应悬空，在同一线上每段接头长度不宜超过（C）mm，同时必须错开。

A. 300   B. 400   C. 500   D. 600

123. 在灰板条平顶的铺钉板条中，板条接头一般应留 3～

5mm 的缝隙，板条间的缝隙一般为（C）mm。

A. 3 ~ 5   B. 5 ~ 7   C. 7 ~ 10   D. 10 ~ 20

124. 采用清水板条吊顶时，板条必须（A）。

A. 三面刨光，断面规格一致

B. 一面刨光，断面规格一致

C. 一面刨光

D. 断面规格一致

125. 用纤维质板吊顶时，宜（D）装订。

A. 裁成小块   B. 湿水后

C. 大张   D. 裁成小块，湿水后

126. 在吊置平顶搁栅时，沿墙平顶筋（B）。

A. 按图纸注明设置   B. 四周都要设置

C. 有时可设，有时可不设   D. 四周都不必设置

127. 当外墙面的窗板向里开窗时，窗上结构应做防水处理，其方法为（C）。

A. 固定不开   B. 百叶窗

C. 披水板与出水槽   D. 设窗帘

128. 木门框的上帽头与梃的连接，常用（B）。

A. 单榫   B. 双榫   C. 双夹榫   D. 燕尾榫

129. 在校正一直线形系列柱模板时，程序是（D）。

A. 从右端第一根起，逐根拉线进行

B. 从左端第一根起，逐根拉线进行

C. 从中间一根起，逐根拉线进行

D. 先校正左右两端的端柱，再拉统线进行

130. 在校正一系列成直线形排列的独立基础模板时，程序是（D）。

A. 从右端第一根起，逐根拉线进行

B. 从左端第一根起，逐根拉线进行

C. 从中间一根起，逐根拉线进行

D. 先校正左右两端的端基础，再拉统线进行

131. 在校正一系列成直线排列的杯芯模时,其程序是(D)。

A. 从右端第一根起,逐根拉线进行

B. 从左端第一根起,逐根拉线进行

C. 从中间一根起,逐根拉线进行

D. 先校正左右两端的端基础,再拉统线进行

132. 在校正成直线形的梁侧模板时,其程序为(D)。

A. 从右端第一根起,逐根拉线进行

B. 从左端第一根起,逐根拉线进行

C. 从中间一根起,逐根拉线进行

D. 先校正左右两端的端部,再拉统线进行

133. 在安装成直线形排列的柱帽模板时,其安装程序为(D)。

A. 从右端第一根起,逐根拉线进行

B. 从左端第一根起,逐根拉线进行

C. 从中间一根起,逐根拉线进行

D. 先校正左右两端的端基础,再拉统线进行

134. 柱模板的安装程序为(B)。

A. 放线,定位→组装模板→校正→设箍→设支撑

B. 放线,定位→组装模板→设箍→校正→设支撑

C. 放线,定位→组装模板→设箍→设支撑→校正

D. 组装模板→放线定位→校正→设箍→设支撑

135. 梁模板的安装顺序为(A)。

A. 底模架设→底模校正→组装侧模→侧模校正→设支撑

B. 底模架设→组装侧模→校正→设支撑

C. 底模架设→底模校正→组装侧模→设支撑→侧模校正

D. 底模架设→组装侧模→设支撑→校正

136. 杯形基础的模板安装顺序为(A)。

A. 放线定位→安装下侧模→架设上侧模→校正,设支撑→
安装杯芯模

B. 放线定位→安装侧模→安装杯芯模→校正，设支撑

C. 放线定位→架设上侧模→—架设下侧模—安装杯芯模→校正，设支撑

D. 放线定位→安装杯芯模→安装上侧模→安装下侧模→校正，设支撑

137. 雨篷模板的安装顺序为（B）。

A. 定标高→立牵杠铺平台→安装平台侧模→安装梁模

B. 定标高→安装梁模→立牵杠铺平台→安装平台侧模

C. 定标高→立牵杠铺平台→安装梁模→安装平台侧模

D. 安装梁模→定标高→立牵杠铺平台→安装平台侧模

138. 安装阳台模板的顺序为（B）。

A. 定标高→立牵杠铺平台→安装平台侧模→安装梁模

B. 定标高→安装梁模→立牵杠铺平台→安装平台侧模

C. 定标高→立牵杠铺平台→安装梁模→安装平台侧模

D. 安装梁模→定标高→立牵杠铺平台→安装平台侧模

139. 在拆除大模板中，当发现模板被局部粘结时，应（B）。

A. 在模板上口晃动　　B. 用大锤敲击

C. 在模板上口撬动　　D. 在模板下口用撬棍松动

140. 拆卸落地的大模板放置时，要符合倾斜自稳角的（C）的要求。

A. 45°~60°　B. 60°~75°　C. 75°~80°　D. 80°~85°

141. 在滑模施工中，若发现混凝土强度不足，出模的混凝土坍落，则说明（A）。

A. 滑升过快　B. 滑升过慢　C. 模板不密封　D. 模板变形

142. 在滑模施工中，若发现混凝土被拉断，则说明（C）。

A. 滑升过快　B. 滑升过慢　C. 模板不密封　D. 模板变形

143. 在杯形基础模板的拆除中，杯芯模应（A）拆除。

A. 提前　　B. 同时　　C. 推迟　　D. 随便什么时候都可

144. 一般柱模的垂直度允许偏差为 3mm，表示的是（D）测定的偏差。

A. 一层中的　　　　B. 柱模全高的
C. 整幢房高的　　　D. 2m托板中的

145. 模板工程的允许偏差值与混凝土工程的允许偏差值相比较，它们的值是（D）。

A. 相同　　　　　　　B. 不同
C. 模板的允许偏差值大　D. 混凝土工程的允许偏差值大

146. 模板中相邻两块板的高低差允许值为（B）mm。

A. 1　　B. 2　　C. 2.5　　D. 3

147. 一般柱模截面尺寸的允许偏差值为（D）mm。

A. ±5　　B. +5~4　　C. ±4　　D. +4~5

148. 一般梁模截面尺寸允许偏差值为（D）mm。

A. ±5　　B. +5~4　　C. ±4　　D. +4~5

149. 在组合钢门窗的拼管拼接时，应该采用（D），满嵌密实。

A. 水泥砂浆　　B. 石灰砂浆　　C. 水泥袋纸　　D. 油灰

150. 钢门窗的铁脚，应采用（A）固定。

A. 水泥砂浆　　B. 石灰砂浆　　C. 水泥袋纸　　D. 油灰

151. 钢门窗框与墙体间隙缝应该用（A）填嵌密实。

A. 水泥砂浆　　B. 混合砂浆　　C. 石灰砂浆　　D. 水泥袋纸

152. 在钢窗的安装中，常用木楔作临时固定，其固定位置一般在（C）。

A. 边框的中间　　　　B. 远离边角
C. 靠近边角　　　　　D. 什么地方均可

153. 在安装钢窗零件中，遇到一时安装不到位时，应（C）。

A. 用锤猛力击入　　　　B. 用电焊固定
C. 用不同型号的零件代替　D. 维修后装入

154. 钢模板中的连接配件回形锁（又称U形卡）起到（A）的作用。

A. 铰接钢模板　　B. 承受拉力
C. 承受弯力　　　D. 承受拉力、弯力并起铰接钢模板

155. 在应用脚手架扣件和钢管架设模板支承架时，钢管常用的规格为（A）。

A. φ48×53　　B. φ51×53　　C. φ60×3.5　　D. φ75.5×3.75

156. 在水池墙模板中，穿墙拉杆主要是承受（B）。

A. 压力　　B. 拉力　　C. 剪力　　D. 弯力

157. 在模板工程中（D）6m高时要考虑风力。

A. 模板离地　　B. 模板离楼面

C. 模板总高　　D. 模板单段高

158. 在采用φ48×3.5的钢管作模板工程的立柱时，应设水平拉杆双向拉固，拉杆在柱高方向的间距应不超过（C）m。

A.1.5　　B.1.8　　C.2.0　　D.2.4

159. 门心薄板的拼接操作中，要求板缝不透光，不通风，并拼接牢固，最好采用（C）。

A. 正口接法　B. 裁口接法　C. 穿条接法　D. 裁钉接法

160. 在对木板拼接配料选料时，首先要注意的是各散块木块的（C）。

A. 宽度一致　　　　B. 颜色一致

C. 纹理的方向一致　D. 长度一致

161. 在采用燕尾接法作T字形结构时，燕尾斜度为榫长的（C）。

A.1/3　　B.1/4　　C.1/5　　D.1/7

162. 在做丁字形的榫接中，当木材的厚度足够，并有使之不易扭动的情况下应该优先采用（A）榫接法。

A. 中榫　　B. 半榫　　C. 半肩半榫　　D. 半肩中榫

163. 应用马牙榫接方法进行板端直角结合操作中，其榫与榫的距离以板厚的（C）倍为宜。

A.0.5~1　　B.1~2　　C.2~3　　D.3~4

164. 在木屋架中的附木（挑檐木）一般应作（D）处理。

A. 断面加宽处理　　B. 加长处理

C. 刨光处理　　　　D. 防潮处理

165. 在木屋架端节点中的保险螺栓的安装位置要求（C）。

A. 与上弦轴线垂直 　　　　B. 与下弦轴线垂直

C. 与上弦、下弦轴线的交角相等 　　D. 随便

166. 在木屋架的中间节点中，斜杆端头做凸榫。弦杆上开槽齿，齿深应不大于弦杆截面高度的（B）。

A. 1/3 并不小于 20mm 　　B. 1/4 并不小于 20mm

C. 1/4 并不小于 15mm 　　D. 1/5 并不小于 15mm

167. 在木屋架的脊节点中，如竖杆为木料时，上弦端头做（B），并在两面用扒钉拉结。

A. 凸榫，竖杆两侧开槽齿

B. 开槽齿，竖杆两侧做凸榫

C. 平头，贤杆不开槽，不做榫

D. 随意

168. 在木屋架的下弦中央节点中，当竖杆为圆钢时，在下弦上开槽，要放硬木垫块，两边斜杆（A）。

A. 端部锯平，紧顶于垫块斜面上，并中间加梢档

B. 端部做凸榫，垫块上做槽齿

C. 端部做槽齿，垫块上做凸榫

D. 端部锯平，用扒钉拉结

169. 屋面木基层的操作程序为（A）。

A. 安装檩条→铺钉屋面板→铺钉油毡和顺水条→钉挂

B. 安装木檩条→铺钉屋面板→钉挂瓦条→铺钉油毡

C. 二安装木檩条→钉挂瓦条→铺钉屋面→铺钉油毡

D. 安装屋面板→安装檩条→铺钉油毡→钉挂瓦

170. 在木基面钉顺水条时，顺水条的铺向为（B）。

A. 平行于屋脊线 　　B. 垂直于檐口线

C. 斜交于屋脊线 　　D. 斜交于檐口线

171. 在木基面铺钉挂瓦条时，挂瓦条的行距常为（B）。

A. 250 ~ 280mm 　　B. 300 ~ 320mm

C. 300m 　　D. 320mm

172. 在木基面钉挂瓦条时，挂瓦条的走向为（A）。

A. 平行于屋脊线　　　B. 垂直于檐口线

C. 斜交于屋脊线　　　D. 斜交于檐口线

173. 在木基面钉封檐板和封山板时，选择板的宽度为（C）。

A. 封檐板大于封山板　　　B. 封山板大于封檐板

C. 封檐板与封山板一样大　D. 随便都可以

174. 在钉封檐板和封山板时，为了安全应该（B）操作。

A. 在屋面上可探身　　B. 站在脚手架上

C. 站在梯子上　　　　D. 站在高凳上

175. 在坡高大于（A）的屋面上进行操作，应有防滑梯、护身栏杆等设施。

A. 25°　　B. 30°　　C. 45°　　D. 60°

176. 屋面板的铺钉方向，一般应是（A）。

A. 南坡从西向东，北坡由东向西

B. 南坡由东向西，北坡由西向东

C. 都为由西向东

D. 都为由东向西

177. 油毡的铺钉方向，一般是（A）自下而上逐行进行。

A. 南坡由西向东，北坡由东向西

B. 南坡由东向西，北坡由西向东

C. 都为由西向东

D. 都为由东向西

178. 铺钉木基面中的木椽的方向，应该是（A）。

A. 南坡由西向东，北坡由东向西

B. 南坡由东向西，北坡由西向东

C. 都为由西向东

D. 都为由东向西

179. 水平尺中的水准管，是空心的（D）玻璃管。

A. 直形　　B. 方形　　C. 球形　　D. 半圆环形

180. 水平尺中的两个水准管，是成（B）布置。

A. 平行　　B. 垂直　　C. 交角　　D. 随意

181. 水平尺中的水准管的曲率越小，则测定水平度的精度越（A）。

A. 大　　B. 小　　C. 无变　　D. 不变

182. 线坠用来测定垂直情况，使用时手持线的上端，坠体自由下垂，视线顺着线绳来校验杆件是否垂直，如果线绳到物面的距离上下都一致，则表示杆件呈（A）。

A. 垂直　B. 不垂直　C. 可能垂直　D. 单面垂直

183. 用墨斗弹线时，为使墨线弹得正确，提起的线绳要（C）。

A. 保持垂直　　　　　　B. 提得高

C. 与工件面成垂直　　　D. 多弹几次，选择较好的

184. 楼梯段的宽度是由同时通行的人数而设计的，若宽度为1100mm，则可知为（B）。

A. 单人通行　B. 双人通行　C. 三人通行　D. 四人通行

185. 当楼梯段的宽度为1700mm时，则应（B）。

A. 可不设靠墙扶手　　B. 设靠墙扶手

C. 设中间栏杆　　　　D. 随便

186. 同一楼梯段，其踏步数不能超过（B）级。

A. 15　　B. 18　　C. 22　　D. 25

187. 楼梯栏杆的高度一般为（C）mm。

A. 600　　B. 750　　C. 900　　D. 1100

188. 一般楼梯踏步的高和宽之和为（B）mm。

A. 350　　B. 450　　C. 550　　D. 650

189. 墙在建筑物中的作用为（D）。

A. 承重　　B. 围护

C. 分隔　　D. 承重、围护、分隔

190. 外墙勒角的高度一般为（C）mm。

A. 8～15mm　　　　　B. 15～450mm

C. 500～900mm　　　D. 900～1200mm

191. 砖墙的防潮层顶面标高常为（A）。

A. -0.06m　　B. ±0.00m　　C. 0.12m　　D. 随便

192. 踢脚线的高度一般为（B）。

A. 5~8cm　　B. 8~20cm　　C. 20~45cm　　D. 45~60cm

193. 墙裙的高度一般为（C）mm。

A. 450~600　　B. 600~900　　C. 900~1800　　D. 随便

194. 为了便于记忆图纸中短边与长边之间的关系，规定短边与长边之比为（C）。

A. 1:1.2　　B. 1:1.5　　C. 1:1.75　　D. 1:2.0

195.《房屋建筑制图统一标准》规定，A2图幅的长边为（B）。

A. A1 的长边的一半　　B. A1 的短边

C. A3 的长边的 2 倍　　D. A3 的短边的一倍

196. 图纸的图标，位置在图框的（C）。

A. 之外　　B. 之内　　C. 之内右下角　　D. 之外左上角

197. 图纸的会签标，位置在图框的（D）。

A. 之外　　B. 之内　　C. 之内右下角　　D. 之外左上角

198. 在特殊情况下，图纸可以加长，其规定如下：（B）。

A. 长边，短边均可加长

B. 长边可加长，短边不可加长

C. 长边不可加长，短边可以加长

D. 长边，短边按一定关系加长

199. 屋面板的代号为（B）。

A. TB　　B. WB　　C. KB　　D. CB

200. 槽形板的代号为（C）。

A. WB　　B. KB　　C. CB　　D. TB

201. 空心板的代号为（B）。

A. WB　　B. KB　　C. CB　　D. TB

202. 楼梯板的代号为（C）。

A. WB　　B. KB　　C. TB　　D. YB

203. 檐上板的代号为（D）。

23

A. WB　　B. TB　　C. CTB　　D. YB

204. 屋面梁的代号为（A）。

A. WL　　B. DL　　C. QL　　D. GL

205. 圈梁的代号为（C）。

A. WL　　B. DL　　C. QL　　D. GL

206. 过梁的代号为（D）。

A. WL　　B. DL　　C. QL　　D. GL

207. 基础梁的代号为（A）。

A. JL　　B. WL　　C. QL　　D. GL

208. 楼梯梁的代号为（B）。

A. JL　　B. TL　　C. WL　　D. PL

209. 雨篷的代号为（A）。

A. YP　　B. WJ　　C. KJ　　D. SJ

210. 阳台的代号为（A）。

A. YT　　B. YP　　C. SJ　　D. KJ

211. 屋架的代号为（A）。

A. YJ　　B. YP　　C. WJ　　D. KJ

212. 框架的代号为（B）。

A. WJ　　B. KJ　　C. SJ　　D. YP

213. 设备基础的代号为（B）。

A. WJ　　B. KJ　　C. SJ　　D. YP

214. 主要用于制作门窗、屋架、檩条、模板为（A）。

A. 红松　　B. 白松　　C. 落叶松　　D. 杉木

215. 主要用于制作门窗、地板、模板为（B）。

A. 红松　　B. 白松　　C. 落叶松　　D. 杉木

216. 主要用于制作檩条、地板、木桩为（B）。

A. 红松　　B. 白松　　C. 落叶松　　D. 杉木

217. 主要用于制作屋架、檩条、地板、脚手架为（D）。

A. 红松　　B. 白松　　C. 落叶松　　D. 杉木

218. 主要用于制作木地板、木装修为（D）。

A. 红松　　　B. 白松　　　C. 杉木　　　D. 水曲柳

219. 木门窗标准图中，各构件的用料断面尺寸为（D）。

A. 毛料尺寸　　　　B. 光料尺寸

C. 毛料外包尺　　　D. 光料外包尺寸

220. 在木窗扇制作中，上、中、下帽头的用料，除了厚度相同处，其宽度为（C）。

A. 全部相同

B. 全部不同

C. 上、中帽头相同，下帽头加宽

D. 上下帽头相同，中帽头加宽

221. 在木门扇制作中，上、中、下帽头用料除了厚度相同外，其宽度为（C）。

A. 全部相同　　　　B. 全部不同

C. 中下帽头加宽　　D. 上、下帽头加宽

222. 在木门框的制作中，边梃、上槛、下槛的用料，除了厚度相同外，其宽度为（A）。

A. 全部相同　　B. 全部不同　　C. 上槛最宽　　D. 中槛最宽

223. 在木窗扇的制作中，窗芯用料的厚度为（C）。

A. 比边梃厚　　B. 比边梃薄　　C. 与边梃相同厚　　D. 随便

224. 檩条放在屋架上弦节点处，下弦无吊顶时：屋架上弦承受压力，下弦承受拉力，斜杆承受压力，竖杆（B）。

A. 承受压力　　B. 承受拉力　　C. 承受内力　　D. 承受扭力

225. 制作木屋架时，如果选夹板料，必须选用（C）制作。

A. 春材　　B. 早材　　C. 优等材　　D. 圆木

226. 制作木屋架时，当下弦采用湿材制作时，木夹板厚度应取下弦宽度的（B）。

A. 1/3　　B. 2/3　　C. 1　　D. 1/2

227. 制作木模板时，混凝土浇筑后达到不掉棱角的强度时，就可拆除其侧板及端板；底板架空在砖墩之间时，混凝土强度达到（D）以上方可拆除底板。

A. 50%   B. 70%   C. 60%   D. 75%

228. 木材的防腐一般常用的是（A），因为这类防腐剂无臭味，不影响油漆，不腐蚀金属。

A. 水溶性防腐剂   B. 自然风干

C. 高温定性   D. 高压浸渍

229. 转门是由（C）固定的弧形门套和垂直旋转的门扇构成的，它不能作为疏散门，当设置在疏散口时，需在转门两旁另设疏散用门。

A. 一个   B. 三个   C. 两个   D. 四个

230. 胶合板按照材质和加工工艺质量的不同，可分为（D）等级。

A. 一个   B. 两个   C. 三个   D. 四个

231. 模板所用木材的断面尺寸，应根据各部位不同受力情况进行选择。一般厚度（D）的木板可做侧模板，厚度为 25 ～50mm 的木板可做底模板。小方木可做木档和搭头木，中方木或圆木可做支撑。

A. 10 ～30mm   B. 20 ～40mm   C. 15 ～30mm   D. 20 ～30mm

232. 为了防止架空木地板的腐蚀变质，一定要做好（A）的技术措施。

A. 防潮、通风   B. 防潮   C. 通风   D. 防水

233. 安装窗帘盒时，其下口应不低于窗扇上冒头边线，以确保（D）。

A. 统一   B. 美观   C. 安全   D. 采光面积

234. 木材刨光净耗量：单面刨光为 1 ～1.5mm，双面刨光为（C），料长 2m 以上，应再加大 1mm。

A. 1 ～2mm   B. 1 ～1.5mm   C. 2 ～3mm   D. 1 ～2.5mm

235. 木材锯割配料时，应考虑锯缝的消耗量：大锯为 4mm，中锯为（C），细锯为 1.5 ～2mm。

A. 1 ～2mm   B. 1 ～1.5mm   C. 2 ～3mm   D. 1 ～2.5mm

236. 使用框锯进行圆弧锯割操作时，锯条应该（A）于工

件面。

A. 垂直　　B. 平行　　C. 垂直与平行　　D. 水平

237. 木材的裂纹都是由于木材干燥引起的，分为（C）。

A. 三类　　B. 一类　　C. 两大类　　D. 四类

238. 根据轨道的位置，推拉门可分为上挂式和下滑式。当门扇高度小于（B）时，一般采用上挂式推拉门；当门扇高度大于4m时，一般采用下滑式推拉门。

A. 3m　　B. 4m　　C. 2m　　D. 5m

239. 由于门框靠墙一面易受潮变形，故常在该面开（D）道背槽，以免产生翘曲变形，同时也利于门框的嵌固。

A. 1　　B. 2~3　　C. 1~3　　D. 1~2

240. 窗框在墙上的位置，一般是与墙内表面平，安装时窗框突出砖面（B），以便墙面粉刷后与抹灰面平。

A. 10mm　　B. 20mm　　C. 25mm　　D. 15mm

241. 在加工长400mm厚（C）以上的短料时，可以用推棍（木棒）推送刨削，也可以用手推送刨削。

A. 10mm　　B. 20mm　　C. 30mm　　D. 15mm

242. 压刨床由两人操作，一人送料，一人接料，二人均应站在机床的侧面，应避免站在机床的（B），防止工件退回时被打伤。

A. 侧面　　B. 正面　　C. 前面　　D. 后面

243. 箱框的角部接合有直角接合或斜角接合；可以采用（C）等接合；也可以采用五金连接件接合。

A. 直角多榫接合、燕尾榫、插入榫

B. 燕尾榫、插入榫、木螺钉

C. 直角多榫接合、燕尾榫、插入榫、木螺钉

D. 直角多榫接合、插入榫、木螺钉

244. 无论是检测工件平面是否水平还是垂直，水平仪都要紧靠在工件（D）上。

A. 侧面　　B. 正面　　C. 前面　　D. 表面

245. 在锯削过程中，锯削速度要均匀有节奏，锯的上端向后倾斜，使锯条与木料表面的夹角约成 70°左右。当锯到末端时，要放慢锯削速度，并用左手拿稳要锯掉的部分，以防木料（A）。

A. 撕裂　　B. 断裂　　C. 走位　　D. 滑移

246. 钢丝锯是锯削比较（B）的圆弧和曲线形工件时使用的工具。

A. 精致　　B. 精密　　C. 粗糙　　D. 粗壮

247. 木材横向变形表现为木材断面形状的改变，如方材的正方形的断面收缩成为（A）。

A. 矩形或菱形　　B. 长方形　　C. 正方形　　D. 菱形

248. 对于小型工业产品设计而言，一般用（D）完全可以代替透视图。

A. 组件图　　B. 装配图　　C. 大样图　　D. 轴测图

249. 结构装配图内容主要有：视图、尺寸、零部件明细表、技术条件，如当它替代设计图时，还应画有（B）。

A. 零件图　　B. 透视图　　C. 剖视图　　D. 部件图

250. 在结构装配图或装配图中，技术条件也常作为（C）的重要依据。

A. 施工标准　　B. 设计标准　　C. 验收标准　　D. 检验标准

251. 力的作用取决于三个要素，即大小、方向和（A）。

A. 作用点　　B. 作用力　　C. 垂线　　D. 中线

252. 力的单位用牛顿或（D）。

A. 两　　B. 斤　　C. 吨　　D. 千牛顿

253. 梁的截面高度及宽度尺寸，一般按以下原则确定：面高度 $h \leqslant 80mm$ 时，取（C）的倍数。

A. 30mm　　B. 40mm　　C. 50mm　　D. 60mm

254. 梁的截面高度及宽度尺寸，一般按以下原则确定：截面高度（B）时，取 100mm 的倍数。

A. $h > 600m$　　B. $h > 800m$　　C. $h > 700m$　　D. $h > 750m$

255. 现浇梁板结构而采用定型钢模板施工时，梁的腹板高度取（C）的倍数。

A. 110mm　　B. 90mm　　C. 100mm　　D. 80mm

256. 梁截面宽度一般取（D）的倍数，圈梁宽度按墙厚确定。

A. 55mm　　B. 40mm　　C. 60mm　　D. 50mm

257. 考虑抗震要求的框架梁的宽度不宜小于（A），且不宜小于柱宽的1/2；净跨不宜小于截面的4倍。

A. 200mm　　B. 210mm　　C. 190mm　　D. 185mm

258. 凡是发生弯曲变形或以弯曲变形为主的（B）或构件通常叫做梁。

A. 力　　B. 杆件　　C. 构件　　D. 零件

259. 手工木工用量尺主要有金属直尺、折尺、（A）。

A. 钢卷尺　　B. 丁字尺　　C. 布尺　　D. 木尺

260. 常用的角尺有直角尺、活络尺、（B）。

A. 钢卷尺　　B. 三角尺　　C. 直尺　　D. 木尺

261. 锯削速度要均匀有节奏，尽量加大推拉距离，锯的上端向后倾斜，使锯条与木料表面的夹角约成（C）左右。

A. 60°　　B. 65°　　C. 70°　　D. 75°

262. 刀具两侧均有锯齿，一边为截锯锯齿，一边为顺锯锯齿，可以（B）和横向锯削两用。

A. 竖向锯削　　B. 纵向锯削　　C. 平向锯削　　D. 横向锯削

1.2　多项选择题

1. 平面吊顶用的龙骨通常有（A、C）。

A. 轻钢龙骨　　B. 木龙骨　　C. 铝合金龙骨　　D. I形龙骨

2. 轻钢龙骨分为（B、C）种系列的龙骨。

A. 上人龙骨　　　　B. U形龙骨

C. T形龙骨　　　　D. 不上人龙骨

3. 吊顶面层的主要用板有（B、C、D）。

A. 三夹板　　B. 石膏板　　C. 铝合金板　　D. 矿棉板

4. 轻钢龙骨应注意（A、B、D）的质量问题。

A. 顶相向不平

B. 龙骨不均匀

C. 轻钢龙骨吊架不牢固

D. 罩面板及压缝条不平直或不严密

5. 矿面板的安装形式有（B、D）等多种。

A. 平接装钉式　　B. 暗插板安装　　C. 方板安装

D. 复合平贴安装　　E. 迭级安装

6. 塑料地板可以按照（A、C）分类方式。

A. 按外观形状分类　　B. 按结构分类　　C. 按生产工艺分类

7. 卷材塑料地板和块状塑料地板的施工不同主要在于（A、B）不同。

A. 焊接　　B. 下料　　C. 滚压　　D. 养护

8. 塑料地板的踢脚的铺贴有（B、D）。

A. 直接铺贴　　B. 小圆角交接

C. 45°斜接　　D. 直角铺贴

9. 空铺木地板的构造主要有（B）。

A. 三种　　B. 四种　　C. 两种　　D. 一种

10. 空铺木地板的质量标准主要有（B、C）。

A. 含水率约为20%

B. 木龙骨及垫木要做防腐处理

C. 表面平整无刨痕

D. 踢脚板需是45°交接

11. 木窗台板的施工工艺主要为（B、C、D、E）。

A. 下料　　B. 结构找平　　C. 钉基层板

D. 贴木饰面　　E. 收边

12. 木窗帘盒的常见质量问题为（A、C）。

A. 窗帘盒不正　　B. 油漆不均匀　　C. 窗帘盒松动

13. 道德的内容是很丰富的，它包括（A、B、C、D），还包括职业道德的实践，如职业道德评价、职业道德教育、职业道德修养，以及（E、F）等内容。

A. 基本理论　　B. 职业道德原则　　C. 职业道德规范

D. 职业道德范畴　E. 职业道德行为和品质

F. 职业道德与人生观

14. 木材的防火措施有两种方法（A、B）。

A. 结构防火措施　　B. 用隔离板防火

C. 用防火剂处理　　D. 用磷酸铵防火

15. 材料的耐燃性是指在发生火灾时，材料抵抗和延缓燃烧的性质。材料的耐燃性按照耐火要求划分为三个类别（A、C、D）。

A. 易燃烧材料　　B. 燃烧材料

C. 难燃烧材料　　D. 非燃烧材料

16. 下列材料属于难燃烧材料的有（B、E、F）。

A. 木材　　B. 铝材　　C. 木丝板　　D. 刨花板

E. 玻璃　　F. 沥青混凝土

17. 加工工序分为（B、C）两个方面。

A. 粗加工　　B. 毛料加工　　C. 净料加工　　D. 精加工

18. 橱柜制作与安装工程的主控项目有（A、B、C）。

A. 外观要求　B. 材质要求　C. 配件要求　D. 造型要求

19. 窗帘盒、窗台板和散热器罩制作与安装工程的主控项目有（B、C、D）。

A. 外观要求　B. 材质要求　C. 配件要求　D. 造型要求

20. 门窗套制作与安装工程的主控项目有（B、D）。

A. 外观要求　B. 材质要求　C. 配件要求　D. 造型要求

21. 木工拐子锯包括（C、D、E、F）等。

A. 钢丝锯　　B. 单刃刀锯　　C. 粗锯　　D. 中锯

E. 细锯　　F. 曲线锯

22. 木工槽刨包括（A、C、D、E）等。

A. 槽刨　　　　　B. 歪嘴刨　　C. 正刃单线刨
D. 斜刃单线刨　　E. 搜根刨

23. 木制品制作加工的质量检查程序是（A、C、D）。

A. 隐蔽工程检查　　B. 过程控制检查

C. 分项工程检查　　D. 预检

24. 木制品制作加工的质量检查方法是（A、B、C）。

A. 手扳检查　　B. 观察　　C. 尺量检查　　D. 材料检查

25. 防治石膏顶棚板开裂的技术措施有（A、C、D）。

A. 双层石膏板错缝固定　　　　B. 接缝开 V 形槽

C. 填缝胶用新型耐拉力胶　　D. 主吊杆均要固定牢固

26. 防治木门不平易变形的技术措施有（A、C、D、E）。

A. 工厂定制加工　　　　B. 采用质量好的高密度板

C. 采用实木收边　　　　D. 木料开防变形槽

E. 采用质量可靠的铰链

27. 施工单位对质量方面的准备工作有（A、C、D、E）。

A. 质量控制系统组织　　B. 图纸会审及技术交底

C. 施工计划　　　　　　D. 施工方法

E. 保证体系

28. 根据加工工艺不同，配料的方法也不同。主要的配料方法有（C、D）等。

A. 平行划线法　　B. 交叉划线法

C. 粗刨配料法　　D. 划线配料法

29. 大批量的配料时使用（A）方法效果较好。

A. 平行划线法　　B. 交叉划线法

C. 粗刨配料法　　D. 划线配料法

30. （B）方法的特点是木材的利用率很高，但是毛料在板面上的排列没有规则，难以下锯，生产效率较低，较适用于小批量机械配料或手工操作配料。

A. 平行划线法　　　　B. 交叉划线法

C. 粗刨配料法　　　　D. 划线配料法

31. 某一家具零件规格是 450mm×50mm×45mm，一端开榫，在正常含水率情况下，试计算其毛料的尺寸应为（C）。

    A. 470mm×53mm×48mm   B. 455mm×55mm×50mm

    C. 455mm×53mm×48mm   D. 470mm×55mm×55mm

32. 针叶树有（A、B、D、E）。

    A. 红松   B. 水曲柳   C. 香樟   D. 马尾松

    E. 白松   F. 云杉

33. 硬质纤维板的厚度有（A、B、C、E、G）。

    A. 2.5mm   B. 3mm   C. 3.2mm   D. 3.5mm

    E. 4mm   F. 4.5mm   G. 5mm

34. 细木工板的厚度有（A、C、D、E）。

    A. 16mm   B. 18mm   C. 19mm   D. 22mm

    E. 25mm   F. 28mm

35. 塑料地板按生产工艺分有（A、C、D）等。

    A. 压延法塑料地板   B. 滚压法塑料地板

    C. 热压法塑料地板   D. 涂布法塑料地板

    E. 冷压法塑料地板

36. 假想用一个平面（没有厚薄）将要划的东西切开，拿掉挡住的部分，使原来看不到的部分露出来，然后用正投影方法划到图样上。这个方法就是剖视方法，划出的图形就称（C）。

    A. 投影图   B. 正视图   C. 剖视图

    D. 大样图   E. 效果图

37. 将木材以不同方向切、锯，就有不同的切面，一般分为（B、C、D）。

    A. 纵切面   B. 横切面   C. 径切面   D. 弦切面

    E. 断面

38. 树干中的活枝条或枯枝条在树干中产生的断面称为节子。按节子质地及其与周围木材相结合的程度，主要分为（A、C、D）三种。

    A. 活节   B. 疤痕   C. 死节   D. 漏节   E. 雀眼

39. 根据蛀蚀程度的不同，虫眼可分下列（B、C、D）三种。

A. 虫沟　　B. 表皮虫沟　　C. 小虫眼　　D. 大虫眼

E. 蛀眼

40. 斧的操作方法：用斧砍削木料是效率较高的粗加工方法。按砍削方式分有（B、C）两种。

A. 横砍　　B. 立砍　　C. 平砍　　D. 纵砍　　E. 竖砍

41. 推拉门根据安装轨道的位置不同，可以分为（B、C）。

A. 单向推拉门　　B. 多方向推拉门

C. 下滑式推拉门　　D. 上滑式推拉门

42. 窗的开启方式主要取决于窗扇铰链安装的位置和转动方式。通常按照其开启方式，木窗主要分为（B、C、D）等。

A. 对开窗　　B. 平开窗　　C. 固定窗　　D. 推拉窗

43. 窗框与门框一样，在构造上设有裁口及背槽处理。裁口亦有（B、C）之分。

A. 多裁口　　B. 单裁口　　C. 双裁口　　D. 对裁口

44. 门窗框的安装方法有（A、C）两种。前者是在砌墙之前先立好框子，多用于砖砌墙身；后者是砌墙时留出框子的位置，砌墙完成后将门窗框嵌入，多用于砌块墙。

A. 砌前立框法　　B. 嵌入立框法　　C. 砌后立框法

45. 铰链应用木螺钉固定，不要用钉替代。一般先将木螺钉敲入木内（A），然后用螺钉旋具拧紧。对于硬木则可先钻（C）深度的孔，再将螺钉拧进。

A. 1/3　　B. 1/4　　C. 2/3　　D. 3/4　　E. 1/2

46. 家具按基本功能分，家具可分为（A、B、D）三大类。

A. 支承类家具　　B. 凭倚类家具　　C. 现代家具

D. 贮存类家具　　E. 拆装家具

47. 定式家具是指零部件之间采用（A、B、C、D）等形式组成的家具，其特点是结构牢固、稳定，不可再次拆装。

A. 钉接合　　B. 榫接合　　C. 胶接合　　D. 连接件接合

48. 拆装式家具的零部件之间通常采用（B、D）接合。

A. 钉　　B. 圆榫　　C. 胶　　D. 连接件

49. 框式家具是以实木为基材，主要部件为立柱和横撑组成的框架或木框嵌板结构，采用（E）接合的家具。

A. 钉　　B. 圆榫　　C. 胶　　D. 连接件　　E. 卯榫

50. 在平刨床上加工长 400mm 厚 30mm 以下的短料时，要用（C）推送刨削；厚度在 20mm 以下的（E）应用推板推送。

A. 右手　B. 推板　C. 推棍（木棒）　D. 左手　E. 薄板

51. 为了保证后续工序的加工质量，以获得准确的尺寸、形状和光洁的表面，必须先在毛料上加工出正确的（C），作为后续工序加工时的精基准。

A. 相对面　　B. 精基面　　C. 基准面　　D. 净表面

52. 毛料的刨削加工是将配料后的毛料经（A、B、C）而成为合乎规格尺寸要求的净料的加工过程。

A. 相对面加工　　　B. 精基面加工

C. 基准面加工　　　D. 净表面加工

53. 实木拼板时，先将加工好的木板摆到一起，让木纹的走向（B），而年轮的方向要（D），以减少木材的翘曲。

A. 相同　　B. 一致　　C. 相近　　D. 相反

54. 按榫头的形状不同，可将榫分为（B、C、D、E）四种基本类型，其他形式的榫头都是由此演变而来的。

A. 斜肩榫　　B. 直角榫　　C. 燕尾榫　　D. 圆（棒）榫
E. 椭圆榫

55. 方材长度方向的拼接常用的有（B、C、E）三种形式。

A. 搭接　B. 对接　C. 斜接　D. 十字搭接　E. 指接

56. 锯路（料路）的总宽度一般为锯条厚度的（C）。

A. 5 倍　　B. 2～3 倍　　C. 2.6～3 倍　　D. 2.6～4 倍

57. 木材经过良好的干燥，可以提高木材的强度，防止变形、开裂和腐朽并可提高加工的精确度，木材的干燥方法有（A、C）两种。

A. 天然干燥法　　B. 蒸汽干燥法　　C. 人工干燥法

58.（B）是由三至五层木板粘合而成。表层是受重木材，下衬几层板材，最下一层是平衡层。它具有稳定性好、不变形、不干裂、防水佳、强度大的优点。

A. 拼花木地板　B. 实木复合地板

C. 塑料地板　　D. 强化木地板

59. 板式家具是指以人造板为基材构成板式部件，用专用的（D）将板式部件接合装配的家具。

A. 钉　　B. 圆榫　　　C. 胶　　D. 五金连接件

60. 要求门窗扇和门窗框之间及两扇对口处，均能预留（A）的风路（有一定空隙的气流通路），对工业厂房双扇大门对口处则预留（D）的风路。

A. 1.0～2.5mm　B. 2～4mm　C. 3～5mm　D. 2～5mm

61. 门扇离地的风路：外门为（C），内门为（D），卫生室为22mm。

A. 2mm　　　B. 4mm　　　C. 5mm　　　D. 8mm

62. 轻钢龙骨的主龙骨可分为（A、B）。

A. 上人龙骨　B. 非上人龙骨　C. 次龙骨　D. 主龙骨

63. 铝合金龙骨的吊顶龙骨的主龙骨可分为（B、C）。

A. 次龙骨　B. 非上人龙骨　C. 上人龙骨　D. 主龙骨

64. 塑料地板按材质可分为（B、D）两种。

A. 方板　　B. 卷材　　　C. 木板　　　D. 块板

65. 木地板的刨光和磨平常用什么方法？（A、B）

A. 电刨　　B. 磨光机　　C. 电钻　　　D. 蜡

66. 木屋架配料时遵循的原则是：上弦——上弦与下弦比较，（D）；上段与下段比较，（B）；上边与下边比较，（F）；下弦—中间与两端比较，（C）；上边与下边比较，（F）；端节点—上面与下面比较，（E）。

A. 上段重要　B. 下段重要　C. 两端重要

D. 下弦重要　E. 上面重要　F. 下边重要

67. 木屋架在制作或吊装过程中产生侧向变形，原因：（A、B、C、D）

A. 可能是屋架制作质量差

B. 节点端面不平直

C. 木材变形又没有采取防止变形的措施

D. 可能是由于支撑尺寸偏差造成

68. 给出一个物体的（B）视图，那么第三个视图就可以根据三等关系画出来。反之，如果（A）都给出了，那么物体的空间位置关系也就确定了。

A. 三个视图　B. 两个视图　C. 一个视图　D. 四个视图

69. 一个年轮内靠里面一部分，称为"早材"的特征：（C、E、F）

A. 颜色较深　　B. 材质较硬　　C. 颜色较浅

D. 组织致密　　E. 组织较松　　F. 材质较软

70. 一个年轮内靠外面的一部分，称为"晚材"的特征：（A、C、D）

A. 颜色较深　　B. 组织较松　　C. 组织致密

D. 材质较硬　　E. 颜色较浅　　F. 组织较松

71. 特种用材是指用于（A、B、C、D、E）等特种用途的木材。

A. 电杆　　B. 桩木　　C. 坑木

D. 檩木　　E. 枕木　　F. 圆木

72. 胶粘剂又称（A、C、D）等。

A. 粘合剂　　B. 粘附剂　　C. 粘接剂　　D. 粘着剂

73. 胶粘剂具有良好的粘合性能，人们非常熟悉有（A、B、C）的建筑材料都属于胶粘剂。

A. 水泥　　B. 石膏　　C. 沥青　　D. 粘接剂

74. 平刨可分为哪几种？（A、C、D、E）

A. 荒刨　　B. 线刨　　C. 长刨　　D. 大平刨

E. 净刨　　F. 铁刨

75. 推拉门开启时门扇沿轨道向左右滑行。通常分为：（B、D）为和，也可做成双轨多扇或多轨多扇。

A. 两扇　　B. 单扇　　C. 三扇　　D. 双扇

76. 进入现场施工区域必须佩戴安全帽和胸卡。着装统一整齐，严禁施工人员穿（A、B）进入现场。

A. 背心　　B. 拖鞋　　C. 凉鞋　　D. 衬衣　　E. 短裤

77. 选料时注意需加工榫头的毛料，其接合部位不允许有（A、B、E）等缺陷，以免在装配时，发生榫头断裂，接合不紧密，以致影响家具的质量。

A. 节子　　B. 腐朽　　C. 断裂　　D. 毛刺　　E. 裂纹

78. 在加工长 400mm 厚（C）以上的短料时，可以用推棍（木棒）推送刨削，也可以用手推送刨削。

A. 10mm　　B. 20mm　　C. 30mm　　D. 15mm

79. 板方材纵向变形的形式有哪几种？（A、B）

A. 板方材干燥后板面翘起

B. 板方材由原来平整的板面变成扭曲状

C. 板方材干燥后板底翘起

D. 板方材由原来平整的板面变成扭转状

80. 立体图作为结构（B）或（D）的辅助图形最合适。

A. 组件图　　B. 装配图　　C. 大样图　　D. 零件图

81. 当物体内部构造和形体复杂时，为了能够清楚的反映其自身结构，往往采用绘制（A）和（C）的方法来加以表达。

A. 剖面图　　B. 装配图　　C. 剖视图　　D. 轴测图

82. 从生产发展的需要看，除了生产数量较少的家具外，按零部件组织生产都必须画出（A、D）。

A. 零件图　　B. 装配图　　C. 剖视图　　D. 部件图

83. 结构装配图是供制造家具用的，因此除了表示形状外，还要详尽地标注尺寸，凡制造该家具所需要的尺寸一般都应能在图上找到。标注尺寸包括（A、B、C、D）几个方面。

A. 总体轮廓尺寸　　B. 部件尺寸

C. 零件尺寸　　　　D. 零件、部件的定位尺寸

84. 当工厂组织生产家具时，随着结构装配图等生产用图样的下达，同时应有一个包括所有（A、B、C、D）清单附上，这就是明细表。

A. 零件　B. 部件　　C. 附件　　D. 耗用的其他材料

E. 部件图

85. 力使物体的运动状态发生改变的效应称为（B），而使物体的形状发生改变的效应则称为（C）。

A. 效应　　B. 外效应　　C. 内效应　　D. 内外效应

86. 水平仪是用来检验较大工件表面是否（A）或者（D）的测量器具。

A. 水平　　B. 平顺　　　C. 平整　　　D. 垂直

87. 木工用锯有框锯、刀锯、手锯、侧锯、钢丝锯等多种，较常用的有（A）和（B）两种。

A. 框锯　　B. 刀锯　　C. 手锯　　　D. 侧锯　　E. 钢丝

1.3 判断题

1. 轻钢龙骨石膏板吊顶的面板是对缝拼接。（×）

2. 职业道德的特点包括对象的特定性和职业的规定性，内容上的稳定性和连续性，形式上的多样性和适用性。（√）

3. 木工作业现场应远离火源，严禁吸烟，防止劈柴、刨花、锯末等遇火引起火灾。冬季取暖，必须采取相应的防火措施。现场应设置水箱、灭火器及其他灭火器材。（√）

4. 轻刚龙骨的主龙骨可分为上人和非上人龙骨两种，但次龙骨不分。（√）

5. 铝合金龙骨的吊顶龙骨的主龙骨也有上人和非上人龙骨之分。（√）

6. 我们通常所说的活动吊顶就是指铝扣板顶。（×）

7. 外用料可以选择材质一般、纹理美观、涂饰性能好的木

材。（×）

8. 在同一胶拼件上，只要制作工艺好，软材和硬材可以同时使用。（×）

9. 木龙骨也是一种吊顶材料中常用的龙骨用材。（×）

10. 不能看见窗帘轨道的窗帘盒称之为暗窗帘盒。（×）

11. 暗窗帘盒一般是和吊顶同时施工完成的。（√）

12. 塑料地板按材质可分为卷材和块板两种。（√）

13. 塑料地板的踢脚安装为直拼式。（×）

14. 空铺木地板是指木地板架空铺贴在骨架搁栅上的。（×）

15. 木地板的刨光和磨平现已常用专用的地板磨光机。（√）

16. 在进行电作业如安装刀具和调试维护机床时可以不拉闸断电。（×）

17. 总余量是为了消除上道工序所造成的形状和尺寸误差而应当切去的木材表面部分。工序余量是为了获得尺寸、形状和表面光洁度都符合要求的零部件而应从毛料表面切去的总厚度。（×）

18. 三角形木屋架的上弦和下弦的连接处的端节点一般采用齿联结，即在上弦端头作开槽齿，在下弦端部凸榫，凸榫紧密地挤压在槽齿内。（×）

19. 三角形木屋架的中间节点一般是在斜杆端头作凸榫，弦杆上开槽齿，齿深小于或等于弦杆截面高度的1/4，并不限于20mm，凸榫抵紧于槽齿内。（√）

20. 檩条放在屋架上弦节点处，下弦无吊顶时：屋架上弦承受压力，下弦承受拉力，斜杆承受压力，竖杆承受拉力。（√）

21. 檩条放在屋架上弦节点处：上弦承受压力同时受弯，成为弯压杆件；当下弦有吊顶时，下弦受拉的同时受弯，成为拉弯杆件，成为拉弯杆件，斜杆承受压力，竖杆承受拉力。（√）

22. 屋架起拱的高度一般为其跨度的1/100。起拱一般利用

下弦接头，做成一至两个曲折点，当下弦有两个接头时，起栱点在下弦折点，当下弦有两个接头时，起栱点在下弦的。（×）

23. 木屋架配料时遵循的原则是：上弦——上弦与下弦比较，下弦重要；上段与下段比较，下段重要；上边与下边比较，下边重要。下弦一中间与两端比较，两端重要；上边与下边比较，下边重要；端节点一上面与下面比较，上面重要。（√）

24. 制作木屋架时，如果选夹板料，必须选用优等材制作。当下弦采用湿材制作时，木夹板厚度应取下弦宽度的 2/3。（√）

25. 三角形木屋架配料时，上弦和斜杆断料的长度要比样板实长少 30～50mm，少出的长度作为端部榫西槽的锯割和修整余量。（×）

26. 木屋架的制作偏差在吊装后检查，也可以更换达不到要求的构件或局部修正。（×）

27. 木屋架在制作或吊装过程中产生侧向变形。原因可能是屋架制作质量差，节点端面不平直，木材变形又没有采取防止变形的措施；也可能是由于支撑尺寸偏差造成。（√）

28. 屋面板的厚度铺钉时，接头应在檩、椽条上并分段错开，每段接头处板的总宽度不大于 1m，且无漏钉现象。（√）

29. 制作木模板时，混凝土浇筑后达到不掉棱角的强度时，就可拆除其侧板及端板；底板架空在砖墩之间时，混凝土强度达到 50% 以上方可拆除底板。（√）

30. 木模板浇筑混凝土：当叠层支模时（一般不超过三层），下一层混凝土强度达到 30% 以上时，就可以进行上层混凝土的浇筑。（×）

31. 给出一个物体的两个视图，那么第三个视图就可以根据三等关系划出来。反之，如果三个视图都给出了，那么物体的空间位置关系也就确定了。（√）

32. 零件图的绘制过程中，不可以为了简化划图，而简化某些交线。（×）

33. 一个年轮内靠里面一部分颜色较浅、组织较松、材质较软的称为"早材"，靠外面的一部分颜色较深、组织致密、材质较硬的称为"晚材"。（√）

34. 阔叶树的叶子呈片状或网状叶脉，材质一般较软，故又称软木。（×）

35. 特种用材是指用于电杆、桩木、坑木、檩木及枕木等特种用途的木材。（√）

36. 木材斜纹与木材纵轴所构成的角度愈大，则木材强度亦增强愈多。（×）

37. 人工干燥法只要将木材合理的堆放在阳光充足和空气流通的地方，经过一段时间就可以使木材得到干燥，达到一般工程用料的要求。（×）

38. 木材的防腐一般常用的是水溶性防腐剂，因为这类防腐剂无臭味，不影响油漆，不腐蚀金属。（√）

39. 胶粘剂又称粘合剂、粘接剂及粘着剂等。具有良好的粘合性能，人们非常熟悉的水泥、石膏及沥青等建筑材料都属于胶粘剂。（√）

40. 量具是用来测量零件的尺寸、角度等所用的测量工具。（√）

41. 竹笔又称墨衬，一般在建筑施工制造门窗、模型板、屋架、放线等工程以及民用木工制作家具方面广泛使用。（√）

42. 当锯到末端时，要加快锯削速度，并用左手拿稳要锯掉的部分，以防木料撕裂。（×）

43. 木工锯在锯削过程中，如若感到进锯慢而费力，则表明锯齿已不锋利，需要锉伐锯齿。（√）

44. 平刨可分为荒刨、长刨、大平刨、净刨。它们构造相同，差异主要在长度上。（√）

45. 刨削时，刨底应始终紧贴木料面，开始时不要将刨头翘起来，刨到前端时，不要使刨头低下，否则，刨出来的木料表面，中间部分会凹陷。（×）

46. 如果砍削木料较厚较长时，一下子砍削有困难，一般的可在木料边棱上每隔 100mm 左右的地方斜砍若干小缺口后，再顺纹进行砍削。（√）

47. 推拉门开启时门扇沿轨道向左右滑行。通常为单扇和双扇，也可做成双轨多扇或多轨多扇。（√）

48. 推拉门开启时不占空间，受力合理，不易变形，但在关闭时门扇难以严密，构造亦较复杂，较多用作民用建筑中的房门。（×）

49. 转门是由两个固定的弧形门套和垂直旋转的门扇构成的，它不能作为疏散门，当设置在疏散口时，需在转门两旁另设疏散用门。（√）

50. 刨料前，要检查木料的弯曲和木纹方向等情况。刨料中顺木纹方向刨削，能获得较为光滑平整的表面，不易起毛，且省力。（√）

51. 划线操作宜在划线机上进行。将门窗料整齐排放好，先划纵线，后划横线。（×）

52. 用手指向上轻摸锯齿尖，如感觉"挂手"，则锯齿较锋利。（√）

53. 胶合板按照材质和加工工艺质量的不同，可分为特、一、二、三等四个等级。（√）

54. 细木工板属于特种胶合板的一种，芯板用木板拼接而成，两面胶粘一层或两层单板。（√）

55. 研磨刨刃时，刃口的坡面要紧贴磨石，来回推磨。要保持角度不变，切忌两手忽高忽低，以至把刨刃斜坡磨成圆棱。（√）

56. 胶合板的层树可以是双数，也可以是单数，可根据市场上的情况选购不同的品种。（×）

57. 锯路（料路）的路度越宽，则锯割时越省力，但速度越慢。（×）

58. 配制模板时，板边要找平刨直兜方，接缝严密，不使漏

浆。木料上节疤、缺口等疵病的部位，应放在模板反面或者截去。（√）

59. 配制模板尺寸时，要考虑到模板拼装接合的要求，适当加长或缩短某一部分长度。模板所用木材的断面尺寸，应根据各部位不同受力情况进行选择。一般厚度20～30mm的木板可做侧模板，厚度为25～50mm的木板可做底模板。小方木可做木档和搭头木，中方木或圆木可做支撑。（√）

60. 拼制模板的木板，应将板的侧边找平，并尽可能做成高缝，使接缝严密，防止跑浆。（√）

61. 实铺木地板是指直接铺钉在地面上的木地板。（×）

62. 一定要钉一层毛地板，才可作硬木拼花地板。（×）

63. 用搁栅架空的地板，叫做空铺木地板。（√）

64. 为了防止架空木地板的腐蚀变质，一定要做好防潮通风的技术措施。（√）

65. 空铺木地板的沿椽木，一定要做浸刷沥青的防腐处理。（√）

66. 安装窗帘盒时，其下口应不低于窗扇上冒头边线，以确保采光面积。（√）

67. 贴脸板的主要作用是盖住门扇框与抹灰之间的缝隙。（√）

68. 木门框与踢脚板之间的墩子线，可以省去不做。（×）

69. 木工配料时，必须认真合理选用木材，避免出现大材小用、长才短用、优材劣用的现象。（√）

70. 木材刨光净耗量：单面刨光为1～1.5mm，双面刨光为2～3mm，料长2m以上，应再加大1mm。（√）

71. 木材锯割配料时，应考虑锯缝的消耗量：大锯为4mm，中锯为2～3mm，细锯为1.5～2mm。（√）

72. 用斧砍削的操作，如果节子在板材的中心，应从节子的两边砍削。（×）

73. 用斧砍削的操作，如果节子在方料的一面时，应从双面

砍削。（√）

74. 使用框锯进行圆弧锯割操作时，锯条应该垂直于工件面。（√）

75. 使用平刨在刨削操作时，刨身无论向前或向后运动，都应紧贴工件面。（×）

76. 使用凿进行凿眼操作时，为了方便出屑，凿可以左右和前后晃动。（×）

77. 乳胶又称白乳胶，即聚醋酸乙烯乳液树脂胶，它粘着力强不怕低温，使用方便，抗菌性好。（×）

78. 木材的活节，与周围木材全部紧密相连，质地坚硬，而对木材的强度无影响。（×）

79. 由于节子本身质地坚硬，其硬度较周围木材大 1～1.5 倍因而增加了木材的强度。（×）

80. 在受弯构件中，木材表面可以允许有小型的活节，但应放置在受压部位。（√）

81. 木材的裂纹都是由于木材干燥引起的，分为径裂和轮裂两大类。（√）

82. 根据轨道的位置，推拉门可分为上挂式和下滑式。当门扇高度小于 4m 时，一般采用上挂式推拉门；当门扇高度大于 4m 时，一般采用下滑式推拉门。（√）

83. 折叠门开启时门扇沿轨道向左右滑行。开启时不占空间，受力合理，不易变形，但关闭时难以严密，构造亦较复杂，因而较多用作工业建筑中的仓库和车间大门。（×）

84. 转门是由两个固定的弧形门套和垂直旋转的门扇构成。门扇可分为三扇或四扇，绕竖轴旋转。转门对隔绝室外气流有一定作用，可作为寒冷地区公共建筑的外门，也可作为疏散门。（×）

85. 由于门框靠墙一面易受潮变形，故常在该面开 1～2 道背槽，以免产生翘曲变形，同时也利于门框的嵌固。（√）

86. 窗框在墙上的位置，一般是与墙内表面平，安装时窗框

突出砖面 20mm，以便墙面粉刷后与抹灰面平。（√）

87. 在刨削木料时，要尽量避免逆木纹刨削或操作时吃刀量过大，否则会产生小块陷下去的戗槎。（√）

88. 刨削松软且含水率大的木材时，会因刨刀不锋利而产生毛刺，这一缺陷不克服，将会影响油漆制品质量。（√）

89. 在制作木门窗或细木制品须锤击拼装时，可以直接在刨光的表面锤击。（×）

90 进入现场施工区域必须佩戴安全帽和胸卡。着装统一整齐，严禁施工人员穿背心、拖鞋进入现场。（√）

91. 要把施工质量从事后把关，变为事前控制。（√）

92. 合理的堆放木料，可以防止变形的发生。（√）

93. 在制作家具时，为了合理、节约用材，并为后续工序做好材料准备，在配料前一定要开列原辅材料分析表，做到心中有数。（√）

94. 开列原材料分析表时要注意有榫头的要加上榫头的长度。此外，合理确定加工余量至关重要。（√）

95. 选料时注意需加工榫头的毛料，其接合部位不允许有节子、腐朽、裂纹等缺陷，以免在装配时，发生榫头断裂，接合不紧密，以至影响家具的质量。（√）

96. 榫头与榫眼接合时，可以一次压到底。（×）

97. 拧木螺钉时，只允许用锤敲入木螺钉长度的 1/3，其余部分要用螺钉旋具或电钻拧人，不可用锤敲到底。注意螺钉长度与板厚，要求木螺钉拧进凳面的深度不小于 1/2，但不大于其厚度的 2/3，注意一定不能拧穿。（√）

98. 压木是阔叶树材所特有的，产生在倾斜或弯曲树干和枝条的下方或应力木的一边。应拉木是针叶树材所特有的，产生在倾斜或弯曲树干和枝条的上方或拉应力一边。（×）

99，圆木弯曲有一面弯曲和多面弯曲。弯曲圆木会降低木材的出材率和木材的各种强度。（√）

100. 防止木材腐朽的方法有：对木材进行干燥，降低木材

的含水率，同时借助高温杀死木腐菌，把有毒的药剂浸湿到木材中去，进行防腐处理等。（√）

101. 在毛料刨削时，为保证刨削质量，一般要顺木纹刨削，刨削中如遇到节疤、纹理不顺或材质坚硬的木料时，刨刀的切削阻力增大，操作者应适当降低进料速度，刨削时，要先刨大面，后刨小面。（√）

102. 在毛料刨削时，对于翘曲变形的工件，要先刨其凹面，将凹面的凸出端部或边沿部分多刨几次，直到凹面基本平直，再全面刨削。若必须先刨削凸面时，应先刨最大凸出部位，并保持两端平衡，刨削进料速度均匀。（√）

103. 在加工长 400mm 厚 30mm 以上的短料时，可以用推棍（木棒）推送刨削，也可以用手推送刨削。（√）

104. 压刨床由两人操作，一人送料，一人接料，二人均应站在机床的侧面，应避免站在机床的正面，防止工件退回时被打伤。（√）

105. 在进行板材拼接时，先将加工好的木板摆到一起，为了减少木材的翘曲，要让木纹和年轮的走向一致。（×）

106. 在凿榫眼操作时，要将凿子垂直工件斜刃向外，先从榫眼的一端开始，在离开所划的线 3～5mm 处下第一凿，将凿子垂直往下打，然后向前移动一定距离下第二凿，此凿应向后偏斜，使和第一凿口相会合，并把凿下的切屑剔出，一次加工直到接近榫眼的另一端时，再将凿子翻转过来，压住末端所划的线下凿，最后再将凿子压住开始端的线补凿一次，使沿着榫眼长度的两个孔壁平直。（√）

107. 指接是将小料方材端面加工成指形榫（或齿形榫）后采用胶粘剂将其在长度方向胶合的方法。（√）

108. 箱框的角部接合有直角接合或斜角接合；可以采用直角多榫接合、燕尾榫、插入榫、木螺钉等接合；也可以采用五金连接件接合。（√）

109. 无论是检测工件平面是否水平还是垂直，水平仪都要

紧靠在工件表面上。（√）

110. 墨斗是由硬质木料凿削而成，适用于弹作较短的直线。对边沿不齐的木料，可以利用墨斗弹作直线做标准。（×）

111. 在锯削过程中，推锯要有力，但锯回拉时用力要轻；锯路要沿着墨线走，不要偏离。（√）

112. 在锯削过程中，锯削速度要均匀有节奏，锯的上端向后倾斜，使锯条与木料表面的夹角约成 70°左右。当锯到末端时，要放慢锯削速度，并用左手拿稳要锯掉的部分，以防木料撕裂。（√）

113. 在框锯操作不方便的场合最合适使用钢丝锯。（×）

114. 刀具两侧均有锯齿，一边为截锯锯齿，一边为顺锯锯齿，可以纵向锯削和横向锯削两用。它不受材面宽度的限制，适用于锯削薄木板、胶合板等长而宽的材料。（√）

115. 钢丝锯是锯削比较精密的圆弧和曲线形工件时使用的工具。（√）

116. 钢丝锯在锯削中，要左脚踏稳平放在工作凳的工件上，先用钢丝锯齿按照划好的线斜向锯一个锯口，然后将钢丝锯条全部导入锯口。带锯条全部没入锯口后。再双手握住钢丝锯上部把手，逐渐增加锯削力量，并逐渐使钢丝锯条齿与工件表面垂直进行锯削。（√）

117. 木工锯在锯削过程中，如若感到进锯慢而费力，则表明锯齿已不锋利，需要锉伐锯齿；感到夹锯，则表明锯的料度受摩擦而减少；总是向一侧偏弯，表明料度不均，应进行拨料修理。（√）

118. 大平刨又称邦克，其长度为 450～500mm，刨削后的木料面比较平直。（×）

119. 木材横向变形表现为木材断面形状的改变，如方材的正方形的断面收缩成为矩形或菱形。（√）

120. 纵向变形一是沿着长度方向弯曲，即板方材干燥后板面翘起；二是板方材由原来平整的板面变成扭曲状。（√）

121. 对于同一构件，用 1∶20 的比例画出的图形比用 1∶50 的比例画出的图形要大。（√）

122. 对于同一构件，用 1∶20 的比例画出的图形比用 1∶10 的比例画出的图形要大。（×）

123. 用 1∶2 比例画出的图，叫做缩小比例的图形，用 2∶1 比例画出的图，叫做扩大比例的图形。（√）

124. 用 1∶50 比例画出的图，实际长为 2500mm，图形线长 50mm。（√）

125. 同一个图形，在特殊情况下，可以用两种比例，但必须详细注明尺寸。（√）

126. 在法定计量单位中，力的单位名称可以用重量的单位名称。（×）

127. 1 英寸为 25.4 毫米。（√）

128. 1 市尺为 0.3 米。（×）

129. 10 英寸为 1 英尺。（×）

130. 1 立方米为 1000 公升。（√）

131. 胶合板的层数可以是双数，也可以是单数，可根据市场上的情况选购不同的品种。（×）

132. 灰板条和挂瓦条的种类可以随便选择，价格经济的树种均可用来制作。（×）

133. 胶合板没有干缩湿胀的性质，故不用湿水就可直接铺钉于面层。（√）

134. 木质纤维板由于木纤维分布均匀，故不会出现干缩湿胀的现象，不用湿水，可直接铺钉于面层。（×）

135. 凡是三夹板，都是不耐水的，凡是五夹板以上的胶合板，都是耐水的。（×）

136. 圆钉按其直径分为标准型和重型两种，重型的钉比标准型要粗一点。（√）

137. 木螺钉的公称长度 1 是指能进入木材中的深度，所以相同公称长度的沉头与圆头的螺钉是一样的。（×）

138. 粗制螺栓都是粗牙螺纹，精制螺栓都是细牙螺纹。（×）

139. 粗制螺栓应配套用粗制螺母，精制螺栓应配套用精制螺母，不可相互代替。（√）

140. 平垫圈与弹簧垫圈的作用是不相同的，平垫圈是增加紧固力，防止松动，弹簧垫圈是增加接触面积，防止滑动。（×）

141. 顺纹锯割，因木纤维阻力小，故锯齿形状成80°。（√）

142. 横纹锯割，因木纤维阻力大，故锯齿形状成90°。（√）

143. 锯路（料路）一般有一料路、二料路、三料路、四料路等数种。（×）

144. 锯路（料路）的路度越宽，则锯割时越省力，但速度也越慢。（×）

145. 锯路（料路）的总宽度一般为锯条厚度的2.6至3倍。（√）

146. 制作木构件的榫接时，应该注意凿眼与开榫的配合，可采用凿不留线锯留线，合在一起整一线。（√）

147. 制作木构件的榫接时，应该注意凿眼与开榫的配合，可采用凿半线留半线，合在一起整一线。（√）

148. 制作木构件的榫接时，应该注意凿眼与开榫的配合，可采用锯不留线凿留线，合在一起整一线。（√）

149. 制作木构件的榫接时，应该注意凿眼与开榫的配合，可采用凿留一线，锯留半线，结合牢固无人厌。（×）

150. 制作木构件的榫接时，应注意凿眼与开榫的配合，可采用凿留半线锯留一线，结合牢固无人厌。（×）

151. 圆锯片锯齿形状与锯割木材材质的软硬、进料速度、光洁度及纵割或横割等因素有密切关系。（√）

152. 圆锯片锯齿形状与锯割木材材质的软硬、光洁度以及纵或横割等因素有关，但对进料速度无关。（×）

153. 圆锯片锯齿的尖角角度越大，则锯割能力较大，越适

应于横锯硬质木材。（×）

154．为了加强安全操作，在平刨车上木材刨制加工时，应扎紧衣袖，戴好手套。（√）

155．一般的压刨机，木板的上、下两面可以通过二次刨削而制得平整合格的产品。（×）

156．木基面铺设油毡，应该垂直于檐口方向，并搭接长度不小于100mm。（×）

157．檐口第一根挂瓦条应较高出一片瓦的厚度，并使第一排瓦紧贴檐口。（×）

158．挂瓦条必须钉在顺水线上，如赶不上顺水档子时，应在接头处加垫顺水条。（√）

159．木质封檐板的宽度大于300mm时，背面或刻槽两道或穿木排，以防扭翘。（×）

160．在铺钉木基层的密铺层面板时，一块层面板只要能搁到两根檩条时就可以，其接头不一定在檩条上。（×）

161．为了以防浇捣混凝土时漏浆，宜接与混凝土接触的模板应该用干燥的木材做成。（×）

162．木板的干缩与湿胀，容易出现翘曲变形，从而影响了混凝土的质量，故于混凝土接触的模板，单块宽度以不超过200mm为宜。（×）

163．拼制模板的木板，应将板的侧边找平刨直，并尽可做成高低缝，使接缝严密，防止跑浆。（√）

164．用木档拼钉模板时，木板的接要错开位置，并要在木档处。（√）

165．用木档拼钉模板时，在每块板的横档上至少钉四个钉子，并注意钉子的朝向。（×）

166．采用顶撑支模时，顶撑下应设置垫板，并在垫板和顶撑之间加对拔榫（木楔）。（√）

167．采用木行架支模时，木行架的两端要放稳，并使垂直。为了加强强度，木行架中间可加设若干支撑，并在木行架之间

设拉结条。(×)

168. 梁底顶撑（琵琶撑）的琵琶头长度是由梁的宽度而定。(×)

169. 矩形柱木模板由柱头板与门子板组成，一般短边方向为柱头板，长边方向为门子板。(√)

170. 柱模的柱头板顶部，应该按照梁的部位及截面尺寸留出缺口。(√)

171. 用搁栅架空的地板，叫做空铺木地板。(×)

172. 实铺木地板是指直接粘贴在混凝土地面上的地板。(×)

173. 一定要钉一层毛地板，才可做硬木拼花地板。(×)

174. 为了防止架空木地板的腐烂变质，一定要做好防潮通风的技术措施。(√)

175. 空铺木地板的沿椽木，一定要做浸刷沥青等防腐处理。(√)

176. 钢窗的种类只有实腹与空腹两种。(×)

177. 安装窗帘盒（箱）时，其下口不应低于窗扇上冒头边线，以确保采光面积。(√)

178. 贴脸板的主要作用主要是盖住门窗框与抹灰之间的缝隙。(√)

179. 木门框与踏脚板之间的墩子线，可以省去不做。(×)

180. 钢窗上的执手、撑挡等小五金，可以先安装好后再立樘子。(×)

181. 木工配料时，必须认真合理选用木材，避免大材小用、长材短用、优材劣用的现象出现。(√)

182. 把圆木锯割成方木时，如稍径较大，常采取破心下料，这样因切向、径向收缩率不同而产生的裂缝就较小。(√)

183. 圆木锯成板材时，应注意年轮分布情况，使一块板材中的年轮疏密一致，以免发生变形。(√)

184. 木材刨光消耗量：单面刨光为 1 ~ 1.5mm，双面刨光为 2 ~ 3mm，料长 2m 以上，应再加大 1mm。(√)

185. 木材锯割配料时，应考虑锯缝消耗量：大锯为 4mm，中锯为 2~3mm，细锯为 1.5~2mm。（√）

186. 用斧砍削的操作中，如节子在板材中心时，应从节子的两边砍削。（×）

187. 用斧砍削的操作中，如节子在方料的一面时，应从双面砍削。（√）

188. 使用框锯进行圆弧锯割操作时，锯条应该垂直于工件面。（√）

189. 使用平刨在刨削操作中，刨身不论是向前或向后运动，都应紧贴工件面。（√）

190. 使用凿进行凿眼操作中，为了出屑方便，凿可以左右摆动和前后摇动。（×）

191. 使用螺旋钻进行钻孔操作时，应双面钻，以防损坏工件表面的光洁度。（√）

192. 乳胶又叫白乳胶，即聚醋酸乙烯乳液树脂胶，它粘着力强，不怕低温。（×）

193. 乳胶又叫白乳胶，即聚醋酸乙烯乳液树脂胶，它活性时间长，使用方便，抗菌性能好。（√）

194. 乳胶又叫白乳胶，它使用方便，粘结速度快，一般经过 1h 左右已经硬化。（×）

195. 乳胶又叫白乳胶，使用方便，胶液过浓，可以任意加水后拌匀使用。（×）

196. 乳胶又叫白乳胶，是一种动物性胶水，采用动物的乳汁制作。（×）

197. 杯形基础实际上是独立基础之中的一种形式。（√）

198. 装配式的单层工业厂房的基础梁，一般摆置在杯上的边上，其顶面都低于室内地坪 50mm。（√）

199. 预制柱的牛腿，用来支承吊车梁和连系梁，可以用钢筋混凝土制作，也可以用钢制作。（√）

200. 位于单层厂房山墙面的柱，不和屋架直接连接的柱，

叫做抗风柱，用于承受墙面上的风荷载。（√）

201．凡设在吊车梁以上的柱间支撑叫上柱支撑，凡设在吊车梁以下的柱间支撑叫下柱支撑。（√）

202．凡屋面的防水层采用卷材制作，称为刚性防水层，能适应于屋面的微小变形。（×）

203．凡屋面防水层采用细石混凝土、防水砂浆等材料作成的，称为刚性防水层，把屋面形成一个整体。（√）

204．采用天沟、落水管将雨水汇集到一定地方排到地面，叫做有组织排水。（√）

205．屋面的保温层一定做在防水层下面，而隔热架空层一定做在防水层上面。（×）

206．二毡三油防水层上撒绿豆砂，主要是改变沥青的颜色，以改变屋面的景观的。（×）

207．心材由于生长年久，故坚硬，比边材好。（×）

208．边材由于含水率大，故干缩性大。（√）

209．早材材质松软，颜色较淡。（√）

210．晚材材质致密、坚硬，颜色较深。（√）

211．在年轮中，晚材所占的比例越大，则强度越大。（√）

212．木材的活节，与周围木材全部紧密相连，质地坚硬，而对木材的强度无影响。（×）

213．由于节子本身质地坚硬，其硬度较周围木材大 1～1.5 倍，因而增大了木材的强度。（×）

214．在受弯构件中，木材表面可允许有小型的活节，但应放置在受压部位。（√）

215．在受弯构件中，木材表面可以允许有小型的活节，但应放置在受拉部位。（×）

216．木材的裂纹按存在形式分为径裂、轮裂两大类，并且都是由于干缩而引起的。（√）

217．绝对标高是以我国黄海海面的平均高度为零而取量的。（√）

54

218. 相对标高一般是以建筑物相对于首层室内地坪为零而取量的。(√)

219. 相对标高是以建筑物相对于基础底面为零而取量的。(×)

220. 图纸上指北针的箭头指的是北向，而箭尾为南向。(√)

221. 图纸上指北针的箭头指的是南向，而箭尾为北向。(×)

222. 由国家、地方或设计单位统一绘制的具有通用性的图纸才可称为标准图。(√)

223. 只有国家统一绘制的具有通用性的图纸才可称为标准图。(×)

224. 只有设计单位绘制的具有通用性的图纸才可称为标准图。(×)

225. 标准图是指梁、板、门窗等构配件的图纸。(×)

226. 标准做法的图纸叫标准图。(×)

227. 建筑立面图是室外朝墙面看的投影图。(√)

228. 建筑立面图是室内朝墙面看的投影图。(×)

229. 建筑正立面图就是南立面图，而侧立面图就是东或西立面图。(×)

230. 从建筑立面图上窗的垂直排列情况，一般可以确定建筑物地上层数。(√)

231. 通过立面图与平面图的综合与对照，可以了解外墙面上的门窗型号和位置。(√)

232. 楼梯图一般有平面图、剖面图、详图三部分所组成。(√)

233. 一般搂梯平面图有底层平面图、标准层平面图、顶层平面图三种。(√)

234. 休息平台的宽度一般与搂梯的宽度相近。(√)

235. 楼梯栏杆的高是指踏步宽面的中心点到栏杆面的。(√)

236. 楼梯的结构标高加上面层装修厚度则成为楼梯的建筑

标高。（√）

237. 在相同的地基上，垫层的厚度越厚，则承受力越大。
（×）

238. 在相同的地基上，垫层的宽度越大，则承受力越大。
（×）

239. 在相同的地基上，基础的底面积越大，则承受力越大。
（×）

240. 凡受刚性角限制的基础，当基础底面上的宽度越大，
则埋置深度也越大。（√）

241. 在摩擦桩中，桩的长度越大，则承受力越大。（√）

242. 楼层结构平面图主要反映了楼层的梁板等构件的布置
情况。（√）

243. 圈梁与过梁的作用相同，所以有时圈梁代替过梁，而
不设过梁。（×）

244. 雨篷板中的受力钢筋，应位于板的上沿，以防断裂。
（√）

245. 楼层结构平面图中的板面标高，一般比相应层次的建
筑平面图的板面标高低。（√）

246. 预制空心板的长边部分不应搁在墙上，以免受力复杂
面出现裂缝。（√）

247. 基础施工图一般由基础平面图、基础详图、文字说明
三部分内容所组成。（√）

248. 基础详图一般以剖面图的形式来表示，并标以相应的
图例。（√）

249. 基础梁的水平位置可以从平面图中查得，基础梁的大
小和垂直位置可以从详图中查得。（√）

250. 为了防潮气上升，不管何种基础墙，均应做防潮带。
（×）

251. 凡是基础梁，基底下都应夯实填密，以增加受力能力。
（×）

252. 硬木地板一定要铺设在毛地板上，以确保质量。（×）

253. 房间的地面一般由面层、垫层、基层组成。（√）

254. 楼地面名称是以其面层的材料和施工方式共同命名的，如拼花木地板，现浇细石混凝土地面等。（√）

255. 现浇整体式楼面结构层，主要为有梁板和无梁板两种。（×）

256. 磨石子地平面层中嵌玻璃条，主要是为了控制地面的裂缝。（√）

257. 常见的轻钢龙骨的非上人主龙骨的型号有 50 型（×）。

258. 纸面石膏板的主要组成材料为熟石膏（√）。

259. 矿棉板顶主要和 T 形龙骨配套使用。（√）

260. 铝合金或矿棉板吊顶的主龙骨选用 L 形龙骨（×）

261. 石膏板的拼接应为错缝拼接形式。（√）

262. 木龙骨最重要的施工注意事项为要涂刷防火涂料两遍以上（√）。

263. 轻钢龙骨石膏板吊顶的主龙骨吊筋尺寸是常用的为 $\phi44$。（×）

264. 绝大部分的塑料地板属于聚乙烯类的地板。（√）

265. 塑料地板在铺贴前应进行热水浸泡的处理。（×）

266. 塑料地板粘贴好后，要保证 24h 小时不上人。（√）

267. 塑料地板焊接时，最好是两人操作。（×）

268. 木地板的搁栅间距一般为 500mm。（×）

269. 踢脚板的拼接一般为 90°的拼接。（√）

270. 木地板要求其含水率约在 10% 以内。（√）

271. 制作窗帘盒一般应选用刨花板。（√）

272. 木窗台的收边厚度标准为盖住结构面层。（√）

273. 职业一词包括两层含义。"职"包含着职责、权利和义务的意思；"业"包含着业务、事业，具有独特性的专业工作的意思。（√）

274. 职业种类的划分与人的主观意愿相适应，职业是人类

社会存在和发展的最基本的社会组织形式。（×）

275. 在材垛之间，要留出足够的作业通道和防火线。留出的防火线的宽度决定于材种的长短，应便于检尺和搬运，一般为 1.5～2m，材垛之间的通道决定于作业方式，一般不少于 50m，如果是机械装卸则不能少于 7m，用以防火及便于搬运。（√）

276. 安全文明施工是建设行业对每个项目最基本的要求，既要保证施工质量，又要保证施工安全。（√）

277. 木制品完工后第一步工序是测量工作量。（×）

278. 把施工质量从事后把关，变为事前控制。（√）

279. 事前控制是对投入资源和条件的质量控制。（√）

280. 事中控制是对施工方案的质量控制。（×）

281. 事后控制是对隐蔽工程的质量控制。（×）

282. 施工过程质量控制重点是工序控制。（√）

283. 隐蔽工程检查主要项目有吊顶轻钢龙骨结构检查。（√）

284. 工程材料检验对不合格品要采取标识、隔离、退场等措施。（√）

285. 三角形木屋架的弦杆、斜杆、竖杆联结处是中央节点。（×）

286. 脊节点一般是在斜杆端头作凸榫，弦杆上开榫齿，齿深小于或等于弦杆截面高度 1/4，并不限于 20mm，凸榫抵紧于槽齿内。（×）

287. 对于三角形木屋架的中间节点，当竖杆是木料时，一般将竖杆夹在弦杆两侧，再用螺栓与弦杆连结，注意所用螺栓的直径应不小于 12mm，所用垫板的厚度应不小于直径的 3.5 倍。（√）

288. 屋架起拱的高度一般为其跨度的 1/400、起拱一般利用下弦接头，做成一至两个曲折点，当下弦有两个接头时，起拱点在下弦的 1/3 处。（×）

289. 制作木屋架时，如果选夹板料，必须选用优等材制作。当下弦采用湿材制作时，木夹板厚度应取下弦宽度的 2/3。（√）

290. 在铺钉木屋架屋面板时，屋面板的接头应在檩、椽条上并分段错开，每段接头处板的总宽度不大于 1m，应无漏钉现象。（√）

291. 封檐板和封山板要表面光洁，接头采用燕尾榫并镶接严密，下边缘至少低于檐口平顶 50mm。（×）

292. 用一个剖切面完全地剖开工业产品后所得的剖视图称全剖视。（√）

293. 只反映家具造型和功能的设计图是满足不了要求的，因此这就要进一步划出家具的内外详细结构，包括零、部件的形状、它们之间的连接方法等，这种图样称为俯视图。（×）

294. 我国树木种类大约有七千余种，一般分为针叶树和阔叶树两大类。（√）

295. 圆木是由原条按一定尺寸加工成规定直径和长度的木材。又分为直接使用圆木和加工用圆木。（√）

296. 圆木径级应在小头通过断面中心量得的最小直径作为检尺径。（√）

297. 榫头加工时为了使榫头插入榫眼，常将榫端的两面或四面加工成 45°的斜棱。（×）

298. 树干中的活枝条或枯枝条在树干中着生的断面称为节子。按节子质地及其与周围木材相结合的程度，主要分为活节、死节、漏节三种。（√）

299. 木材缺陷中的腐朽按在树干分布密度的不同，分为外部腐朽和内部腐朽。（×）

300. 木材经过良好的干燥，可以提高木材的强度，防止变形、开裂和腐朽并可提高加工的精确度，人工干燥法是目前一些木材加工企业主要采取的一种干燥方法。（×）

301. 人造板材中的刨花板是利用胶粘剂（合成树脂胶）在

一定的温度和压力下，把破碎成一定规格的碎木、刨花胶合而成的一种人造板。（√）

302. 目前，在木材工业中使用的多为骨胶，由于它价廉和使用方便，在家具制造上用得较多。但由于其原料为动物皮骨，来源受到限制，故近年来常用酚醛树脂胶来代替。（√）

303. 表面上看，无声铰链与普通铰链相类似，但是，由于其两管脚之间装有尼龙垫圈，因此，门扇转动轻便、灵活，且无摩擦噪声，表面镀铬或古铜，外形美观，故多用于高档建筑房门。（√）

304. 一般在工程测量中，我国采用的测量单位是国际单位 m，在环境建筑和室内空间中我们常常使用的测量单位是 cm。（×）

305. 力的大小反映物体间相互作用的强弱程度。通常可以由数量表示出来，力的度量单位采用国际单位制（SI）。在国际单位制中，力的单位用牛顿或千牛顿。（√）

306. 普通木工刨的刨刀，它的锋利和迟钝以及磨后使用是否长久，与刃锋的角度大小有关，刨削硬木的刨刃，它的角度为30°。（×）

307. 凡是发生弯曲变形或以弯曲变形为主的杆件或构件，通常叫做桁架。（×）

308. 普通木工刨的刨刀，它的锋利和迟钝以及磨后使用是否长久，与刃锋的角度大小有关，一般刨刀，它的角度为25°。（√）

309. 普通木工刨的刨刀，它的锋利和迟钝以及磨后使用是否长久，与刃锋的角度大小有关，粗刃刨刀，它的角度为30°。（√）

310. 三角尺也称斜尺，是由不易变形的木料或金属片制成，是划45°斜角结合线不可缺少的工具。（√）

311. 竹笔又称墨衬，在建筑施工制造门窗、模型板、屋架、放线等工程以及民用木工制作家具方面广泛使用。（√）

312. 在锯削过程中，推锯要有力，但锯回拉时用力要轻。尽量加大推拉距离，锯的上端向后倾斜，使锯条与木料表面的夹角约成 30°左右。（×）

313. 槽刨是木工使用最多的一种刨，主要用来刨削木料的表面。（×）

314. 大平刨又称邦克，其长度为 600mm，由于刨床较长，专供板方材的刨削拼缝之用。（√）

315. 钉冲子是用来将圆钉打入木材内部的专用工具。尖端应磨成扇形，另一端为平顶，便于锤击。（√）

316. 单刃斧的刃在一面，角度约为 35°，导向性好，砍削面较平整，且刃磨容易，适合于砍而不适合于劈。（√）

317. 手提式电钻常采用带状砂磨，用于各种不同场合的表面砂光及水磨涂饰表面等多种用途。按结构分有带式、盘式、振动式等几种。（×）

318. 木门的种类很多，弹簧门的构造简单，开启灵活，加工制作简便，易于维修，是建筑中最常见、使用最广泛的一种门。（×）

319. 当门扇高度大于 5m 时，一般采用下滑式推拉门，即在门扇下部设置滑轮，将滑轮置于预埋在地面的铁轨（下导轨）上。（×）

320. 折叠门按开启方式可分为侧挂式折叠门和推拉式折叠门两种。由多扇门构成，每扇门宽度 500 ~ 1000mm，一般以600mm 为宜，适用于宽度较大的洞口。（√）

321. 平开窗具有构造简单，开启灵活，制作维修方便等特性，是民用建筑中使用最广泛的窗。（√）

322. 门窗用材应尽量采取用窑干法干燥的木材，含水率要控制在 12% 以内，并作防虫、防腐、防火处理。（√）

323. 门窗框、扇的立梃与冒头节点处采用 45°角交接，交接处要严密，不得出现高低或互相错开现象，两条边的合角处如能相互对齐者为交圈整齐。（√）

324. 办公桌属于板式家具。（×）

325. SOHO 家具不属于拆装式家具。（√）

326. 在进行刨削加工时，为了保证刨削质量，刨削中如遇到节疤、纹理不顺或材质坚硬的木料时，操作者应适当降低进料速度。（√）

327. 对于翘曲变形的工件进行刨削加工时，要先刨其凹面，将凹面的凸出端或边沿部分多刨几次，直到凹面基本平直，再全面刨削。（√）

328. 在平刨上加工基准面时，为获得光洁平整的表面，应做如下调整将前、后工作台调平行，调整导尺与工作台面的夹角，使其成直角。（×）

329. 倾斜的端基准面（即端面与侧面不垂直）的加工可以在双端铣机床上进行。（×）

330. 拼板操作时，要求配料时的木材含水率应接近使用地区或场所的平衡含水率的要求不正确。（√）

331. 关于直角榫接合的技术要求，榫头的宽度比榫眼长度大 0.5～1.0mm 时，接合强度最大描述是错误的。（√）

332. 制造圆榫的材料应选用密度大、无节不朽、无缺陷、纹理通直、具有中等硬度和韧性的木材。（√）

333. 普通木工刨的刨刀，它的锋利和迟钝以及磨后使用是否长久，与刃锋的角度大小有关，细刨刨刀，它的角度为 25°。（×）

334. 刨的刨刃应磨成直线形的形状。（√）

335. 榫头的厚度视零件的断面尺寸的接合的要求而定，单榫的厚度接近于方材厚度或宽度的 0.4～0.5，双榫的总厚度也接近此数值。（√）

336. 为使榫头易于插入榫眼，常将榫端倒楞，两边或四边削成 35°的斜棱。当零件的断面超过 40mm×40mm 时，应采用双榫。（×）

337. 为使榫头易于插入榫眼，常将榫端倒楞，两边或四边

削成30°的斜棱。当零件的断面超过 40mm×40mm 时，应采用燕尾榫。（×）

338. 榫头的长度根据榫接合的形式而定。采用明榫接合时，榫头的长度等于榫眼零件的宽度（或厚度）当采用暗榫接合时，榫头的长度不小于榫眼零件宽度（或厚度）的1/2，一般控制在 25～35mm 时可获得理想的接合强度。（√）

339. 榫头的宽度，不宜小于构件宽度的1/4，否则容易发生构件断裂的现象。（√）

340. 榫眼的宽度，不宜大于构件宽度的3/4，否则容易发生构件断裂的现象。（×）

341. 门窗拉手的位置应在门窗扇中线以下。窗拉手一般距地面 1000～1200mm，门拉手一般距地面 800～1100mm。（×）

342. 门窗铰链距上、下边的距离应等于门窗边长的1/10，但须错开上、下冒头。装三只铰链时，其中间铰链装于上下铰链中间，但不要正对中冒头。（√）

343. 要求门窗扇和门窗框之间及两扇对口处，均能预留 1.0～2.5mm 的风路（有一定空隙的气流通路），对工业厂房双扇大门对口处则预，留 2～5mm 的风路。（√）

344. 门扇离地的风路：外门为 5mm，内门为 81mm，卫生室为 22mm，工业厂房大门为 1.0～2.5mm，窗扇和下槛间的风路，以单页铰链的厚度为宜。（×）

345. 刨削松软且含水率大的木材时，会因刨刀不锋利而产生脱棱，这一缺陷不克服，将会影响油漆制品质量。（×）

346. 机械加工时表面出现的小波纹或手工刨削时出现的不很明显的凹凸不平状态称为毛刺，可采用净光或手工刨光消除这一缺陷。（×）

347. 门扇离地的风路：外门为 5mm，内门为 8mm，卫生室为 22mm。（√）

348. 木门扇的中帽头与挺的连接，常用双夹榫。（√）

349. 木门扇的下帽头与挺的连接，常用双榫。（√）

350. 木门扇的中贯档与框子挺的连接，常用燕尾榫。（×）

351. 屋面木檩条、木橡条安装时，间距允许的偏差为 –20。（×）

352. 对于承重的木结构方木，Ia 等材不允许有死节。（√）

353. 对于承重的木结构方木，Ia 等材不允许有虫眼。（√）

354. 塑铝板不宜长期用在湿度较大的场所，如浴室、卫生间等，在沿海、南方湿度较大的环境建议使用厚度 15mm 以上的规格。（×）

355. 立体图作为结构装配图或零件图的辅助图形最合适。（√）

356. 对于小型工业产品设计而言，一般用轴测图完全可以代替透视图。（√）

357. 对于小型工业产品设计而言，一般用轴测图不能代替透视图。（×）

358. 当物体内部构造和形体复杂时，为了能够清楚的反映其自身结构，往往采用绘制剖面图的方法来加以表达。（×）

359. 从生产发展的需要看，除了生产数量较少的家具外，按零部件组织生产都必须划出零件图、部件图。（√）

360. 结构装配图内容主要有：视图、尺寸、技术条件，如当它替代设计图时，还应画有透视图。（×）

361. 当工厂组织生产家具时，随着结构装配图等生产用图样的下达，同时应有一个包括所有零件、部件、附件、清单附上，这就是明细表。（×）

362. 在结构装配图或装配图中，技术条件也常作为验收标准的重要依据。（√）

363. 力使物体的运动状态发生改变的效应称为内效应，而使物体的形状发生改变的效应则称为外效应。（×）

364. 力的作用取决于二个要素，即大小、方向。（×）

365. 力的单位用牛顿或千牛顿。（√）

366. 梁的截面高度及宽度尺寸，一般按以下原则确定：面

高度 $h \leqslant 80mm$ 时，取 40mm 的倍数。（×）

367. 梁的截面高度及宽度尺寸，一般按以下原则确定：截面高度 $h > 800m$ 时，取 100mm 的倍数。（√）

368. 现浇梁板结构而采用定型钢模板施工时，梁的腹板高度取 80mm 的倍数。（×）

369. 梁截面宽度一般取 50mm 的倍数，圈梁宽度按墙厚确定。（√）

370. 考虑抗震要求的框架梁的宽度不宜小于 200mm，且不宜小于柱宽的 1/2；净跨不宜小于截面的 4 倍。（√）

371. 凡是发生弯曲变形或以弯曲变形为主的杆件或构件通常叫做梁。（√）

372. 手工木工用量尺主要有直尺、折尺、钢卷尺。（×）

373. 常用的角尺有直角尺、活络尺、三角尺。（√）

374. 水平仪是用来检验较大工件表面是否水平或者垂直的测量器具。（√）

375. 用水平仪检验平面是否水平的方法，将水平仪平放在物体表面，观察尺中气泡的静止位置，当中部水准管内的气泡居于边位时，物体表面即处于水平位置，否则物体表面不水平。（×）

376. 用水平仪检验平面是否垂直的方法，是将水平仪竖立起来，齿身贴向物体表面，并保持平行，观察尺身内的横向水准管内的气泡，如果气泡居于管内中部，则表示该面与水平面垂直。（√）

377. 木工用锯有框锯、刀锯、手锯、侧锯、钢丝锯等多种，较常用的有手锯和刀锯两种。（×）

378. 锯削速度要均匀不节奏，尽量加大推拉距离，锯的上端向后倾斜，使锯条与木料表面的夹角约成 70°左右。（√）

379. 刀具两侧均有锯齿，一边为截锯锯齿，一边为顺锯锯齿，可以纵向锯削和横向锯削两用。（√）

380. 如果用双手锯削，则右手要移到锯把后端，左手握住锯把前端，使锯身与木料表面大约成 40°夹角。（×）

381. 手锯有板锯和搂锯两种，搂锯较小，板锯较大。（√）

382. 板锯专门用来切削框锯不能锯削的宽而且长的木料的锯削工具。（√）

383. 开口锯，在较小的工件上挖孔时使用。使用时要先在工件上钻一个小圆孔，使锯条的锯尖插入孔中。（×）

384. 木工锯在锯削过程中，如若感到进锯慢而费力，则表明锯齿已不锋利，需要锉锯齿；感到夹锯，则表明锯的料度受摩擦而减少；总是向一侧偏弯，表明料度不均，应进行拨料修理。（√）

385. 修理锯齿时，拨料的方法有三种形式：两开一停式〈左右中〉，两开式（一左一右）一开一停式（左中右中）。（√）

386. 水泥、石膏及砂等建筑材料都属于胶粘剂。（×）

387. 按粘合后的强度特性不同，胶粘剂可分为结构型、次结构型、非结构型三类。（√）

388. 木工常用的胶粘剂有白乳胶、皮胶、骨胶、酚醛树脂胶粘剂、水泥砂浆等。（×）

389. 在树干中心部分、颜色较深的称"心材"，材质较软。外围颜色较浅的称"边材"，材质较硬。（×）

390. 木材按用途和加工的不同，分为圆条、圆木、普通锯材、特种用材等类型。（√）

391. 木材经过良好的干燥，可以提高木材的强度，防止变形、开裂和腐朽并可提高加工的精确度。（√）

392. 木材的干燥方法有天然干燥法和人工干燥法两种方法。（√）

393. 浸水法是将木材浸入水中约2~4个月，使木材中树脂充分溶去，然后进行风干或烘干。这种方法能够减少木材的变形，是最常用的方法。（√）

394. 人造板材分为人造板和非木质人造板。（×）

395. 胶合板正、背两面单板的木纹是同向，因而组成的胶

合板层数为奇数，常用的胶合板是三层、五层、七层，俗称为三夹板、五夹板、七夹板，或称三合板、五合板、七合板等。(√)

396. 木制胶合板板面小，表面平整光洁、木纹美丽，锯剖方便，并具有一定隔热、隔火性。(×)

397. 室内装饰时，常用的胶合板有三层胶合板、五层胶合板。(√)

398. 细木工板结合了胶合板与实木板的优点，利用大量小料而且不变形。(√)

399. 细木工板的规格常用的厚度为 15~25mm。(√)

400. 刨花板的种类很多，按密度可分为低密度刨花板、中密度刨花板、高密度刨花板。(×)

401. 薄木的分类方法很多，可以按厚度分为厚薄木和微薄木，厚薄木厚度大于 0.5mm，一般指 0.7~0.8mm 厚，微薄木指厚度小于 0.5mm，一般指 0.2~0.3mm 厚的薄木。(√)

402. 我国常用的制薄木的树种有水曲柳、楸木、柞木、椴木、黄波罗、桦木、樟木、花梨木、麻栎、酸枣木等。(√)

403. 高级耐火板幅面规格 1220mm×2440mm，一般厚度为 1.4mm，也有少数品种厚度在 0.6~5mm 之间。(×)

404. 钙塑板是无机钙盐和有机树脂，加入辅助材料搅拌后，压制而成的一种复合材料。(√)

405. 木结构施工操作工艺主要有三个步骤：配料，加工，安装。(√)

406. 根据木材的缺陷状况，合理选料，是手工木工操作的第一步。(×)

407. 所谓选料，就是要根据制品的质量要求，合理地确定各零部件所用材料的树种、纹理、规格和含水率。(√)

408. 木制品用材的部位有三种：外表用料、内部用料、暗用料。(√)

409. 根据加工工艺不同，配料的方法也不同。主要的配料

方法有划线配料法、粗刨配料法等。（√）

410. 划线配料法，这种方法最适用于直线部件。（×）

411. 平行划线法的特点是生产效率高，容易加工，但出材率较低，大批量的配料时使用此种方法效果较好。（√）

412. 交叉划线法，这种方法的特点是木材的利用率很高，但是毛料在板面上的排列没有规则，难以下锯，生产效率较低，较适用于小批量机械配料或手工操作配料。（√）

413. 如果采用湿材配料，则加工余量中应注意不包括湿材毛料的干缩量。（×）

414. 制材是将圆木进行纵向锯解和横向截断成锯材和成材的过程。（√）

1.4 填空题

1. 职业道德的特点包括对象的特定性和职业的规定性，内容上的稳定性和连续性，形式上的多样性和适用性。

2. 木工作业现场应远离火源，严禁吸烟，防止劈柴、刨花、锯末等遇火引起火灾。

3. 木工作业现场冬季取暖，必须采取相应的防火措施。

4. 木工作业现场应设置水箱、灭火器及其他灭火器材。

5. 轻刚龙骨的主龙骨可分为上人和非上人龙骨两种，但次龙骨不分。

6. 铝合金龙骨的吊顶龙骨的主龙骨也有上人和非上人龙骨之分。

7. 暗窗帘盒一般是和吊顶同时施工完成的。

8. 塑料地板按材质可分为卷材和块板两种。

9. 木地板的刨光和磨平常用专用的地板磨光机。

10. 三角形木屋架的中间节点一般是在斜杆端头作凸榫，弦杆上开榫齿，齿深小于或等于弦杆截面高度的 1/4，并不限于 20mm，凸榫抵紧于槽齿内。

11. 檩条放在屋架上弦节点处，下弦无吊顶时：屋架上弦承受压力，下弦承受拉力，斜杆承受压力，竖杆承受拉力。

12. 檩条放在屋架上弦节点处：上弦承受压力同时受弯，成为弯压杆件；当下弦有吊顶时，下弦受拉的同时受弯，成为拉弯杆件。

13. 木屋架配料时遵循的原则是：上弦——上弦与下弦比较，下弦重要；上段与下段比较，下段重要；上边与下边比较，下边重要。下弦一中间与两端比较，两端重要；上边与下边比较，下边重要；端节点一上面与下面比较，上面重要。

14. 制作木屋架时，如果选夹板料，必须选用优等材制作。

15. 制作木屋架时，当下弦采用湿材制作时，木夹板厚度应取下弦宽度的2/3。

16. 木屋架在制作或吊装过程中产生侧向变形。原因可能是屋架制作质量差，节点端面不平直，木材变形又没有采取防止变形的措施；也可能是由于支撑尺寸偏差造成。

17. 屋面板的厚度铺钉时，接头应在檩、椽条上并分段错开，每段接头处板的总宽度不大于1m，且无漏钉现象。

18. 制作木模板时，混凝土浇筑后达到不掉棱角的强度时，就可拆除其侧板及端板；底板架空在砖墩之间时，混凝土强度达到50%以上方可拆除底板。

19. 给出一个物体的两个视图，那么第三个视图就可以根据三等关系划出来。反之，如果三个视图都给出了，那么物体的空间位置关系也就确定了。

20. 一个年轮内靠里面一部分颜色较浅、组织较松、材质较软的称为"早材"

21. 一个年轮内靠外面的一部分颜色较深、组织致密、材质较硬的称为"晚材"。

22. 特种用材是指用于电杆、桩木、坑木、檩木及枕木等特种用途的木材。

23. 木材的防腐一般常用的是水溶性防腐剂，因为这类防腐剂无臭味，不影响油漆，不腐蚀金属。

24. 胶粘剂又称粘合剂、粘接剂及粘着剂等。具有良好的粘合性能，人们非常熟悉的水泥、石膏及<u>沥青</u>等建筑材料都属于胶粘剂。

25. 量具是用来测量零件的<u>尺寸</u>、角度等所用的测量工具。

26. 竹笔又称墨衬，一般在建筑施工制造门窗、<u>模型板</u>、屋架、放线等工程以及民用木工；制作家具方面广泛使用。

27. 木工锯在锯削过程中，如若感到进锯慢而费力，则表明锯齿已不锋利，需要<u>锉伐锯齿</u>。

28. 平刨可分为荒刨、长刨、大平刨、净刨。它们构造相同，差异主要在<u>长度</u>上。

29. 如果砍削木料较厚较长时，一下子砍削有困难，一般的可在木料边棱上每隔<u>100mm</u>左右的地方斜砍若干小缺口后，再顺纹进行砍削。

30. 推拉门开启时门扇沿轨道向左右滑行。通常为单扇和双扇，也可做成<u>多轨多扇</u>。

31. 转门是由两个固定的弧形门套和垂直旋转的<u>门扇</u>构成的，它不能作为疏散门，当设置在疏散口时，需在转门两旁另设疏散用门。

32. 刨料前，要检查木料的弯曲和木纹<u>方向</u>等情况。

33. 刨料中顺木纹方向刨削，能获得较为光滑平整的表面，不易起毛，<u>且省力</u>。

34. 用手指向上轻摸锯齿尖，如感觉"<u>挂手</u>"，则锯齿较锋利。

35. 胶合板按照材质和加工工艺质量的不同，可分为<u>特</u>、<u>一</u>、二、三等四个等级。

36. 细木工板属于特种胶合板的一种，<u>芯板</u>用木板拼接而成，两面胶粘一层或两层单板。

37. 研磨刨刃时，刃口的坡面要紧贴<u>磨石</u>，来回推磨。要保持角度不变，切忌两手忽高忽低，以至把刨刃斜坡磨成圆棱。

38. 配制模板时，板边要找平刨直兜方，接缝严密，不使漏浆。

39. 木料上节疤、缺口等疵病的部位，应放在模板反面或者截去。

40. 配制模板尺寸时，要考虑到模板拼装接合的要求，适当加长或缩短某一部分长度。

41. 模板所用木材的断面尺寸，应根据各部位不同受力情况进行选择。一般厚度20～30mm的木板可做侧模板，厚度为25～50mm的木板可做底模板。小方木可做木档和搭头木，中方木或圆木可做支撑。

42. 拼制模板的木板，应将板的侧边找平，并尽可能做成高低缝，使接缝严密，防止跑浆。

43. 用隔栅架空的地板，叫做空铺木地板。

44. 为了防止架空木地板的腐蚀变质，一定要做好防潮通风的技术措施。

45. 空铺木地板的沿椽木，一定要做浸刷沥青的防腐处理。

46. 安装窗帘盒时，其下口应不低于窗扇上冒头边线，以确保采光面积。

47. 贴脸板的主要作用是盖住门扇框与抹灰之间的缝隙。

48. 木工配料时，必须认真合理选用木材，避免出现大材小用、长才短用、优材劣用的现象。

49. 木材刨光净耗量：单面刨光为1～1.5mm，双面刨光为2～3mm，料长2m以上，应再加大1mm。

50. 木材锯割配料时，应考虑锯缝的消耗量：大锯为4mm，中锯为2～3mm，细锯为1.5～2mm。

51. 用斧砍削的操作，如果节子在方料的一面时，应从双面砍削。

52. 使用框锯进行圆弧锯割操作时，锯条应该垂直于工件面。

53. 在受弯构件中，木材表面可以允许有小型的活节，但应放置在受压部位。

54. 木材的裂纹都是由于木材干燥引起的，分为径裂和轮裂两大类。

55. 根据轨道的位置，推拉门可分为上挂式和下滑式。当门扇高度小于 4m 时，一般采用上挂式推拉门；当门扇高度大于 4m 时，一般采用下滑式推拉门。

56. 由于门框靠墙一面易受潮变形，故常在该面开1～2 道背槽，以免产生翘曲变形，同时也利于门框的嵌固。

57. 窗框在墙上的位置，一般是与墙内表面平，安装时窗框突出砖面20mm，以便墙面粉刷后与抹灰面平。

58. 在刨削木料时，要尽量避免逆水纹刨削或操作时吃刀量过大，否则会产生小块陷下去的戗槎。

59. 刨削松软且含水率大的木材时，会因刨刀不锋利而产生毛刺，这一缺陷不克服，将会影响油漆制品质量。

60. 进入现场施工区域必须佩戴安全帽和胸卡。着装统一整齐，严禁施工人员穿背心、拖鞋进入现场。

61. 要把施工质量从事后把关，变为事前控制。

62. 合理的堆放木料，可以防止变形的发生。

63. 在制作家具时，为了合理、节约用材，并为后续工序做好材料准备，在配料前一定要开列原辅材料分析表，做到心中有数。

64. 开列原材料分析表时要注意有榫头的要加上榫头的长度。此外，合理确定加工余量至关重要。

65. 选料时注意需加工榫头的毛料，其接合部位不允许有节子、腐朽、裂纹等缺陷，以免在装配时，发生榫头断裂，接合不紧密，以致影响家具的质量。

66. 拧木螺钉时，只允许用锤敲入木螺钉长度的1/3，其余部分要用螺钉旋具或电钻拧入，不可用锤敲到底，注意螺钉长度与板厚，要求木螺钉拧进凳面的深度不小于 1/2，但不大于其厚度的 2/3，注意一定不能拧穿。

67. 压木是阔叶树材所特有的，产生在倾斜或弯曲树干和枝条的下方或应力木的一边。

68. 应拉木是针叶树材所特有的，产生在倾斜或弯曲树干和枝条的上方或拉应力一边。

69. 圆木弯曲有一面弯曲和多面弯曲。

70. 弯曲圆木会降低木材的出材率和木材的各种强度。

71. 防止木材腐朽的方法有：对木材进行干燥，降低木材的含水率，同时借助高温杀死木腐菌，把有毒的药剂浸湿到木材中去，进行防腐处理等。

72. 在毛料刨削时，为保证刨削质量，一般要顺木纹刨削，刨削中如遇到节疤、纹理不顺或材质坚硬的木料时，刨刀的切削阻力增大，操作者应适当降低进料速度，刨削时，要先刨大面，后刨小面。

73. 在加工长 400mm 厚30mm 以上的短料时，可以用推棍（木棒）推送刨削，也可以用手推送刨削。

74. 压刨床由两人操作，一人送料，一人接料，二人均应站在机床的侧面，应避免站在机床的正面，防止工件退回时被打伤。

75. 指接是将小料方材端面加工成指形榫（或齿形榫）后采用胶粘剂将其在长度方向胶合的方法。

76. 箱框的角部接合有直角接合或斜角接合；可以采用直角多榫接合、燕尾榫、插入榫、木螺钉等接合；也可以采用五金连接件接合。

77. 无论是检测工件平面是否水平还是垂直，水平仪都要紧靠在工件表面上。

78. 在锯削过程中，推锯要有力，但锯回拉时用力要轻；锯路要沿着墨线走，不要偏离。

79. 在锯削过程中，锯削速度要均匀有节奏，锯的上端向后倾斜，使锯条与木料表面的夹角约成70°左右。当锯到末端时，要放慢锯削速度，并用左手拿稳要锯掉的部分，以防木料撕裂。

80. 刀具两侧均有锯齿，一边为截锯锯齿，一边为顺锯锯齿，可以纵向锯削和横向锯削两用。它不受材面宽度的限制，适用于锯削薄木板、胶合板等长而宽的材料。

81. 钢丝锯是锯削比较精密的圆弧和曲线形工件时使用的工具。

82. 木工锯在锯削过程中，如若感到进锯慢而费力，则表明锯齿已不锋利，需要锉伐锯齿；感到夹锯，则表明锯的料度受摩擦而减少；总是向一侧偏弯，表明料度不均，应进行拨料修理。

83. 木材横向变形表现为木材断面形状的改变，如方材的正方形的断面收缩成为矩形或菱形。

84. 纵向变形一是沿着长度方向弯曲，即板方材干燥后板面翘起；二是板方材由原来平整的板面变成扭曲状。

85. 当物体内部构造和形体复杂时，为了能够清楚的反映其自身结构，往往采用绘制剖面图和剖视图的方法来加以表达。

86. 从生产发展的需要看，除了生产数量较少的家具外，按零部件组织生产都必须划出零件图、部件图。

87. 结构装配图内容主要有：视图、尺寸、零部件明细表、技术条件，如当它替代设计图时，还应画有透视图。

88. 当工厂组织生产家具时，随着结构装配图等生产用图样的下达，同时应有一个包括所有零件、部件、附件、耗用的其他材料清单附上，这就是明细表。

89. 在结构装配图或装配图中，技术条件也常作为验收标准的重要依据。

90. 力使物体的运动状态发生改变的效应称为外效应，而使物体的形状发生改变的效应则称为内效应。

91. 力的作用取决于三个要素，即大小、方向和作用点。

92. 力的单位用牛顿或千牛顿。

93. 梁的截面高度及宽度尺寸，一般按以下原则确定：面高度 $h \leqslant 80mm$ 时，取50mm 的倍数。

94. 梁的截面高度及宽度尺寸，一般按以下原则确定：截面高度 $h>800m$ 时，取 100mm 的倍数。

95. 现浇梁板结构而采用定型钢模板施工时，梁的腹板高度取 100mm 的倍数。

96. 梁截面宽度一般取 50mm 的倍数，圈梁宽度按墙厚确定。

97. 考虑抗震要求的框架梁的宽度不宜小于 200mm，且不宜小于柱宽的 1/2；净跨不宜小于截面的 4 倍。

98. 凡是发生弯曲变形或以弯曲变形为主的杆件或构件通常叫做梁。

99. 手工木工用量尺主要有金属直尺、折尺、钢卷尺。

100. 常用的角尺有直角尺、活络尺、三角尺。

101. 水平仪是用来检验较大工件表面是否水平或者垂直的测量器具。

102. 用水平仪检验平面是否水平的方法，将水平仪平放在物体表面，观察尺中气泡的静止位置，当中部水准管内的气泡居于中间位置时，物体表面即处于水平位置，否则，物体表面不水平。

103. 用水平仪检验平面是否垂直的方法，是将水平仪竖立起来，齿身贴向物体表面，并保持平行，观察尺身内的横向水准管内的气泡，如果气泡居于管内中部，则表示该面与水平面垂直。

104. 木工用锯有框锯、刀锯、手锯、侧锯、钢丝锯等多种，较常用的有框锯和刀锯两种。

105. 锯削速度要均匀有节奏，尽量加大推拉距离，锯的上端向后倾斜，使锯条与木料表面的夹角约成 70°左右。

106. 刀具两侧均有锯齿，一边为截锯锯齿，一边为顺锯锯齿，可以纵向锯削和横向锯削两用。

107. 用 1∶50 比例画出的图，实际长为 2500mm，图形线长 50mm。

108. 在同一图形，在特殊情况下，可以用两种比例，但必须详细注明尺寸。

109. 胶合板没有干缩湿胀的性质，故不用<u>湿水</u>就可以<u>直接</u>铺钉于面层。

110. 锯路的总宽度一般为锯条厚度的<u>2.6~3</u>倍。

111. 为了加强安全操作，在平刨车上木材刨制加工时，应<u>扎紧衣袖</u>，戴好<u>手套</u>。

112. 拼制模板的木板，应将板的侧面找平刨制，并尽可能做成高低缝，使接缝<u>严密</u>，防止<u>跑浆</u>。

113. 杯型基础实际上是独立基础中的一种<u>形式</u>。

114. 凡屋面防水层采用细石混凝凝土、防水砂浆等材料做成的，称为<u>刚性防水层</u>，把屋面形成一个整体。

115. 采用天沟、落水管将雨水汇集到一定地方排到地面，叫做<u>有组织排水</u>。

116. 建筑立面图是室外朝墙面看的<u>投影图</u>。

117. 楼梯图一般有<u>平面图</u>、剖面图、详图三部分组成。

118. 休息平台的宽度一般与楼梯宽度<u>相近</u>。

119. 在摩擦桩中，桩的长度越大，则承受力越<u>大</u>。

120. 房间地面一般有面层、<u>垫层</u>、<u>基层</u>组成。

121. 根据木材截面尺寸，中板尺寸为<u>25mm×240mm</u>。

122. 根据木材截面尺寸，薄板尺寸为<u>10mm×80mm</u>。

123. 安装450mm×600mm的玻璃窗扇，采用普通铰链规格是<u>50mm 配 12mm</u> 木螺钉。

124. 安装一般的门窗，采用铰链规格<u>100mm 配 35mm</u> 木螺钉。

125. 刨的刨刃平面应磨成一定的形状，即形成<u>直线形</u>为正确。

126. 当把20mm厚的屋面板钉于檩条上，应该采用长<u>60mm</u>的钉。

127. 当把两块厚50mm小方作单剪连接时，应该采用长

100mm 的圆钉。

128. 钢模板代号 P3015 中，<u>15</u> 表示平面模板的长度。

129. 钢模板代号 P3015 中，<u>30</u> 表示平面模板的宽度。

130. 钢模板代号 Y1015 中，<u>15</u> 表示阳角模板的长度。

131. 钢模板代号 E1015 中，<u>15</u> 表示阴角模板的长度。

132. 钢模板代号 J0015 中，<u>15</u> 表示连接角模的长度。

133. 一般木门扇的下风缝，（门扇与地面之间）为<u>8</u>mm.

134. 采用清水板条吊顶时，板条必须<u>三面刨光</u>，断面规格一致。

135. 在校正一系列呈直线形排列的独立基础模板时，程序是先校<u>正</u>左右两端的端基础，在拉统线进行。

136. 在<u>校正</u>一直线形系列柱模板时，程序是先校正左右两端的端基础，在拉统线进行。

137. 在校正一系列呈直线形排列的杯芯模时，程序是先校正左右两端的<u>端基础</u>，在拉统线进行。

138. 在校正一直线形梁侧模板时，<u>程序</u>是先校正左右两端的端基础，在拉统线进行。

139. 在安装成直线形排列的柱帽模板时，其<u>安装程序</u>为先校正左右两端的端基础，在拉统线进行。

140. 柱模板的安装程序，放线→定位→<u>组装模板</u>→设箍→校正→设支撑。

141. 在拆除大模板中，当发现模板被局部<u>粘贴</u>时，应在模板下口用撬棍松动。

142. 在滑模施工中，若发现混凝土强度不足，出模的混凝土坍落，则说明<u>滑升过快</u>。

143. 在滑模施工中，若发现混凝土被拉断，则说明<u>滑升过慢</u>。

144. 在组合钢门窗的拼管拼接时，应该采用<u>油灰</u>，满嵌窗实。

145. 钢门窗框与墙体间隙缝应该用<u>水泥砂浆</u>填嵌密实。

146. 屋面板的铺定方向，一般应是南坡从西向东，北坡由东向西。

147. 水平尺中的水准管，是空心的半圆环形玻璃管。

148. 用墨斗弹线时，为使墨线弹得正确，提起的线绳要与工件面成垂直。

149. 同一楼梯段，其踏步数不能超过18级。

150. 楼梯栏杆的高度一般为900mm。

151. 正立面投影图与侧投影图高平齐（高度相等）。

152. 正立面投影图与水平投影图长对正（长度相等）。

153. 水平投影图与侧投影图宽相等（宽度相等）。

154. 粗锯用于顺纹破较厚的木方或木板。

155. 中锯用于一般垂直木纹截断木方或木板，也可当纵锯顺纹破较薄的木板。细锯用于开榫头及拉肩。

156. 单刃刀具用于顺纹锯割较薄的木板、木方。

157. 钢丝锯用于锯弧度过大的曲线，切割细小空心花饰及开榫头等。

158. 铝合金门窗框的安装，应在主体结构基本结束后进行，以免建施时将其破坏。

159. 铝合金门窗扇的安装，宜在室内外装饰基本结束后进行，以免建施时将其破坏。

160. 铝合金门窗安装必须采取预留洞口的方法，严禁采取边安装边砌口或先安装后砌的方法。

161. 镶板门一般用作建筑的内外门、办公室门等。

162. 镶板门有门框与门扇两部分组成。

163. 镶板门当门高超过2.4m时，在门上部应设有亮子。

164. 实木地板面层所采用的材质和铺设时的木材含水率必须符合设计要求。

165. 木搁栅、垫木和毛地板等必须做防腐、防蛀处理。

166. 木搁栅安装应牢固、平直。

167. 实木地板面层面层铺设应牢固，粘结无空鼓。

168. 实木地板面层应抛光、磨光、无明显刨痕和毛刺等现象，图案清晰、颜色均匀一致。

169. 实木地板面层缝隙应严密，接头位置应错开、表面洁净。

170. 拼花地板接缝应对齐，粘、钉严密，缝隙宽度均匀一致，表面洁净、胶粘无溢胶。

171. 踢脚线表面应光滑，接缝严密、高度一致。

172. 实木地板面层的允许偏差应符合现行规范的规定。

173. 护栏与扶手制作与安装所使用材料的材质、规格、数量和木材、塑料的燃烧性能等级应符合设计要求。

174. 护栏与扶手的造型、尺寸及安装位置应符合设计要求。

175. 护栏与扶手安装预埋件的数量、规格、位置以及护栏与预埋件的连接点应符合设计要求；

176. 护栏高度、栏杆间距、安装必须符合设计要求。护栏安装必须牢固；

177. 护栏玻璃应使用公称厚度不小于12mm 的钢化玻璃或钢化夹层玻璃。

178. 当护栏一侧距楼地面高度为5m 及以上时，应使用钢化夹层玻璃。

179. 护栏和扶手转角弧度应符合设计要求，接缝应严密，表面应光滑，色泽应一致，不得有裂缝、翘曲及损坏。

180. 护栏与扶手安装的允许偏差应符合现行规范要求。

1.5 简答题

1. 框式家具和板式家具有何不同？

答：框式家具是指以实木为基材，主要部件为立柱和横撑组成的框架或木框嵌板结构，嵌板主要起分隔作用而不承重，采用卯榫接合的家具。板式家具是指以人造板为基材构成板式部件，用专用的五金件或圆榫将板式部件接合装配的家具。

2. 部件组合式家具和单体组合式家具有何区别?

答：部件组合式家具，也称通用部件式家具，是将几种统一规格的通用部件，通过不同的装配结构而组成不同用途的家具。单体组合式家具是将家具制品分成若干个小单件，其中任何一个单体既可单独使用，又能将几个单体在高度、宽度、深度上相叠加而形成新的整体。

3. 什么是壳体式家具?

答：壳体式家具又称薄壁成型家具，其整体或主要零部件是利用塑料、玻璃钢等原料一次模压成型或用单板胶合成型的家具。

4. 什么是加工余量?

答：将毛料加工成形状、尺寸、表面粗糙度等方面都符合设计要求的零件时所切去的部分，就是加工余量。简单地说，加工余量就是毛料尺寸与零件尺寸之差。

5. 什么是相对面的加工?

答：为了满足所需要的零件规格尺寸和形状，在加工出基准面后，还需对毛料的其余表面进行加工，使之平整光洁，与基准面之间具有正确的相对位置和准确的断面尺寸，从而形成规格精料，这就是基准相对面的加工，也称规格尺寸加工。

6. 整体榫和插入榫有何不同?

答：整体榫是指直接在方材上开出的榫头，如直角榫、椭圆榫。插入榫是指与方材不是一个整体，单独加工后再装入零件预制孔或槽中的榫，如圆榫或片状榫。

7. 什么是基孔制和基轴制?

答：基孔制，即先加工出榫眼，然后以榫眼的尺寸为依据来调整开榫的刀具，使榫头插入榫眼之间具有规格公差与配合，获得具有互换型的零件。基轴制，即先加工出榫头，然后根据榫头尺寸来选配加工榫眼的钻头，则不仅费工费时，而且也很难保证得到精确而紧密的配合。

8. 什么叫拨料?

答：木工锯在锯削过程中，如若感到进锯慢而费力，则表明锯齿已不锋利，需要锉伐锯齿；感到夹锯，则表明锯的料度受摩擦而减少；总是向一侧偏弯，表明料度不均，应进行修理。

9. 什么是事后控制？

答：对所完成的工程产出品的质量检验与控制称为事后控制。具体包括：竣工质量检验、验收报告审核、竣工检验、工程质量评定。

10. 简述 U 形龙骨与 I 形龙骨的主要区别。

答：U 形龙骨系列主要用于普通轻钢龙骨吊顶的龙骨，由主龙骨（俗称大龙骨）、次龙骨（又称中龙骨）、横撑龙骨（又称小龙骨）、吊挂件、插接件、挂接件等材料组成。U 形系列的龙骨根据主龙骨的荷载不同及吊点的距离不同主要分为三种不同的系列组合 U38、U50 为不上人龙骨系列；U60 为上人龙骨系列。T 形龙骨主要用于装配活动的吊顶，龙骨可以是外露的，也可以是不外露的，其主龙骨同 U 形不上人系列龙骨，次龙骨主要由 T 形龙骨和 T 形横撑龙骨组成吊顶骨架，该系列的吊顶面层板是搭在 T 骨架的下边缘上，可随时拆卸，方便安装和检修。

11. 简述铝扣板顶的主要优点及所用的装修范围。

答：铝扣板吊顶，采用铝、铝合金为主要原料，经过辊压冷加工成各种断面的金属板材。其特点为质轻、坚硬、刚强度好、耐腐蚀、色彩和形状多样、一次成型、方便安装和活动拆装等，其表面的涂层有各种的工艺处理，如喷涂、彩印、覆膜、滚涂等，按其外形可分为方型、条型、搁栅、垂帘等多用于大型较为豪华的公共空间、高档写字楼、家庭洗手间和厨房等。

12. 简述吊顶施工的安装工艺顺序。

答：吊顶施工的安装工艺顺序：弹线→安装主龙骨吊顶→刷防锈漆→安装主龙骨→安装次龙骨→安装横撑龙骨→安装罩面板→油漆处理。

13. 塑料踢脚板的铺贴方式有几种，分别是什么？

答：塑料板踢脚的铺贴法有两种，一是直角铺贴，踢脚板与地板成 90°，再用三角形焊条焊接。另一种是小圆角的做法，即将两面相交处做成 $R = 500mm$ 的圆角。两种做法均需在踢脚上口压一根木条或用硬塑料压条封口。踢脚板铺贴后，须对立板和转角施压 24h，以利于板和基层的粘接良好。

14. 简述空铺木地板的操作工艺顺序。

答：空铺木地板的常用操作工艺顺序为：施工准备→铺钉搁栅→铺地板→铺滚边条→刨光磨平→钉踢脚线。

15. 空铺木地板地板缝不严问题是如何产生的？

答：地板条含水率过大，是产生板缝不严的主要原因。因此，地板条进场后必需存放在干燥通风的室内，铺设时要严格控制地板条的含水率，地板铺定后，应及时遮盖，刨平磨光后要即刻上油或烫蜡，以免起缝。

16. 木窗帘盒的常见质量问题有哪些？

答：（1）窗帘盒松动：主要原因是制作时榫眼松阔或同基体连接不牢固所致，如果是榫眼对接不紧，应拆下窗帘盒，修理榫眼后重新安装。如果是同基体连接不牢固，应将螺钉进一步拧紧，或增加固定点。（2）窗帘盒不正：主要原因是安装时没有弹线就安装，使两端高低差和侧向位置安装误差超过允许偏差。应将窗帘盒拆下，按要求弹线后重装。木窗帘盒的表面装饰可直接油漆，也可贴墙纸等，其面饰质量缺陷主要是粘贴不平整或油漆不均匀等问题。

17. 简述施工现场安全用电有哪些注意事项。

答：现场用木工机具的电线应尽量架空固定。无法架空的拖地电线，应设置保护设施，避免车辗人踏，损坏绝缘保护层。经过水沟水坑的电线，应使其离开水面，以免水浸漏电。现场机具的临时拉用电线要经常检查，如发现线皮破损，应及时用绝缘胶布缠裹严实，以防人体发生触电意外。在进行电作业如安装刀具和调试维护机床时应先拉闸断电，并在电闸上挂上"请勿合闸"的警示牌。下班时应将总闸断开，锁好闸箱，防止其他人误开机床，造成不必要的人员伤亡。

18. 平行划线法与交叉划线法有何异同？

答：两种方法都属于划线配料法的类别。划线配料法是指根据木构件的毛料规格尺寸、形状、质量要求，在木板材上套裁划线，然后照线锯割配制成规格毛料的过程。

平行划线法：先将板材按照毛料的长度横截成短板，同时除去板上的缺陷部分，然后用样板在短板上划出平行线，划线时注意留出一定的加工余量。平行划线法的特点是生产效率高，容易加工，但出材率较低，大批量的配料时使用此种方法效果较好。

交叉划线法：在划线时，在考虑取出缺陷的同时，最大限度地利用板材的好材部分，按照样板划出尽量多的毛料。这种方法的特点是木材的利用率很高，但是毛料在板面上的排列没有规则，难以下锯，生产效率较低，较适用于小批量机械配料或手工操作配料。

19. 加工余量的大小与加工精度及木材损失有何关系？为什么？

答：将毛料加工成形状、尺寸、表面粗糙度等方面都符合设计要求的零件时所切去的部分，就是加工余量。简单地说，加工余量就是毛料尺寸与零件尺寸之差。如果采用湿材配料，则加工余量中应注意包括湿材毛料的干缩量。加工余量的大小直接影响加工的质量、加工零件的正品率、木材的利用率和劳动效率等。

如果加工余量过大，不仅木材切削损失的部分较多，还因多次切削而降低生产率，增加动力消耗；但是，加工余量也不能过小，否则经过基准面与基准边的加工后，有相当数量的零件达不到要求的断面尺寸和表面质量，形成废品。在配料中，要注意留出合理的加工余量，以提高木材的利用率，节约加工时间。

20. 某一家具零件规格是 780mm × 50mm × 45mm，一端开榫，在正常含水率情况下，试计算其毛料的尺寸应为多少？

答：毛料长度方向尺寸 785～790mm，宽度方向尺寸 53～54mm，深度方向尺寸 48～49mm。

21. 三角形木屋架制作时，要锯榫和打眼，加工的方法和注意事项有哪些？

答：锯榫宜用锯锯割杆件的凸榫和槽齿，注意千万不要用斧子砍；榫肩应长处 5mm，便于拼装时修整；锯好以后，用刨和凿进行修正；要注意边加工边检测，榫和齿的承压结合面要力求平整，贴合严密，其凹凸倾斜的程度不大于 1mm；加工弦杆时要注意接头处锯齐锯平。钻螺栓孔：先选择钻头，钻头的直径要比螺栓的直径小 0.5～10mm，把钻头安装在电钻上；将需要螺栓结合的两个杆件按照正确的位置叠合起来，将夹板夹在杆件的两侧作临时固定；钻头对准钻孔位置，确保钻头与木料表面垂直，不要偏斜，进行打眼操作，每钻下 50～60mm，提起钻头，清除钻头和孔眼内的木屑，再往下钻，反复几次，直到钻通；取下夹板，杆件放好备用。钻扒钉孔—扒钉的长度和直径要符合设计要求；当扒钉的直径大于 6mm 时，或者采用易劈裂的树种木材时，就要预先钻孔；打孔时注意以下几点：孔径取钉径的 0.8～0.9 倍，孔深应不小于钉入深度的 0.6 倍；为确保扒钉牢固，要注意避免在打孔处出现裂缝。

22. 简单描述单个木屋架施工的注意事项。

答：拼装过程中，如有不符合要求的地方，应随时调整或修理。拼装好的屋架要垂直放置，下面用垫木垫好，并用临时支撑支住，注意不要平放在地面上。每榀屋架拼装完成以后，要进行编号。

23. 木椽条的制作与安装要点是什么？

答：（1）椽条按照设计要求选用方椽或圆椽，其间距要按照设计规定放置。

（2）椽条要连续通过两跨檩距，用钉子与檩条钉牢。

（3）椽条端头在檩条上要相互错开，不得采用斜搭接的形式。

（4）采用圆椽或半圆椽时，椽条的小头应朝向屋脊。

（5）椽条在屋脊、檐口处应拉线锯齐。

24. 屋面板的铺钉要点是什么？

答：（1）按照设计要求，屋面板有密铺和稀铺两种。

（2）屋面板一般用厚度为 15～20mm 的松木或杉木板。

（3）沿口处屋面板长度至少为两跨檩条档，上面几档可以穿错交叉铺钉，接头缝可以在同一檩条上，但缝长不能超过 1m。

（4）铺钉时屋面板与檩条要保持垂直。

（5）屋面板宽度在 150mm 以内为宜。

（6）铺钉时注意铺钉的方向，南坡由西向东铺钉，北坡由东向西铺钉。钉檐口三角面沿条时要从东西山墙处标志固定出沿控制尺寸，中间拉统长麻线（或弹墨线）钉牢。最后沿三角面沿条边口把多余外伸屋面板头锯齐。

（7）屋面板铺钉要求板面平整，三角面沿条平直。则加工余量中应注意包括湿材毛料的干缩量。

25. 木屋架施工注意事项有哪些？

答：在坡度大于 25°的屋面工作，应有防滑梯、护身栏杆等防护措施。木屋架应在地面拼装。必须在上面拼装的应连续进行，中断时应设临时支撑。屋架就位后，应及时安装脊檩、拉杆或临时支撑。吊运材料所用索具必须良好，绑扎要牢固。钉屋面板、油毡、顺水压条时，外面应搭脚手架和设置安全网。在屋面施工时，应将材料分散开，并在屋面两坡均匀设置。在设有垫板的屋面上安装石棉瓦，应在屋架下弦设安全网或其他设施，并使用有防滑条的脚手板，钉挂牢固后方可操作。禁止在石棉瓦上行走。钉封檐板和封山板时，必须站在脚手架上，禁止在屋面上探身操作。

26. 木模板的起拱要求有哪些？

答：主次梁交接时，先主梁起拱，后次梁起拱。柱模板加固采用钢管套箍，套箍间距 400～600mm。筒体构件模板宜选用三角筒子模以确保筒体构件的平面尺寸及垂直度。标准层模板宜选用定型大模板，减少拼装时间，加快施工进程。模板如要修整时，模板缝可用胶布进行贴封，每次拆模后都要将模板面带下的残渣清理干净，并刷好隔离层（根据现场监理的要求判定是否需要）运至指定的地点备用，多余或废旧的模板要及时运走，损坏了的定型模板检应及时修整并补充。

27. 在平刨床加工时，操作人员应遵守怎样的安全操作规程？

答：平刨床一般都是手工进给的，加工中操作人员的手要通过高速旋转的刀轴，因而手指被切割的危险性很大，因此，工作时必须严格遵守安全操作规程。操作前，应对被加工的零件进行察看，确定操作方法。送料时右手握住工件的尾部，左手按压工件中部，紧贴靠山向前推送。当右手距离刨口 100mm 时，即应抬起右手靠左手推送。在操作中应随着工件的移动，调换双手。对于被加工毛料而言，一般是将被选择的表面先粗定为基准，此时是粗基准。经过切削后，及时将压持力从前工作台转移到后工作台，此时基准面变为刚被加工的表面，且是精基准。将粗基准转换成精基准的关键是即使将压持力从前工作台转移到后工作台，以尽可能地提高加工精度。

28. 在压刨上刨削较长的工件时，容易造成怎样的不良现象？应采取怎样的措施来改善这种现象？

答：刨削较长的工件时，工件会悬在后工作台的外面，这样会加大辊筒和压紧装置的压力，甚至有被翘曲的危险。刨削时在工件的后部就会出现缺损挖坑现象，造成次、废品。因此，刨削过长的工件时，应在压刨床后工作台出料端增设一块与台面等宽、等高的附加木制台面，防止工件的端头因低落和翘曲而产生的加工缺陷。

29. 怎样在压刨床上刨削带有斜度的工件？

答：在压刨床上刨削带有斜度的工件时，要根据工件要求的斜度，做一带有相应斜度的模板，进料时将工件放在模板上进给即可。模板最少要做两个，以便轮换使用。

30. 传统的基准面和相对面的加工是在什么木工机床上加工完成的？这样加工有什么特点？

答：传统的刨削加工是在平刨床上刨基准面，再由压刨床来定厚或刨相对面，虽然此种刨削方案以精度高，可获得准确的形状和尺寸，表面也比较光洁等优势而曾得到广泛的采用，但其劳动消耗大、生产效率低，尤其是操作中普遍存在不安全因素。

31. 毛料的刨削加工可采用哪些木工机床加工，各有什么特点？

答：（1）平刨加工基准面和侧面，压刨加工相对面和边。运用此加工方法可以获得精确的形状、尺寸和较高的表面质量，但此加工方法劳动强度较大、生产效率低，适合于毛料不规格以及生产规模较小的生产。

（2）先平刨加工一个或两个基准面（边），然后用四面刨加工其他几个面。此法加工精度稍低，表面较粗糙，但生产率比较高，适合于毛料不规格以及一些中、小型规模的生产。

（3）先由双面刨或四面刨一次加工两个相对面，然后用多片锯纵解加工其他面。此次加工精度稍低，但劳动生产率和木材出材率相对较高，适合于毛料规格以及规模较大的生产。

（4）用四面刨一次加工四个面。采用此法要求毛料比较直，因没有预先加工出基准面，所以加工精度较差，但劳动生产率和木材出材率高，适合于毛料规格以及规模较大连续化生产。

（5）压刨或双面刨分几次调整加工毛料的四个面。此法加工精度较差、生产效率较低、比较浪费材料，但操作较简单，一般只适于加工精度要求不高、批量不大的内芯用料。

（6）平刨加工基准面和边，铣床（下轴立铣）加工相对面和边。此法生产率较低，适合于折面、曲平面以及宽毛料的侧边加工。

在实际生产中，应根据零部件的质量要求及生产量，合理地选择刨削设备及工艺程序，以保证加工质量和加工效率。

32. 怎样在铣床上加工带有弯曲面的工件？

答：对弯曲面工件的加工，应根据弯曲工件形状设计曲面导板，把它平放在工作台上并固定，使刀头露出导板。调整曲面导板位置时，可使切削量任意改变。靠模（带动工件的夹具）的曲面与工件曲面相符。操作时把弯曲工件夹固在靠模上，使靠模曲面紧贴着导板曲面滑动，通过刀头就可加工出与靠模相同的曲面。

33. 为什么用实木拼板时，每块木板的宽度不能超过一定限度？

答：因为当板材宽度超过一定限度时，由于木材干缩湿胀的特性，板材往往会因收缩或膨胀而引起翘曲变形，因而单块木板的宽度应有所限制。所以要用木材做桌面板等大幅面的板材，只得将用多块窄的实木板通过一定的侧边拼接方法拼接成所需要宽度的板材，即拼板。这样不仅可减少变形开裂，增加形状稳定性，同时扩大幅面尺度和提高木材利用率。

34. 现有一实木餐桌面板采用拼板生产制造，请写出制造这实木餐桌面板的完整生产工艺流程。

答：干锯材→横截（横截锯）→双面刨光（平刨和压刨或双面刨、四面刨）→纵解（多片锯）→横截或剔缺陷（横截锯或悬臂式万能圆锯机）→涂胶（手刷或涂胶机）→胶拼（拼板机或压机）→砂光（砂光机）→裁边（裁边机）→齐边（尺寸精加工）→净料加工（铣型、磨光等）。

35. 什么是整体榫和插入榫？它们各有什么特点？

答：整体榫是榫头直接在方材上开出的，而插入榫与方材不是一个整体，它是单独加工后再装入零件预制孔或槽中，如圆榫或片状槽。插入榫主要是为了提高接合强度和防止零件扭动，用于零件的定位与接合。相对于整体榫而言，插入榫可显著节约木材，因为配料时省去了榫头部分的尺寸，据统计可节约木材 5%～6%。此外，还可简化工艺过程，大幅度提高生产率，因繁重的打眼工作可改用多轴钻床一次完成定位和打眼的操作，而圆榫本身可在专用的机器上制造。同时，插入榫接合也为家具部件化涂饰和机械化装配创造了有利的条件。为了提高接合强度和防止零件扭动，采用圆榫接合时需有两个以上的榫头。

36. 什么是基孔制和基轴制？整体榫接合与圆榫接合时通常采用哪种形式？为什么？

答：基孔制，即先加工出榫眼，然后以榫眼的尺寸为依据来调整开榫的刀具，使榫头与榫眼之间具有规格公差与配合，获得具有互换型的零件。

基轴制，即先加工出榫头，然后根据榫头尺寸来选配加工榫眼的钻头，基轴制不仅费工费时，而且也很难保证得到精确而紧密的配合。

整体榫接合通常采用基孔制，因为榫眼是用固定尺寸的凿子或钻头加工的，同一规格的新凿子或钻头和使用后磨损的凿子或钻头尺寸之间常有误差，如不按已加工的榫眼尺寸来调节榫头尺寸，就必然产生榫头过大或过小，因而出现接合太紧或过松的现象。若采用基轴制，则不仅费工费时，而且也很难保证得到精确而紧密的配合。

在圆榫接合中，由于圆榫一般都是标准件，所以可以采用基轴制配合原则。

37. 箱框可采用什么样的角部接合？

答：箱框的角部接合有直角接合或斜角接合；可以采用直角多榫接合、燕尾榫、插入榫、木螺钉等接合；也可以采用五金连接件接合。

38. 实木拼板有哪些接合方法？划出其结构简图。

答：拼板的接合方法有平拼、搭口拼、企口拼、齿形拼、插入榫拼、穿条拼、螺钉拼（明螺钉拼、暗螺钉拼）、吊带拼等。

39. 怎样区分木材的活节、死节？

答：节子分为活节和死节。节子与周围木材紧密连接，质地坚硬，没有任何腐朽征兆的称为活节，也称紧节或健全节；节子与周围木材部分脱离或完全脱离的称死节，也称松节或腐朽节。活节对木材的利用影响很小，而且可以形成美丽的花纹；死节对木材的利用影响较大。在木材制作加工中，遇到节子部位需注意放慢速度，以免损坏锯齿；同时节子会使局部木材形成斜纹，加工后材面不光滑，易起毛刺或劈槎，影响制品美观。此外，节子还破坏木材的均匀性，降低强度。

40. 木材为什么会腐朽？怎样防止木材腐朽？

答：木材受腐朽菌侵蚀后，不但木材颜色和结构发生改变，同时变得松软、易碎，最后变成一种干的或湿的软块（呈筛孔状、粉末状等），此种状态称为腐朽。木材的腐朽主要是受真菌的危害产生的。造成木材腐朽的真菌主要有白腐菌和褐腐菌。白腐菌侵蚀木材后，木材呈白色斑点，外观似小蜂窝或筛孔，或者材质变得很松软，用手挤捏，很容易剥落，这种腐朽又称为腐蚀状腐朽；褐腐菌侵蚀木材后，木材呈褐色，表面有纵横交错的细裂纹，用手挤捏，很容易捏成粉末状，这种腐朽又称为破坏性腐朽。要防止木材的腐朽，改变木腐菌的生长条件是积极的措施。对木材进行干燥，降低木材的含水率，同时借助高温杀死木腐菌，把有毒的药剂浸湿到木材中去，进行防腐处理等，都是防止木材腐朽的积极方法。

41. 铰链的作用是什么？主要有哪些种类?

答：铰链又称合页，装在门窗、箱柜上做启闭等用。种类有：普通铰链、抽芯铰链、轻型铰链、单面弹簧铰链、双面弹簧铰链、工字形铰链、单页尖尾铰链、翻窗铰链等。

42. 框锯分哪几种？

答：也称拐锯，它是由工字形木架和锯条等组成的。木架的一边装锯条；另一边装麻绳，用锯标绞紧，或装钢串杆，用蝴蝶螺母旋紧。按其用途不同，框锯又分为纵向锯（顺锯）、横向锯（截锯）、曲线锯（穴锯）。

（1）纵向锯：也称顺锯，用于顺木纹纵向锯割。纵向锯的锯条较宽，宽锯条便于直线导向，锯路不易跑弯。该锯锯齿前刃角度较大，锯齿应拨齿为左、中、右、中。

（2）横向锯：也称截锯，用于垂直木纹方向的锯割。锯条尺寸略短，锯齿较密。锯齿齿刃为刀刃形。前刃角度较小，锯齿应拨齿为一左一右。

（3）曲线锯：也称穴锯，用于锯削内外曲线或圆弧工件。该锯锯条长度为 600mm 左右，锯条较窄，约为 10mm。锯齿前刃角度介于纵向锯和横向锯之间，锯齿应拨齿为左、中、右。

43. 木工平刨有哪几种？各有什么用途？

答：平刨是木工使用最多的一种刨，主要用来刨削木料的表面。平刨按用途可分为荒刨、长刨、大平刨、净刨。它们构造相同，差异主要在长度上。

（1）荒刨又称二刨，其长度为 200 ~ 250mm，用于刨削木料的粗糙面。

（2）长刨又称大刨，其长度为 450 ~ 500mm，刨削后的木料面比较平直。

（3）大平刨又称邦克，其长度为 600mm，由于刨床较长，专供板方材的刨削拼缝之用。

（4）净刨又称光刨，其长度为 150 ~ 180mm，多用于木制品最后的细致刨削，加工后的木料表面平整光滑。

44. 使用木工凿子进行操作的要点是什么？

答：凿眼前，先划好孔的墨线，将木料放在板凳上。凿孔时，左手握凿（刃口向内），右手握斧敲击和从榫孔的近端逐渐向远端凿削，先从榫孔后部下凿，以斧击凿顶，使凿刃切入木料内，然后拔出凿子，依次向前移动凿削，一直凿到前边墨线，最后再将凿面反转过来凿削孔的后边。凿完一面之后，将木料翻过来，按上法再凿削另一面。当孔凿透后需用顶凿将木渣顶出来。如果没有顶凿，可用硬木板条将木渣顶出。

45. 斧的操作要点是什么？

答：斧的操作方法：用斧砍削木料是效率较高的粗加工方法。按砍削方式分有平砍和立砍两种。

（1）平砍：平砍是将工件平卡在工作台上，砍削面朝上，双手紧握斧柄，右手在前，左手在后，双手靠拢，以墨线为准，留出刨削余量，如不需要刨光的木料，要在离开墨线 1～2mm 处落斧。从右向左顺着木纹方向砍削。如遇到逆纹或节疤时，可将木料调头，从另一端再砍削，或将斧刃翻转向上，从左向右砍削，否则，逆纹砍削将会出现木纹劈裂或将木节崩掉。

（2）立砍：立砍是用左手将木料顺着木纤维直立在地面或工作台上，右手握斧，以墨线为准，斜刀面向外，留出刨削余量，挥动小臂从上向下进行砍削。如果砍削木料较厚较长，一下子砍削有困难时，可在木料边棱上每隔100mm 左右的地方斜砍若干小缺口后，再顺纹进行砍削。这样，当斧刃口落在切口处，切口处木纤维就会形成木片自然落下。如砍削过程中，遇到逆纹或节子时，应将木料调过头来，从另一端进行砍削，如若遇到坚硬较大的节子时，可用锯把节子锯掉。

46. 什么是定位轴线？

答：为建筑、设计施工中的假定控制线，建立在模数制基础上的平面坐标网。

47. 什么叫视图，什么叫三面视图？

答：视图一般指正投影图，即人们的视线垂直于投影面，观察物体，在投影面上画出的图形。

物体在三个互相垂直的投影面上的正投影图就是该物体的三面视图。

48. 建筑图纸上，尺寸单位是怎样表示的？建筑平面图上的尺寸一般有哪三道？

答：除了标高的单位为米，其他都以毫米为单位。

外包总尺寸、轴线尺寸、细部尺寸。

49. 什么叫建筑平面图？它的作用是什么？

答：将建筑沿窗台处水平剖切，移去上部而得到的俯视图，叫做建筑平面图，它反映建筑的水平平面布置的情况，建筑平面图为施工放线、砌筑、门窗安装、室内装修以及施工预算和工程结算提供了依据。

50. 什么叫建筑立面图？有哪几种作用？

答：房屋建筑的外观的视图，叫做立面图。一般有正立面、侧立面、背立面等反映了门窗、出入口等外观的垂直情况，主要供室外装修之用。

51. 建筑用木材的树种分哪两类？各有什么特点和用途？

答：建筑用木材的树种分针叶树和阔叶树两类。针叶树长直高大，纹理通直，材质较软，容易加工，是建筑工程中主要用材，主要用于木门窗制作、模板制作。阔叶树材质较硬，刨削加工后，表面有光泽，纹理美丽，耐磨，主要用于装修工程。

52. 什么叫年轮、髓心和髓线？

答：在圆木的横切面上，我们可以看到许多呈同心圆式的层次，这就是年轮。髓心位于树干的中心，是由一年幼茎的初生木质部构成。

髓线就是在横切面上，可以看到颜色较浅，从树干中心成辐射状穿过年轮射向树皮的细条纹。

53. 什么叫木材的纤维饱和点？它对木材强度有什么影响？

答：湿木材在干燥过程中，自由水首先蒸发，当自由水蒸发完毕而吸附水处于饱和状态时，其含水率称为纤维饱和点。

当木材的含水率在纤维饱和点以上变化时，所反映的是自由水的增减，除了重量随水分增减而变化外，木材的强度、体积、导电性皆不变化。当木材的含水率在纤维饱和点以下变化时，反映了吸附水的变化。含水率降低，体积收缩，而强度提高，导电性减弱。

54. 木结构及木制品在保管和运输过程中应注意什么？

答：制成的木结构及木构件应防止日晒、雨淋，应置于仓库或敞棚下贮存，尚应在迎风面加挡板，防止空气对流速度过快，在一侧开裂过大。堆放时，每层应加置厚度相同的板条垫平，防止变形、翘曲。

结构竖直放置时，其临时支点应与结构在建筑物中的支承相同，并设可靠的临时支撑以防侧倾。水平放置时，应加垫木置平，防止构件变形和连接的松动。

55. 铰链的作用是什么？主要有哪些种类？

答：铰链又称合页，装在门窗、箱柜上作启闭等用。

铰链的种类有普通铰链、抽芯铰链、轻型铰链、单面弹簧铰链、双面弹簧铰链、工字形铰链、单页尖尾铰链、翻窗铰链等。

56. 常见的木材缺陷有哪儿种？

答：常见的木材缺陷有以下几种：（1）节子；（2）腐朽；（3）虫害；（4）斜纹；（5）裂纹。

57. 如何在制作时保证榫卯结合的质量？

答：首先要打好榫眼。打眼时先打背面，后打正面，打出的眼要垂直方正，眼内两侧不要错槎，木屑要清理干净。打眼时要凿半线，留半线，即按孔边线下凿一半线宽，留下一半线宽，同时眼内上下端中部微凸出一些，这样就易使榫卯结合的牢固。

其次要开好榫。开出的榫要平、正、方、直、光，不得变形，其厚、宽窄要与眼一致。开榫时注意"留半线，锯半线"，这样就同眼的"凿半线，留半线"配套。开榫拉启时要拉平，或稍向里倾半线，还不得伤榫跟，就能保证榫头的坚实。最后在拼装时，加榫的松紧要适度，并在加榫过程注意规方、校正、调整翘曲、变形。

58. 为什么安装门窗时，所用的木螺丝不能全部钉入，一部分要拧入？

答：如果将木螺丝全部钉入，螺纹会将木材导管切断，在木材内就不会产生挤压而出现纹路，这样木材对木螺丝的夹紧力不强，容易松动，如果把木螺丝的1/3打入，其余的2/3拧入木材，螺纹挤压木材，使木材内出现与木螺丝螺纹相反的纹路，木螺丝上的螺纹就与木材内相反的纹路紧密啮合在一起，增加了木材对木螺丝的夹紧力，木螺丝也就不会松动。

59. 框锯常有哪几种？各有什么用途？

答：框锯又称等锯，是木工必备的锯割工具，它分为粗锯、中锯、油锯、绕锯。粗锯主要用于纵向锯割木材；中锯多用于横向锯割木材，如锯割木材，开榫头等；油锯一般做开榫和拉启用；绕锯专作锯割内外曲线之用。

60. 木工平刨常有哪几种？各有什么用途？

答：平刨常有长刨、中刨、短刨三种，长刨又叫细刨，适于刨削木材长料和表面精细加工；中刨又名粗刨，一般用于第一道粗刨木料；短刨又名荒刨，专刨木材的粗糙面；光刨，又名细短刨，专用修光木材表面。

61. 使用木工凿子进行凿眼的操作要点是什么？

答：凿孔时凿子要扶正，锤要打准、打平。每锤击 1～2 下，凿子吃入木料一定深度时，应前后晃动一下凿子，以免夹住，剔出木屑后再向前移动凿子。

凿削透孔时，应先凿背面，到一半深度，再翻过来凿正面，以避免孔的四周被撕裂。透孔的背面，孔膛应稍大于墨线的 1mm，这要和开榫的作法相配合，如果开榫时锯去榫厚墨线，打眼时要留下眼边线。孔的两侧面要修光，使其平整，两端面中部稍微凸起，以便挤紧榫头。

凿半孔时，在第二凿进够深度后，将凿柄前推，撬出木屑，第一凿应从靠身边一端离孔 3～5mm 处下槽。

凿削砍木料，或遇到有节子的孔，向前移凿距离要小，撬渣要轻，以免损伤刃口。

铲削木料时，凿子要稍斜行于木纹，这样铲销面较光滑。

62. 直角尺的主要用途是什么？如何校验直角尺的准确性？

答：直角尺主要用于画垂直线、平行线，卡方（检查垂直面）和检查表面平直情况，检查尺身的平直性。把尺身贴于平整的物面上，接触面上无漏光现象，说明平直性合格。检查垂直度的精确情况，将尺柄紧贴在一块平直的板边，沿尺身在板上画一垂直线，再将尺柄翻身，调换相对方面，仍在同一点画线，两垂直线重叠，表示准确，否则不合标准。

63. 如何正确使用圆锯机？

答：（1）操作前应对机械检查，有无破损，不正常的部件和设备，并装好防护罩和安全装置；

（2）先检查被锯割的木材表面或裂缝中是否有石子、混凝土或钉子，以防损伤锯齿，甚至发生伤人事故；

（3）操作时应站在锯片稍左的位置，以防弹击伤人；

（4）正确送料，不要过急过猛，遇到木节处要放慢速度；

（5）在锯片转动时，不得用手清理锯台上的碎屑、锯末；

（6）当木料卡住锯片时，应立即停车，再作处理；

（7）锯割作业完成后，要及时关闭电门，切断电源。

64. 按材料和构造类型，模板的种类有哪些？

答：模板按其所用材料不同，有木模、钢模、钢木模、土模、砖模及钢丝网水泥模，近年来还有塑料模板、铝合金模板等。

按构造类型分有拼合式模板、工具式模板、滑升模板、大模板、翻转模板、拉模、胎模等。

此外还有一次性模板，如瓦楞铁、预应力选后板等多种形式。

65. 为什么要在模板的顶撑（立柱）下面加三角木楔和木垫板？

答：在顶撑下面加三角形木楔的作用有两个，其一是支撑时用它调整顶撑的松紧，起微调标高的作用；其二是拆模先将木楔打出，方便拆模。

在顶撑下面加木板的目的是防止顶撑局部压力过大，产生不均匀下沉，加了垫板后加大了受力面积，减小了地面上单位面积的压力。同时，使用三角木楔时，要将木楔与垫板之间临时固定，防止松脱，有了垫板就可方便钉钉子了。

66. 在预制构件的制作中，什么是多节脱模方法？

答：一般在较长的预制构件制作中，为了加快模板的周转率，当构件的混凝土强度已经达到脱模要求时，设法拆除其大部分底模，这就必须在模板制作与安装时，将构件设若干固定支点（可用砖墩或木模），其余大部分可以拆除周转，这就是多节脱模方法。

67. 液压滑升模板的滑升原理是什么？

答：滑升模板的滑升是以液压为动力，液压千斤顶为提升机具，在液压操纵台的控制下，千斤顶沿着支承杆向上爬升，从而带动提升架、围圈、模板与操作平台等一起向上滑升。随着模板的滑升，自模板上口往模内浇捣混凝土，使之成型，成型的混凝土则从模板下口脱出，如此连续交替施工，直至完成。

68. 爬模的特点是什么？

答：爬模是将模板和操作平台固定在爬架上，而爬架又由固定爬架和移动爬架组成，爬架固定在已浇好的混凝土墙上，通过提升动力的作用，使固定爬架与移动爬架相对运动，交替固定在墙上，爬架上升，带动了模板的升高，减少了机械搬运大模板的作业工序，同时施工中的误差也能及时得到纠正，不需连续作业，减轻了工人的劳动强度。

69. 在凿榫眼操作时的方法？

答：在凿榫眼操作时，要将凿子垂直工件斜刃向外，先从榫眼的一端开始，在离开所划的线 3～5mm 处下第一凿，将凿子垂直往下打，然后向前移动一定距离下第二凿，此凿应向后偏斜，使和第一凿口相会合，并把凿下的切屑剔出。一次加工直到接近榫眼的另一端时，再将凿子翻转过来，压住末端所划的线下凿，最后再将凿子压住开始端的线补凿一次，使沿着榫眼长度的两个孔壁平直。

70. 钢丝锯在锯削中的方法？

答：钢丝锯在锯削中，要左脚踏稳平放在工作凳的工件上，先用钢丝锯齿按照划好的线斜向锯一个锯口，然后将钢丝锯条全部导入锯口，带锯条全部没入锯口后，再双手握住钢丝锯上部把手，逐渐增加锯削力量，并逐渐使钢丝锯条齿与工件表面垂直进行锯削。

71. 从一张图样上包括的内容来分，产品图样大致有哪几种？

答：从一张图样上包括的内容来分，产品图样大致有这样几种：（1）结构装配图；（2）零件图；（3）组件图；（4）大样图；（5）立体图。

72. 结构装配图是供制造家具用的，因此除了表示形状外，还要详尽地标注尺寸，凡制造该家具所需要的尺寸一般都应能在图上找到。标注尺寸包括哪几个方面？

答：标注尺寸应包括以下这几个方面：（1）总体轮廓尺寸；（2）部件尺寸；（3）零件尺寸；（4）零件、部件的定位尺寸。

73. 工厂组织生产家具时，明细表应包括什么内容？

答：当工厂组织生产家具时，随着结构装配图等生产用图样的下达，同时应有一个包括所有零件、部件、附件、耗用的其他材料清单附上，这就是明细表。

74. 力的外效应与内效应的含义是什么？

答：力使物体的运动状态发生改变的效应称为外效应，而使物体的形状发生改变的效应则称为内效应。

75. 力的作用取决于三个要素，这三个要素是什么？

答：力的作用取决于三个要素，即大小、方向和作用点。

76. 梁的截面高度及宽度尺寸，一般按什么原则确定？

答：梁的截面高度及宽度尺寸，一般按以下原则确定：

（1）面高度 $h \leqslant 80mm$ 时，取 50mm 的倍数。

（2）截面高度 $h > 800m$ 时，取 100mm 的倍数。

（3）现浇梁板结构而采用定型钢模板施工时，梁的腹板高度取 100mm 的倍数。

（4）梁截面宽度一般取 50mm 的倍数，圈梁宽度按墙厚确定。

（5）考虑抗震要求的框架梁的宽度不宜小于 200mm，且不宜小于柱宽的 1/2；净跨不宜小于截面的 4 倍。

77. 常用的角尺有哪些？

答：常用的角尺有直角尺、活络尺、三角尺。

78. 用水平仪检验平面是否水平的方法？

答：用水平仪检验平面是否水平的方法，将水平仪平放在物体表面，观察尺中气泡的静止位置，当中部水准管内的气泡居于中间位置时，物体表面即处于水平位置，否则，物体表面不水平。

79. 用水平仪检验平面是否垂直的方法？

答：用水平仪检验平面是否垂直的方法，是将水平仪竖立起来，齿身贴向物体表面，并保持平行，观察尺身内的横向水准管内的气泡，如果气泡居于管内中部，则表示该面与水平面垂直。

80. 线坠的使用方法？

答：线坠的使用方法，手持线坠上端，让锥体自由下垂，视线顺着线坠的垂直线观察，可以测定和校正竖立的物体是否垂直于水平面。

81. 框锯按其用途不同分为哪几种？及用于什么方向的锯削？

答：框锯按其用途不同分为：（1）纵向锯；（2）横向锯；（3）曲向锯。

分别用于以下方向的锯削：（1）纵向锯：用于顺木纹纵向锯削。（2）横向锯：用于垂直木纹方向的锯削。（3）曲向锯：用于锯削内外曲线或圆弧工件。

1.6 计算题

1. 采用两个 38mm 的普通合页（铰链）安装窗扇 18 扇，用多少 16×3 的木螺钉？

【解】$4 \times 2 \times 18 = 144$ 个

答：要用 144 个木螺钉。

2. 采用两个 75mm 的普通合页（铰链）安装窗扇 28 扇，用多少 30×4 的木螺钉？

【解】$6 \times 2 \times 28 = 336$ 个

答：要用 336 个木螺钉。

3. 采用两个 100mm 的普通合页（铰链）安装窗扇 28 扇，用多少 35×4 的木螺钉？

【解】$8 \times 2 \times 28 = 448$ 个

答：要用 448 个木螺钉。

4. 采用两个 150mm 的普通合页（铰链）安装 28 扇木门，用多少 50×6 的木螺钉？

【解】$8 \times 2 \times 28 = 448$ 个

答：要用 448 个木螺钉。

5. 采用三个 150mm 的普通合页（铰链）安装 28 扇木门，用多少 40×5 的木螺钉？

【解】$8 \times 3 \times 28 = 672$ 个

答：要用 672 个木螺钉。

6. 已知每根木料的截面尺寸为 50mm $\times$ 100mm，长度为 4m，计算 120 根时的木料总体积。

【解】$V = 0.05 \times 0.1 \times 4 \times 120 = 0.02 \times 120 = 2.4 \text{m}^3$

答：总体积为 2.4m^3。

7. 已知每根木料的截面尺寸为 50mm $\times$ 150mm，长度为 4m，计算使用 150 根时的木料总体积。

【解】$V = 0.05 \times 0.15 \times 4 \times 150 = 0.03 \times 150 = 4.5 \text{m}^3$

答：总体积为 4.5m^3。

8. 已知每根木料的截面尺寸为 70mm $\times$ 200mm，长度为 4m，计算使用 25 根时的木料总体积。

【解】$V = 0.07 \times 0.2 \times 4 \times 25 = 0.056 \times 25 = 1.4 \text{m}^3$

答：总体积为 1.4m^3。

9. 已知每根木料的截面尺寸为 25mm×150mm，长度为 3m，计算使用 300 根时的木料总体积。

【解】$V = 0.025 \times 0.15 \times 3 \times 300 = 0.01125 \times 300 = 3.375 m^3$

答：总体积为 3.375m^3。

10. 已知每根木料的截面尺寸为 20mm×100mm，长度为 2m，计算 250 根时的木料总体积。

【解】$V = 0.02 \times 0.1 \times 2 \times 250 = 0.004 \times 250 = 1 m^3$

答：总体积为 1m^3。

11. 某硬木地板工程中，已知地板工程量为 150m^2，使用 15mm×100mm×3000mm 的木板条，损耗率为 5%，则需要多少根木板条？

【解】$x = 150 \div (0.1 \times 3.0) \times 1.05 = 150 \div 0.3 \times 1.05$

$= 525$ 根

答：需要 525 根木板条。

12. 某硬木地板工程中，已知地板工程量为 150m^2，使用 15mm×50mm×200mm 的木板条，损耗率为 2%，则需要多少根木板条？

【解】$x = 150 \div (0.05 \times 0.2) \times 1.02 = 150 \div 0.01 \times 1.02$

$= 15300$ 根

答：需要 15300 根木板条。

13. 某三夹板平顶工程量为 250m^2，已知三夹板的规格 910mm×2130mm，若三夹板的使用率为 90%，则需要多少张三夹板？

【解】$x = 250 \div (0.91 \times 2.13 \times 0.9) = 250 \div 1.7447$

$= 143.29 \approx 143.5$ 张

答：需要 143.5 张三夹板。

14. 某双面纤维板隔断单面工程量为 125m^2，每张纤维板的规格为 1200mm×2400mm 使用率为 90%，则需要多少张纤维板？

【解】$x = 125 \div (1.2 \times 2.4 \times 0.9) \times 2 = 125 \div 2.592 \times 2$

$= 48.23 \times 2 \approx 48.5 \times 2 = 97$ 张

答：需要 97 张纤维板。

15. 制作某种书橱需木材为 $0.36m^3$，若配料时，损耗率为 25%，当制作 120 件书橱时，则需要多少木料？

【解】 $V = 0.036 \times 120 \times 1.25 = 5.4m^3$

答：需要 $5.4m^3$ 的木料。

16. 已知 2.5 号标准型圆钉，每千个重量为 0.407kg，则每公斤有多少个数？

【解】 $x = \dfrac{1000}{0.407} = 2457$ 个

答：每公斤 2457 个。

17. 已知 3.5 号标准型圆钉，每千个重量为 0.891kg，则每公斤有多少个数？

【解】 $x = \dfrac{1000}{0.891} = 1122.3$ 个

答：每公斤 1122.3 个。

18. 已知 7 号标准型圆钉，每千个重量为 5.05kg，则每公斤有多少个数？

【解】 $x = \dfrac{1000}{5.05} = 198$ 个

答：每公斤 198 个。

19. 已知 10 号标准型圆钉，每千个重量为 12.6kg，则每公斤有多少个数？

【解】 $x = \dfrac{1000}{12.6} = 79.4$ 个

答：每公斤为 79.4 个。

20. 已知 16 号标准型圆钉，每千个重量为 35.5kg，则每公斤有多少个数？

【解】 $x = \dfrac{1000}{35.5} = 28.2$ 个

答：每公斤 28.2 个。

1.7 实际操作题

1. 拼高低板缝四条（板厚 2mm，长 2m）

考核项目及评分标准表　　　　　　表 1-1

序号	考核项目	检查方法	测数	允许偏差	评分标准	满分	得分
1	拼缝竹钉	目测	全部	每条6个钉	每断一个扣5分，外露一个扣4分，松一个扣3分	25	
2	板面平整度	目测尺量	4点	2mm	正面平整，每超0.5mm扣3分	20	
3	翘裂	目测尺量	1点	3mm	每超1mm扣3分	10	
4	拼板缝隙	塞尺量	4点	0.5mm	正反面要求密缝，每超0.5mm扣3分	15	
5	工艺操作规程				错误无分，局部有误扣1~9分	10	
6	安全生产				有事故无分，有隐患扣1~4分	5	
7	文明施工				不做落手清，扣5分	5	
8	工效				根据项目，按照劳动定额进行。低于定额90%本项无分，在90%~100%之间酌情扣分，超过定额者酌情加1~3分	10	

2. 制作有纵横棂木窗扇

考核项目及评分标准表　　　　表2-1

序号	考核项目	检查方法	测数	允许偏差	评分标准	满分	得分
1	几何尺寸	尺量	2个	±2mm	超过±2mm，每点扣2分	6	
2	玻璃芯子分档尺寸	尺量	5个	±1mm	超过±1mm，每点扣2分	6	
3	榫肩榫头	塞尺量	任意	0.3mm	榫肩密缝、榫头密，每超0.5mm扣2分	10	
4	铲口线脚	目测	任意		铲口角度正确，斜板缝均匀一致	10	
5	对角线	尺量	1个	2mm	每超1mm扣2分	5	
6	走头、冒头、芯子	目测	任意		走头、冒头、芯子有开裂，每点扣4分	10	
7	翘裂	目测尺量	1个	1mm	每超0.5mm扣2分	10	
8	平整度	托板尺量	2个	1mm	梃与冒头要求平整，每超0.5mm扣2分	8	
9	光洁度	目测	任意		有毛刺、雀斑、刨痕，每点扣3分	5	
10	工艺操作规程				错误无分，局部有误扣1~9分	10	
11	安全生产				有事故无分，有隐患扣1~4分	5	
12	文明施工				不做落手清，扣5分	5	
13	工效				根据项目，按照劳动定额进行。低于定额90%本项无分，在90%~100%之间酌情扣分，超过定额者酌情加1~3分	10	

104

3. 安装组合钢门窗

考核项目及评分标准表　　　　　　　　表 3-1

序号	考核项目	检查方法	测数	允许偏差	评分标准	满分	得分
1	钢门窗标高	尺量	4个	±3mm	按水平线安装，超过±3mm，每点扣2分	5	
2	钢门窗与墙缝合理	尺量	4个	10mm	要求合理，每超2mm扣2分	5	
3	打墙眼装脚头	目测	任意		墙眼大小不符合，脚头有弯曲，每点扣1分	6	
4	框平面垂直度	托线板、挂线	4个	1.5mm	每超0.5mm扣2分	10	
5	框侧面垂直度	托线板、挂线	4个	1.5mm	每超0.5mm扣2分	10	
6	对角线差度	尺量	2个	3mm	每超0.5mm扣2分	5	
7	相邻钢门窗高差	尺量	1个	3mm	每超0.5mm扣3分	5	
8	拼装	目测	任意		油灰不密实，脚头有松动，每点扣2分	10	
9	固定牢固	目测	任意		木楔榫四角不对，钢窗松动扣分	8	
10	平整度	拉线尺量	4个	2mm	每超0.5mm扣2分	6	
11	工艺操作规程				错误无分，局部有误扣1~7分	10	
12	安全生产				有事故无分，有隐患扣1~4分	5	
13	文明施工				不做落手清，扣5分	5	
14	工效				根据项目，按照劳动定额进行。低于定额90%本项无分，在90%~100%之间酌情扣分，超过定额者酌情加1~3分	10	

4. 制作安装雨篷模板

考核项目及评分标准表 表 4-1

序号	考核项目	检查方法	测数	允许偏差	评分标准	满分	得分
1	配制模板	尺量	5个	±3mm	超过3mm，每点扣2分	10	
2	配制顶撑	目测	任意		琵琶撑冒头平整，斜搭钉牢固	10	
3	摆垫板	目测	任意		松土弄平夯实，垫板摆实无翘头	10	
4	水平标局	尺量	2个	±3mm	每超2mm扣2分	10	
5	底模	水平尺	2个	2mm	要求平整，每超过1mm扣2分	10	
6	几何尺寸	尺量	5个	2mm	每超2mm扣2分	10	
7	支撑牢固	目测	任意		斜搭头、平搭头不符合要求，动摇扣分	10	
8	工艺操作规程				错误无分，局部有误扣1~9分	10	
9	安全生产				有事故无分，有隐患扣1~4分	5	
10	文明施工				不做落手清，扣5分	5	
11	工效				根据项目，按照劳动定额进行。低于定额90%本项无分，在90%～100%之间酌情扣分，超过定额者酌情加1~3分	10	

106

第二部分 中级木工

2.1 单项选择题

1. 建筑平面是从距地面（B）的高度对建筑作水平剖视的投影图，从中能反映出房屋的平面形状、面积大小、房间组合等情况。

A. 1m B. 1.2m C. 1.4m D. 1.6m

2. 建筑的结构件种类繁多，为了图示清晰和工作方便，常用的构件用汉语拼音第一个字母的组合作为代号。例如，以下表示檩条的代号是（B）。

A. L B. LT C. LL D. TL

3. （C）是家具图中最重要的一种，它能全面表达家具的架构和装配关系。

A. 零件图 B. 组装图 C. 结构装配图 D. 大样图

4. （D）是表示建筑物的总体布局、外部构造、内部布置、细部构造、装饰装修及建筑施工要求的技术文件。

A. 水电施工图 B. 设备施工图

C. 结构施工图 D. 建筑施工图

5. 家具上常有曲线形的零件，为了满足加工要求，把曲线形的零件画成和产品一样大小的图形，这种图形就称为（A）。

A. 大样图 B. 组装图 C. 结构装配图 D. 零件图

6. （A）是木结构中使用较广的结合形式之一，主要用在构件的接长连接和节点的连接中。

A. 螺栓连接 B. 销连接 C. 齿连接 D. 承拉连接

7. 锯加工机具是用来纵向或横向锯割原木和方木的加工机械，以下（D）属于锯加工机具。

A. 铣床　　B. 压刨床　　　C. 开榫机　　D. 木工带锯机

8. 按锯轮直径的不同进行分类，通常将直径为（B）以上的称为大型带锯机。

A. 915mm　　B. 1500mm　　C. 1370mm　　D. 1070mm

9. （A）一般是指锯轮直径在 400～800mm 之间的带锯机，用来加工小木料的直线、斜线或各种不规则的曲线。

A. 原木带锯机　　　B. 再剖带锯机

C. 木工圆锯机　　　D. 细木工带锯机

10. 以下（C）不属于带锯机操作中造成锯出木料弯曲的原因。

A. 跑车横向摇摆

B. 进锯速度不均匀

C. 锯条刚性大，韧性小

D. 工作台不平，进料辊筒不圆

11. 带锯条是木工带锯机的锯切刀具，其锯齿应锋利，齿深不得超过锯条宽的（B）。

A. 1/2　　B. 1/4　　C. 1/6　　D. 1/8

12. 圆锯机由于使用广泛，因此类型较多。按锯解方向的不同可分为纵锯圆锯机、横截圆锯机和（C）。

A. 原木圆锯机　　　B. 再剖圆锯机

C. 万能圆锯机　　　D. 裁边圆锯机

13. 压刨床上允许刨削小于其工作台面宽度的装配式框架类工件，但必须斜着进给，其斜度应不大于（A）。

A. 30°　　B. 45°　　C. 60°　　D. 75°

14. 刨削松木时，常有树脂粘结在台面和辊筒上，阻碍了工件的进给。为了提高进给速度和加工质量，保证正常生产，在工作中应经常在台面上擦拭（B）进行润滑。

A. 汽油　　B. 煤油　　C. 食物油　　D. 橄榄油

15. 衡量四面刨床生产能力大小的主要参数是被加工工件的最大（D）尺寸。

   A. 直径　　B. 长度　　C. 高度　　D. 宽度

16. 轻型四面刨床一般有四根刀轴，其布置方式和顺序为（A）。

   A. 下水平刀轴，左右垂直刀轴，上水平刀轴

   B. 上水平刀轴，左右垂直刀轴，下水平刀轴

   C. 左垂直刀轴，上下水平刀轴，右垂直刀轴

   D. 右垂直刀轴，上下水平刀轴，左垂直刀轴

17. 重型四面刨床一般是指有七、八根刀轴，加工工件宽度为（B）以上的四面刨床。

   A. 100mm　　B. 200mm　　C. 300mm　　D. 400mm

18. （D）是专门用于木料表面加工的机械，是木材加工必不可少的基本设备。

   A. 木工带锯机　　B. 压刨机　　C. 开榫机　　D. 平刨床

19. 榫槽与榫头的形式决定于零件的外形，例如框架的接合采用（C）。

   A. 箱结榫　　B. 圆榫　　C. 木框直榫　　D. 燕尾榫

20. 组合机床是一种多用途木工机床，例如，德国 Cocaco 公司的 Emcostar 型多用木工机床是一种（A）用木工机床。

   A. 十二　　B. 五　　C. 二十　　D. 八

21. 木材的（A）是人们利用肉眼和放大镜识别木材的依据，也是学习木材显微镜结构和超显微结构的基础。

   A. 宏观构造特征　　　　B. 显微结构特征

   C. 超显微结构特征　　　D. 表面结构特征

22. （C）是沿树干长轴方向，与树干半径方向一致或通过髓心的纵截面。

   A. 横切面　　B. 弦切面　　C. 径切面　　D. 纵切面

23. 早材至晚材变化的缓急，对于不同树种来说是有差异的，例如（B）早材至晚材为急变。

A. 红松　　B. 马尾松　　C. 华山松　　D. 冷杉

24. 一些阔叶树材如（D），心、边材无颜色区别，木材通体颜色均一，属于边材树种。

A. 榉木　　B. 水青冈　　C. 水曲柳　　D. 桦木

25. 从木材的横切面上看，有多数颜色较浅呈辐射状排列的组织称为（C）。

A. 年轮　　B. 生长轮　　C. 木射线　　D. 胞间道

26. 胞间道为分泌细胞围绕而形成的长形细胞间隙。储藏树脂的叫做树脂道，只有某些（B）才具有树脂道。

A. 阔叶树材　　B. 针叶树材　　C. 早材树种　　D. 晚材树种

27. 木材的物理性质主要是指含水量、湿胀干缩、强度等性质，其中（A）对木材的湿胀干缩和强度影响很大。

A. 含水量　　B. 湿胀干缩　　C. 强度　　D. 韧性

28. 木材中存在于木材细胞腔和细胞间隙中的水分称为（B）。

A. 化合水　　B. 自由水　　C. 吸附水　　D. 结合水

29. 当木材中无自由水，而细胞壁内的吸附水达到饱和时，这时的木材的含水率称为纤维饱和点。木材的纤维饱和点随树种而异，一般介于（C）。

A. 5%～15%　　　　B. 15%～25%

C. 25%～35%　　　　D. 35%～45%

30. 当木材含水率在纤维饱和点以上，只是（D）的增减发生变化时，木材的体积不发生变化。

A. 化合水　　B. 结合水　　C. 吸附水　　D. 自由水

31. 因木材为非匀质构造，故其胀缩变形各向不相同，其中（A）变形最大。

A. 弦向　　B. 径向　　C. 纵向　　D. 横向

32. 水胶在调制中，胶与水的比例大体应保持在1:2.5，浸泡约（B）左右，使胶体充分软化。

A. 6h　　B. 12h　　C. 24h　　D. 48h

33. （C）相对来说价格较便宜，活性时间长，抗菌性、耐水性好。但其缺点是强度较其他胶差，历经数年后会开胶。

A. 膘胶   B. 皮胶   C. 乳胶   D. 酚醛树脂胶

34. 现行的中华人民共和国国家标准《原木材积表》是（A）。

A. GB4814-1984   B. GB4814-1985

C. GB4814-1986   D. GB4814-1987

35. 以下木屋架的安装施工顺序正确的是（D）。

A. 准备工作→放线→起吊→安装→加固→设置支撑→固定

B. 准备工作→起吊→放线→加固→安装→设置支撑→固定

C. 准备工作→起吊→安装→放线→加固→设置支撑→固定

D. 准备工作→放线→加固→起吊→安装→设置支撑→固定

36. 对于跨度大于（D），采用圆钢下弦的钢木桁架，应采取措施防止就位后对墙、柱产生推力。

A. 1m   B. 2m   C. 5m   D. 10m

37. 跨度等于或大于（B）的梁，支模时应将跨中升起一些，称为起拱，其大小为梁跨的 $0.1\% \sim 0.3\%$，以抵消跨中受力后梁模下垂的挠度。

A. 2m   B. 4m   C. 6m   D. 8m

38. 钢木屋架的组成杆件与木屋架基本相同，但中间一对斜杆多从屋脊处斜向两边，这对斜杆（A）。

A. 受压力   B. 受拉力   C. 受剪力   D. 受应力

39. 跨度为 $8 \sim 12$m 的三角形屋架，可在屋架中央节点上沿房屋纵向隔间设置（C）。

A. 水平系杆   B. 水平支撑   C. 垂直支撑   D. 支撑

40. 跨度等于 12m 的钢木屋架，垂直支撑设置（B），水平系杆要做成通长的。

A. 一道   B. 一道或两道   C. 两道   D. 三道

41. 当屋架跨度大于 12m 时，屋架间的垂直支撑要设置（C），设在屋架三分点处，并将下弦节点间的水平系杆做成通长的。

A. 一道　　B. 一道或两道　　C. 两道　　D. 三道

42. 屋架跨度在 12m 以上或有吊车等震动影响时，应在房屋两端第二个开间内及沿纵向每间隔（C）设置一道上弦横向支撑。

A. 20mm　　B. 30mm　　C. 20~30mm　　D. 30~40mm

43. 放大样时，先画出一条水平线，在水平线一端定出端节点中心，从此点开始在水平线上量取屋架跨度的一半，定出一点，通过此点作垂直线，此线即为（B）。

A. 上弦中线　　B. 中竖杆的中线
C. 下弦中线　　D. 下弦中间节点

44. 放大样时，从端节点中心开始，在水平线上量出各节点长度，并做相应的垂直线，这些垂直线即为（B）。

A. 上弦中线　　B. 各竖杆的中线
C. 下弦中线　　D. 下弦中间节点

45. 放大样时，在中竖杆中线上，量取屋架下弦起拱高度（起拱高度一般选取屋架跨度的 1/200）及屋架高度，定出脊点中心。连接脊点中心和端点中心，即为（A）。

A. 上弦中线　　B. 各竖杆的中线
C. 下弦中线　　D. 下弦中间节点

46. 放大样时，连接端节点中心和起拱点，即为下弦轴线（用原木时，下弦轴线即为下弦中线；用方木时，下弦轴线是端节点处下弦净截面的中线，不是下弦中线）。下弦轴线与各竖杆中线的相交点即为（D）。

A. 上弦中线　　B. 各竖杆的中线
C. 下弦中线　　D. 下弦中间节点中心

47. 放大样时，连接对应的上、下弦中间节点中心，即为（D）。

A. 上弦中线　　B. 各竖杆的中线
C. 下弦中线　　D. 斜杆中线

48. 全部样板配好后，放在大样上拼起来，检查样板与大样是否相等，样板对大样的允许偏差值不应超过（C）。

A. 0.5mm　　B. 3mm　　C. 1mm　　D. 2mm

49. 操作者对木屋架各杆件的受力情况缺乏全面的了解，致使选料不当，或操作时马虎、不认真，会使制作的木屋架产生（A）的质量通病。

A. 节点不牢，端头有劈裂现象

B. 屋架高度超差过大

C. 槽齿做法不符合构造要求

D. 槽齿承压面接触不密贴；锯割过线，削弱弦杆截面

50. 木屋架制作中，画线、锯割不准或者木材的含水率较大，产生收缩、翘曲变形，使槽齿不合；上、下弦保险螺栓孔位略有偏差，螺栓穿入后，使槽齿不合；操作人员在操作中出现失误，以致锯割过线。上述情况都能产生（D）的质量通病。

A. 节点不牢，端头有劈裂现象

B. 屋架高度超差过大

C. 槽齿做法不符合构造要求

D. 槽齿承压面接触不密贴；锯割过线，削弱弦杆截面

51. 木屋架制作中，当各杆件中心线、轴线位置不准确，或弦杆加工时，画线、锯割不准时，会影响屋架拼装的精度。当屋架竖杆采用钢杆时，钢拉杆调节不当，也会造成（B）。

A. 节点不牢，端头有劈裂现象

B. 屋架高度超差过大

C. 槽齿做法不符合构造要求

D. 槽齿承压面接触不密贴；锯割过线，削弱弦杆截面

52. 杯口模的上口宽度应比（C）大 100～150mm。下口宽度应比（C）大 40～60mm。

A. 柱宽度　　B. 杯口底标高　　C. 柱角宽度　　D. 高度

53. 沿柱模高度应设柱箍，柱箍布置应（B），柱箍的间距要保证柱混凝土浇筑时，柱模不鼓胀、不开缝。

A. 下疏上密　　B. 上疏下密　　C. 上下疏密均匀　　D. 密实

54. 柱与梁相交时，应在柱模上端的梁柱相交处开缺口，缺口高度和宽度分别（C）梁高和梁宽。

A. 大于　　B. 小于　　C. 等于　　D. 不大于

55. 当梁底跨度大于 4m 时，跨中梁底应按照设计要求起拱。主次梁交接，（B）先起拱。

A. 次梁　　B. 主梁　　C. 上梁　　D. 下梁

56. 当梁底跨度大于 4m 时，跨中梁底应按照设计要求起拱。设计无要求时，起拱高度为梁跨度的（C）。

A. 1/200 ~ 1/300　　　　B. 1/500 ~ 1/600

C. 1/1000 ~ 3/1000　　　D. 1/2000 ~ 1/4000

57. 楼梯模板侧板的宽度至少要（D）楼梯段板厚及踏步高，梯段侧板的厚度为 30mm，长度按梯段长度确定。

A. 大于　　B. 小于　　C. 不大于　　D. 等于

58. 在一定湿度条件下，（B）越高，水泥和水的水化反应越快，强度增长也越快；反之轻度增长就慢。

A. 湿度　　B. 温度　　C. 龄期　　D. 热度

59. 木模板施工中，产生墙体厚度不一、平整度差的原因是（B）。

A. 模板连接不严、不牢或模板支撑不足

B. 模板缺少应有的强度和刚度，模板质量差

C. 主筋扭向或安装吊线找垂直的方法有误

D. 模板支撑系统强度和刚度不足

E. 地面下沉，模板支柱下无垫板

60. 木模板施工中，产生梁、板底不平、下挠的原因是（E）。

A. 模板连接不严、不牢或模板支撑不足

B. 模板缺少应有的强度和刚度，模板质量差

C. 主筋扭向或安装吊线找垂直的方法有误

D. 模板支撑系统强度和刚度不足

E. 地面下沉，模板支柱下无垫板

61. 木模板施工中，产生侧模不平直、上下口胀模的原因是（D）。

A. 模板连接不严、不牢或模板支撑不足

B. 模板缺少应有的强度和刚度，模板质量差

C. 主筋扭向或安装吊线找垂直的方法有误

D. 模板支撑系统强度和刚度不足

E. 地面下沉，模板支柱下无垫板

62. 木模板施工时，产生柱身扭曲的原因是（C）。

A. 模板连接不严、不牢或模板支撑不足

B. 模板缺少应有的强度和刚度，模板质量差

C. 主筋扭向或安装吊线找垂直的方法有误

D. 模板支撑系统强度和刚度不足

E. 地面下沉，模板支柱下无垫板

63. 木模板施工中，产生门窗洞口混凝土变形的原因是（A）。

A. 模板连接不严、不牢或模板支撑不足

B. 模板缺少应有的强度和刚度，模板质量差

C. 主筋扭向或安装吊线找垂直的方法有误

D. 模板支撑系统强度和刚度不足

E. 地面下沉，模板支柱下无垫板

64. 在模板滑升时，不得震动混凝土。混凝土出模后，应（B）进行质量检验、表面修整和养护。养护期间，应保持混凝土表面湿润。

A. 等待一段时间以后　　B. 随时　　C. 及时　　D. 按时

65. 玻璃窗扇一般由上、下冒头和左、右边梃榫接而成，有的中间还设有（B）。

A. 窗樘　　B. 窗棂　　C. 裁口　　D. 边梃

66. 门窗玻璃的选择中，为了达到隔声保温的要求，可采用（C）。

A. 磨砂玻璃　　　　B. 钢化玻璃

C. 双层中空玻璃　　D. 有机玻璃

67. 木制玻璃门窗的制作中，门窗框厚度大于（C）门扇，应采用双榫连接。

A. 20mm　　B. 30mm　　C. 50mm　　D. 80mm

68. 硬木门、窗扇应先钻眼后拧螺钉，孔径为螺钉直径的0.9 倍为宜，眼深为螺钉长度的（D）。

A. 1/4　　B. 1/2　　C. 1/3　　D. 2/3

69. 为了防止门芯板受潮膨胀，而使门扇变形或芯板翘鼓，在门芯板装入槽内后，还应有（A）间隙。

A. 2 ~ 3mm　　B. 4 ~ 6mm　　C. 8 ~ 10mm　　D. 1 ~ 2mm

70. 椭圆形窗制作的操作工艺顺序为（C）。

A. 放大样→配料→出墙板→窗棂制作→窗梃制作→拼装

B. 放大样→配料→拼装→出墙板→窗棂制作→窗梃制作

C. 放大样→出墙板→配料→窗梃制作→窗棂制作→拼装

D. 放大样→出墙板→配料→拼装→窗棂制作→窗梃制作

71. 窗扇拼装成形后，应按照大样图校核，（B）后，修整接头，细刨净面。

A. 12h　　B. 24h　　C. 6h　　D. 18h

72. 室内木装修工程中的木地板铺设通常有（D）。

A. 两种　　B. 三种　　C. 四种　　D. 五种

73. 实铺木地板是指地板直接粘贴在（B）之上。

A. 木基层　　B. 水泥砂浆基层　　C. 薄膜　　D. 木龙骨

74. 木质楼梯的踏步板和踢脚板分别固定于（A）上。

A. 三角木　　B. 斜梁　　C. 护墙板　　D. 立柱

75. 木楼梯的构造由踏步板、踢脚板、三角木、斜梁、栏杆、扶手及（C）组成。

A. 护墙板　　B. 结构梁　　C. 休息平台　　D. 立柱

76. 下列木材宜做木制楼梯的是（D）。

A. 花旗木　　B. 柳桉　　C. 白松　　D. 硬木

77. 室内楼梯的坡度一般为20°到45°为宜，最好的坡度为（A）左右。

A. 30°　　B. 20°　　C. 45°　　D. 60°

78. 踏步板的高度一般为（C）。

A. 180～200mm　　　B. 100～120mm

C. 150～170mm　　　D. 180～250mm

79. 踏步板计算配料时要将（B）的尺寸计算在内。

A. 搭头　　B. 榫头　　C. 三角木板　　D. 斜梁

80. 全木楼梯柱与踏步板及扶手必须是（A），而且必须紧密牢固。

A. 榫接　　　B. 加固件连接　　　C. 焊接　　　D. 粘接

81. （D）是最常见、最简单也是最为古老的一种楼梯。

A. 钢木梯　　B. 直梯　　C. 木楼梯　　D. 石楼梯

82. （D）是一种做在墙体表面的木装饰面。

A. 木墙裙　　B. 墙纸　　C. 乳胶漆　　D. 护墙板

83. 木墙裙弹纵横分档线应参考（A）。

A. 面层材料　　B. 标高线　　C. 设计图　　D. 分隔线

84. 钉贴脸板，贴脸板分为横向和竖向，装订的顺序为（C）。

A. 从左到右　　　　B. 先竖向后横向

C. 先横向后竖向　　D. 从右到左

85. 迭级顶棚区别于平顶的地方主要是高差迭级处的构造，其大面的顶面结构是相同的，一般都为（C）。

A. 迭级顶构造　　　B. 木龙骨构造

C. 轻钢龙骨构造　　D. 矿棉板构造

86. 粘贴硬木地板条时，首先用齿形刮胶板在已选备好的硬木地板背后均匀的刮一层胶粘剂，其胶的厚度以不超过（A）为佳。

A. 0.3mm　　B. 0.1mm　　C. 0.5mm　　D. 0.6mm

87. 造成硬木地板表面不平整的主要原因是（C）。

A. 木地板的含水率过高

B. 建筑基层不平整

C. 使用电刨操作时电刨运转不当

D. 铺贴不牢固

88. 木楼梯的施工工艺中，安装搁栅和斜梁时（C）。

A. 可以预先同时装配搁栅和斜梁

B. 先安装斜梁后装搁栅

C. 先安装搁栅后装斜梁

D. 斜梁和搁栅可按任意顺序安装

89. 铁木楼梯的一般组成是（A）。

A. 护栏是铁制品，扶手是木制品和铁制品

B. 踏步是铁制品，护栏是木制品和铁制品

C. 护栏和扶手是铁制品，踏步是木制品

D. 只有踏步是木制品

90. 楼梯的（B）特性的出现，给楼梯带来一大突破，就是楼梯变得更像家具了。具有了灵活的变化性，可以尝试在任何角度进入上层空间。

A. 多种材料性　　B. 可拆卸性

C. 弯曲性　　　　D. 多样性

91. 迭级顶棚区别于平顶的地方主要是（C）。

A. 选用材料的不同　　B. 工艺的不同

C. 高差迭级处的构造　　D. 构造不同

92. 尺量检查是通过检测工具进行测量，检查（B）是否符合图样及规范标准。

A. 施工质量　　B. 尺寸及偏差

C. 施工工艺　　D. 节点构造

93. 手扳检查是通过手扳、手摸检查木制品安装的（B）。

A. 外观　　B. 牢固和强度　　C. 材质　　D. 造形

94. 木线条变形的主要原因是质地疏松、（D）。

A. 制作粗糙　　B. 湿度变化　　C. 温度变化　　D. 含水率高

95. 木扶手安装不牢固的主要原因是（C）。

A. 木扶手尺寸过小　　　　B. 木料材质过软

C. 预留扁铁未焊接牢固　　D. 未用胶粘剂

96. 复合地板空鼓的主要原因是（D）。

A. 未铺地垫　　　　　B. 未用胶粘剂

C. 地板厚度不够　　　D. 铺贴前地面不平整

97. 润滑是（A）最有效的手段。

A. 防止机械磨损　　　B. 发挥技术性能

C. 延长使用寿命　　　D. 降低能源消耗

98. 检查变速箱和减速箱内是否有足够的润滑油时，一般油面高度在下部大齿轮直径的（B）处。

A. 1/2　　B. 1/3　　C. 1/4　　D. 2/5

99. 一般情况下，齿轮及轴承加（C）。

A. 润滑剂　　B. 润滑油　　C. 润滑脂　　D. 润滑油脂

100. 一级保养通常是（C）h一次，尽量用工闲时间进行。

A. 400～600　B. 450～650　C. 500～700　D. 550～750

101. 日常保养一般以（A）为主，每个作业班次进行一次。

A. 施工作业人员　　　B. 维修工人

C. 仓库保管员　　　　D. 施工员

102. 在进行刨削加工时，为了保证刨削质量，刨削中如遇到节疤、纹理不顺或材质坚硬的木料时，应采取下面哪种操作？（C）。

A. 先在毛料上加工出正确的基准面

B. 操作者应适当加快进料速度

C. 操作者应适当降低进料速度

D. 保持刨削进料速度均匀

103. 对于翘曲变形的工件进行刨削加工时，一般应按以下操作（B）。

A. 要先刨大面，后刨小面

B. 要先刨其凹面，将凹面的凸出端部或边沿部分多刨几次，直到凹面基本平直，再全面刨削

C. 要先刨其凸面，将凸面刨到基本平直，再全面刨削

D. 应先刨最大凸出部位，并保持两端平衡，刨削进料速度均匀

104. 在平刨上加工基准面时，为获得光洁平整的表面，应作如下调整（D）。

A. 将前、后工作台调平行并在同一水平面上，柱形刀头切削圆的上层切线与工作台面间保持一次进给的切削量

B. 将前、后工作台调平行，调整导尺与工作台面的夹角，使其成直角

C. 将平刨的前工作台平面调整至与柱形刀头切削圆在同一切线上，前、后工作台保持平行

D. 将平刨的后工作台平面调整至与柱形刀头切削圆在同一切线上，前、后工作台保持平行

105. 倾斜的端基准面（即端面与侧面不垂直）的加工可以在下列哪种机床上进行（A）。

A. 精密圆锯机或悬臂式万能圆锯机

B. 平刨床或压刨床

C. 带锯机

D. 双端铣床

106. 某一柱的截面为 $200mm \times 300mm$，高为 $3000mm$，承受 $180kN$ 的压力，柱的压应力为（A）N/mm^2。

A. 30　　B. 3　　C. 2　　D. 35

107. 某一受拉构件，截面为 $200mm \times 300mm$，长为 $3000mm$，在长方向受到 $180kN$ 的拉力，构件的拉应力为（A）N/mm^2。

A. 30　　B. 3　　C. 2　　D. 35

108. 某一试件，截面为 $200mm \times 300mm$，长为 $600mm$，在横截面上受到剪切力为 $180kN$，则试件的剪应力为（A）N/mm^2。

A. 30　　B. 15　　C. 10　　D. 55

109. 某一柱的截面为 $200mm \times 300mm$，长为 $3000mm$，承受 $3600kN$ 的压力，则柱的压应力为（A）N/mm^2。

A. 60   B. 6   C. 4   D. 70

110. 某一受拉构件截面为 200mm×300mm，长为 3000mm，在长方向受到 18000kN 的拉力，构件的拉应力为（A）N/mm²。

A. 60   B. . 6   C. 4   D. 70

111. 限制物体作某些运动的装置称约束，链条所构成的约束称为（A）。

A. 柔性约束   B. 光滑接触面约束

C. 铰支座约束   D. 固定端支座约束

112. 限制物体作某些运动的装置称约束，球体被摆置在地坪面上的约束称为（B）。

A. 柔性约束   B. 光滑接触面约束

C. 铰支座约束   D. 固定端支座约束

113. 限制物体作某些运动的装置称约束，屋架被搁置在柱顶上的约束称为（C）。

A. 柔性约束   B. 光滑接触面约束

C. 铰支座约束   D. 固定端支座约束

114. 限制物体作某些运动的装置称为约束，挑梁被固定在墙中的约束称为（D）。

A. 柔性约束   B. 光滑接触面约束

C. 铰支座约束   D. 固定端支座约束

115. 预制钢筋混凝土柱插入杯形基础，并用细石混凝土浇筑，这种约束称为（D）。

A. 柔性约束   B. 光滑接触面约束

C. 铰支座约束   D. 固定端支座约束

116. 已知 A、B 两点的标高为 4. 200m 和 4. 500m，在水准测量中，如 A 点水准尺读数为 d，则 B 点的读数为（C）。

A. 小于 d   B. 大于 d   C. d−300   D. d+300

117. 已知 A、B 两点的标高为 4. 500m 和 4. 200m，在水准测量中，如 A 点水准尺读数为 d，则 B 点的读数为（D）。

A. 小于 d   B. 大于 d   C. d−300   D. d+300

118. 已知 A、B 两点的标高为 3.850m 和 3.400m，在水准测量中，如 A 点水准尺读数为 d，则 B 点的读数为（D）。

　　A. 小于 d　　B. 大于 d　　C. d－450　　D. d＋450

119. 已知 A、B 两点的标高为 3.400m 和 3.850m，在水准测量中，如 A 点水准尺读数为 d，则 B 点的读数为（C）。

　　A. 小于 d　　B. 大于 d　　C. d－450　　D. d＋450

120. 已知 A、B 两点的标高为 3.500m 和 3.950m，在水准测量中，如 A 点水准尺读数为 d，则 B 点的读数为（C）。

　　A. 小于 d　　B. 大于 d　　C. d－450　　D. d＋450

121. 已知 A 点的标高为 3.256m，水准测量中，A、B 两点的水准尺读数为 1153mm 与 953mm，则 B 点的标高为（B）。

　　A. 3.256m　　B. 3.456m　　C. 3.056m　　D. ±0.000m

122. 已知 A 点的标高为 3.256m，水准测量中，A、B 两点的水准尺读数分为 1153mm 与 1353mm，则 B 点的标高为（C）。

　　A. 3.256m　　B. 3.456m　　C. 3.056m　　D. ±0.000m

123. 已知 A 点的标高为 3.256m，水准测量中，A、B 两点的水准尺读数为 1153mm 与 1153mm，则 B 点的标高为（A）。

　　A. 3.256m　　B. 3.456m　　C. 3.056m　　D. ±0.000m

124. 已知 A 点的标高为 0.256m，水准测量中，A、B 两点的水准尺读数为 1153mm 与 1409mm，则 B 点的标高为（D）。

　　A. 3.256m　　B. 3.456m　　C. 3.056m　　D. ±0.000m

125. 已知 A 点的标高为 0.256m，水准测量中，A、B 两点的水准尺读数为 1153mm 与 1609mm，则 B 点的标高为（D）。

　　A. 0.256m　　B. －0.256m　　C. 0.200m　　D. －0.200m

126. 在总平面图上，室外标高注为 3.856m，室内标高注为 4.456m，则室内外高低为（C）mm。

　　A. 150　　B. 450　　C. 600　　D. 900

127. 在装配式单层工业厂房的山墙处，轴线与端柱中心线的位置为（C）。

　　A. 同一位置　　　　B. 不在同一位置

C. 端柱中心线内移　　 D. 端柱中心线外移

128. 屋面防水层的做法，一般从（B）查得。

A. 立图　　　　　　 B. 剖面图

C. 屋面平面图　　　 D. 屋面结构布置图

129. 楼梯模板安装中，其标高值应该从（D）中查阅。

A. 建筑平面图　　　　　　 B. 楼梯建筑大样图

C. 楼梯结构平面布置图　　 D. 楼梯结构剖面图

130. 安装门框时，主要应该查阅（A）图。

A. 建筑平面图　　　 B. 建筑剖面图

C. 结构平面图　　　 D. 门窗表

131. 在安装楼梯模板中的三角踏步时，为踏步上抹灰的需要，踏步的水平位置按设计图纸均应（A）。

A. 向后退一个抹灰层厚度

B. 向前放一个抹灰层厚度

C. 按设计图纸定位

D. 上梯段向后退，下梯段向前放一个抹灰厚度

132. 在楼梯梯段上，垂直方向为 11 级，则水平方向应该为（B）。

A. 9 级　　 B. 10 级　　 C. 11 级　　 D. 12 级

133. 在楼梯段上，水平方向有 10 级，则垂直方向应该为（C）。

A. 9 级　　 B. 10 级　　 C. 11 级　　 D. 12 级

134. 楼梯梯段的厚度，是指（C）尺寸。

A. 垂直于水平面　　 B. 平行于水平面

C. 垂直于梯板面　　 D. 垂直于踏步面

135. 安装楼梯栏杆的预埋件，若图纸无说明时，应埋于（C）。

A. 踏步面外上平　　 B. 踏步面里上平

C. 踏步面中部　　　 D. 随便，但须统一

136. 要查阅某一层建筑门窗洞口的宽度，一般从（B）中

获得。

A. 总平面图　B. 楼层平面图　C. 立面图　D. 剖面图

137. 要查阅某一墙上窗的高度，一般从（C）中获得。

A. 总平面图　B. 楼层平面图　C. 立面图　D. 剖面图

138. 要查阅某一房间的层高，一般从（D）中获得。

A. 总平面图　B. 楼层平面图　C. 立面图　D. 剖面图

139. 要查阅楼梯间的平面位置，一般从（B）中获得。

A. 总平面图　B. 楼层平面图　C. 立面图　D. 剖面图

140. 要查阅房屋在地面上的平面位置，一般从（A）中获得。

A. 总平面图　B. 楼层平面图　C. 立面图　D. 剖面图

141. 在三面正投影图中，（A）的高相等。

A. 正立面图与侧立面图

B. 正立面图与水平投影图

C. 侧立面图与水平投影图

D. 正立面图、侧立面图、水平投影图

142. 在三面正投影图中，（B）的面长相等。

A. 正立面图与侧立面图

B. 正立面图与水平投影图

C. 侧立面图与水平投影图

D. 正立面图、侧立面图、水平投影图

143. 在三面正投影图中，（C）的进深（宽）相等。

A. 正立面图与侧立面图

B. 正立面图与水平投影图

C. 侧立面图与水平投影图

D. 正立面图、侧立面图、水平投影图

144. 一个面垂直于水平投影面的正立方体，其三个投影图的外形为（D）。

A. 三个不同的正方形　　B. 三个相同的长方形

C. 三个不同的长方形　　D. 三个相同的正方形

145. 一个轴垂直于水平投影面的正圆锥体，其立面图和侧立面图为（D）。

A. 不相同的圆　　　B. 相同的圆

C. 不同的三角形　　D. 相同的等腰三角形

146. 平行于投影面的圆，其正投影图为（B）。

A. 缩小了的圆　B. 实圆　C. 扩大了的圆　D. 扁圆

147. 垂直于投影面的圆，其正投影图为（B）。

A. 圆　　　B. 直线　　　C. 点　　　D. 扁圆

148. 倾斜于投影面的圆，其正投影图为（D）。

A. 圆　　　B. 直线　　　C. 点　　　D. 椭圆

149. 轴线垂直于正投影面的正圆锥体，其上的投影图为（B）。

A. 正方形　　B. 圆　　C. 三角形　　D. 扇形

150. 轴线平行于投影面的圆柱体，其上的正投影图为（A）。

A. 矩形　　B. 圆形　　　C. 三角形　　　D. 扇形

151. 建筑工程施工图一般按（C）原理绘制的。

A. 中心投影　　　B. 平行斜投影

C. 平行正投影　　D. 多点中心投影

152. 制图中的斜轴侧图采用（B）原理绘制的。

A. 中心投影　　　B. 平行斜投影

C. 平行正投影　　D. 多点中心投影

153. 制图中的正轴侧图采用（C）原理绘制的。

A. 中心投影　　　B. 平行斜投影

C. 平行正投影　　D. 多点中心投影

154. 制图中的透视图采用（A）原理绘制的。

A. 中心投影　　　B. 平行斜投影

C. 平行正投影　　D. 多点中心投影

155. 建筑施工图的剖面图，一般按（C）原理绘制的。

A. 中心投影　　　B. 平行斜投影

C. 平行正投影　　　D. 多点中心投影

156. 点的正投影图是（A）。

A. 点　　B. 线　　C. 面　　D. 圆

157. 直线的正投影图是（D）。

A. 点　　B. 线　　C. 面　　D. 可能是点，可能是线

158. 垂直于投影面的线的投影图是（A）。

A. 点　　B. 线　　C. 面　　D. 可能是点，可能是线

159. 垂直于投影面的面的投影图，是（C）。

A. 点　　B. 线　　C. 面　　D. 可能是点，可能是线

160. 面的正投影图是（D）。

A. 点　　B. 线　　C. 面　　D. 可能是点，可能是线

161. 在木屋架制作中，对有微弯的木材，应（D）。

A. 用于上弦时，凸面向上；用于下弦时，凸面向上

B. 用于上弦时，凸面向下；用于下弦时，凸面向下

C. 用于上弦时，凸面向上；用于下弦时，凸面向下

D. 用于上弦时，凸面向下；用于下弦时，凸面向上

162. 在木屋架制作时，齿槽中设置 5mm 厚的楔形缝隙，主要是为了（C）。

A. 通风　　　　　　　　　　　B. 制作误差调整

C. 适应变形需要而避免齿槽开裂　　D. 便于装配

163. 在木屋架制作中，对有微弯的木材，应（C）。

A. 用于上弦时，凹面向上；用于下弦时，凹面向上

B. 用于上弦时，凹面向下；用于下弦时，凹面向下

C. 用于上弦时，凹面向上；用于下弦时，凹面向下

D. 用于上弦时，凹面向下；用于下弦时，凹面向上

164. 屋架弹线时，应先弹（B）杆件的轴线。

A. 上弦　　B. 下弦　　C. 斜杆　　D. 竖杆

165. 在木屋架的制作中，腹杆承压面应（D）。

A. 被腹杆的中心线穿过

B. 被腹杆的中心线穿过

C. 垂直于腹杆的中心线

D. 垂直与被平分于腹杆的中心线

166. 硬木拼花地板颜色不一致的主要原因是（D）。

A. 刨削不平整　　　　　B. 树种不同

C. 边材与心材的区别　　D. 选材不严

167. 在铺设木地板时，房间中靠墙的地板应（D）铺设。

A. 紧贴四边墙　　　　　　B. 紧贴左右两边墙

C. 紧贴前后两边墙　　　　D. 离开四边墙各 10mm 左右

168. 薄形硬木地板的混凝土基层处理，一般应采用（D）做法。

A. 老粉腻子批嵌　　B. 水泥加 107 胶批嵌

C. 水泥砂浆抹平　　D. 凿毛后再用水泥砂浆抹平

169. 在木楼梯中的冲头三角木，应采用（B）做法。

A. 直角三角木

B. 三角木的踏板向外放出 20mm

C. 三角木的斜边缩短 20mm

D. 三角木的踏板向前移 20mm

170. 木楼梯梯段靠墙踢脚板，是（C）的做法。

A. 踏步之间用三角块拼成，上口为通长木板条

B. 都是用三角形木板做成

C. 通长木板上挖去踏步形状

D. 随便都可以

171. 木楼梯踏板步若为拼板制作，则（C）为较好的一种方式。

A. 直拼　　B. 高低缝　　C. 企口缝　　D. 销接法

172. 在混凝土构件上采用射钉固定，射钉的最佳射入深度为（B）mm。

A. 12 ~ 22　　B. 22 ~ 32　　C. 32 ~ 38　　D. 30 ~ 42

173. 某人字形拼花地板，板条的规格为 400mm × 40mm × 20mm，其施工线间距和起始施工缝间距为（D）。

A. 400、40   B. 400、28.3   C. 283、40   D. 283、3

174. 门窗贴脸的交角位置不准，则割角线不在贴脸板的内、外对角线上，此时应（D）。

A. 敲击贴脸板，使之移动对位

B. 移动贴脸板的交角端部，使之对位

C. 切割交角，进行调整位置

D. 拆下重新安装

175. 木挂镜线的接头应做成（D）接合，背面开槽，并紧贴抹灰面。

A. 平接   B. 销接   C. 企口接   D. 斜口压岔接

176. 门扇宽为600mm，重10kg，采用双管弹簧铰链安装，弹簧铰链的规格为（A）。

A. 75mm   B. 100mm   C. 125mm   D. 150mm

177. 门扇宽为650mm，重15kg，采用双管弹簧铰链安装，弹簧铰链的规格为（B）。

A. 75mm   B. 100mm   C. 125mm   D. 150mm

178. 门扇宽为700mm，重20kg，采用双管弹簧铰链安装，其弹簧铰链的规格为（C）。

A. 75mm   B. 100mm   C. 125mm   D. 150mm

179. 门扇宽为750mm，重28kg，采用双管弹簧铰链安装，其弹簧铰链的规格为（C）。

A. 100mm   B. 125mm   C. 150mm   D. 200mm

180. 门扇宽为800mm，重32kg，采用双管弹簧铰链安装，其弹簧铰链的规格为（C）。

A. 125mm   B. 150mm   C. 200mm   D. 250mm

181. 圆锯片锯齿的拨料中，应做到（A）。

A. 弯折处在齿高一半以上，所有拨料量都相等，每一边的拨料量一般为锯片厚度的1.4~1.9倍

B. 弯折处在齿根，所有的拨料量都相等，每一边的拨料量一般为银片厚度的1.4~1.9倍

C. 弯折处在齿根，所有的拨料量都相等，每一边的拨料量一般为锯片厚度的 2 倍以上

D. 弯折处在齿高的一半以上，每一边的拨料量一般为锯片厚度的 1.4 ~ 1.9 倍

182. 木工平刨机刀吃刀深度，一般为（B）。

A. 0.5 ~ 1mm　B. 1 ~ 2mm　C. 1.5 ~ 2.5mm　D. 2 ~ 3mm

183. 两人在压刨机上刨削木材时，木料过刨刀（C）mm 后，下手方才可接拖。

A. 100　　B. 200　　C. 300　　D. 400

184. 压刨机刨刀吃刀深度，一般不超过（C）mm。

A. 2　　B. 2.5　　C. 3　　D. 3.5

185. 对于薄而窄并长度不足（B）mm 的小木料，不得上平刨机刨削。

A. 300　　B. 400　　C. 450　　D. 500

186. 铝合金门框与墙体间的缝隙，应用（D）填塞密实，然后外表面再填嵌油膏。

A. 水泥砂浆　　B. 石灰砂浆

C. 混合砂浆　　D. 矿棉或玻璃棉毡

187. 安装弹簧门扇的地弹簧时，顶轴与底座中轴心要垂直于同一根垂直线，并（D）。

A. 使底座面标高同门口处的标高

B. 用细石混凝土固定

C. 细石混凝土的上表面低于底座面一个装饰面层厚度

D. 底座顶面标高同门口处标高，并用细石混凝土固定，使混凝土面比底座低一个装饰层厚度

188. 弹簧门扇安装时，如发生扇门相互"碰扇"现象，主要原因是（C）。

A. 地坪不平

B. 框的垂直度不对

C. 门扇梃侧面与弹簧的顶轴和底座轴心不平行

D. 门框安装得不平整

189. 在硬木百叶窗扇的制作中，百叶板的水平倾斜角度为（C）。

A. 90°　　B. 60°　　C. 45°　　D. 30°

190. 在硬木百叶窗扇的制作中，最下面的一块百叶板的底部与下帽头应（C）。

A. 保持一定的空隙距离

B. 保持一个百叶板垂直高度的距离

C. 相互紧贴在一起

D. 相互咬进一段距离

191. 在楼梯的木模板安装中，当出现踏步三角木排不出或排之有余时，应（C）。

A. 缩小三角木尺寸

B. 扩大三角木尺寸

C. 核实三角木的尺寸与形状，再找其他原因

D. 减少或增加踏步的级数

192. 圆形与圆锥形结构模板的木带，它们相比为（D）。

A. 外形相同，仅尺寸不同

B. 侧面圆弧形状相同，仅高度不同

C. 都是水平面拼接

D. 外形不同，侧圆弧形状不同，要求水平平接

193. 在制作斜度为 45°、厚度为 100mm 的圆锥体木带样板中，若用 20mm 厚的木板作模板，则同一水平标高处内外木带的弧度弯曲半径相差（A）mm。

A. $\sqrt{(20+100+20)\times 2}$　　B. $20+100+20$

C. $\sqrt{100\times 2}$　　D. $20+\sqrt{20\times 2}+100$

194. 若用 50 厚的木板作斜度为 45°圆锥形结构的木带，则木带的上圆半径比下圆半径大（C）mm。

A. $\sqrt{50\times 2}$　　B. $\sqrt{50/2}$　　C. 50　　D. $\sqrt{50+2}$

195. 在设备基础模板工程中，地脚螺栓的一般做法为（D）。

A. 上口固定

B. 下口固定

C. 上口、下口都固定

D. 上口、下口都固定，螺纹丝扣镀黄油，并包扎

196. 应用于模板工程中 20mm 厚的木板，每块板的宽度应控制在不超过（B）mm 为宜。

A. 150　　B. 200　　C. 250　　D. 300

197. 分节脱模的支模方式特别适用于（A）现场的预制。

A. 矩形截面的柱　B. 鱼腹吊车梁　C. 屋架　D. 桩

198. 现浇梁式楼梯的模板比较适用于用（B）的工艺方法。

A. 钢模板　　B. 木模板　　C. 土胎模　　D. 台模

199. 支撑模中的斜撑，其支撑角度最好为（B）。

A. 30°　　B. 45°　　C. 60°　　D. 75°

200. 对于上口成锥形的混凝土独立柱基，其坡度大于（B）时，应设置成型系统的模板。

A. 30°　　B. 45°　　C. 60°　　D. 75°

201. 当杯芯底截面尺寸为 1250mm × 650mm 时，杯芯模的底部应做成（B）。

A. 开孔　　B. 开口　　C. 封密　　D. 都可以

202. 杯芯模中抽芯板的上、下宽度应做成（A）。

A. 上部大于下部　　B. 上部等于下部

C. 上部小于下部　　D. 都可以

203. 杯芯模的拆模时间，与整个杯形基础模相比，应（C）。

A. 同时拆　　　　B. 提前拆

C. 初凝后立即拆　　D. 随便什么时候都可以拆

204. 一般的杯形基础模板施工，应该在木工程（C）进行。

A. 开始前　　B. 同时

C. 结束后　　D. 随便什么时候都可以

205. 芯模板的高度，一般比杯口设计深度尺寸（D）。

A. 相同　　　　　　B. 低 20~30mm

C. 高 20~30mm　　D. 高 80~300mm

206. 梁底模顶撑（琵琶撑）的琵琶头长度是由于（C）而定。

A. 梁宽　　B. 梁高　　C. 梁高和梁宽　　D. 其他

207. 在安装梁模与平台模时，梁侧模上的托木高度位置，是由（D）所决定。

A. 平台模板厚度

B. 平台模搁栅高度

C. 平台混凝土高度

D. 平台模板厚度与平台模搁栅高度之和

208. 在现浇钢筋混凝土结构中，对于主、次梁相交处的模板，次梁的底模应（C）。

A. 搁置在主梁的侧模上

B. 搁置在上梁侧模的托木上

C. 搁置在主梁的侧模与托木上

D. 靠近后另外设置立柱

209. 采用排架支墙模时，其正确的施工操作方法为（B）。

A. 立排架→扎铁→支排架模→支侧模

B. 立排架→支排架模→扎铁→支侧模

C. 扎铁→立排架→支排架模→支侧模

D. 立排架→支排架模→支侧模→扎铁

210. 安装现浇梁式楼梯模板中，正确的操作工艺流程是（B）。

A. 斜梁模→梯段模→平台模→扎铁吊踏步模

B. 平台梁模→平台模→斜梁模→梯段模→扎铁→吊踏步模

C. 斜梁模→平台模→平台梁模→梯段模→扎铁→吊踏步模

D. 平台梁模→平台模→斜梁模→梯段模→吊踏步模→扎铁

211. 当柱断面为 500mm×600mm，柱头板为厚 50mm 木料，门子板为 25mm 厚木板，则其横档为（C）。

A. 断面 500mm×50mm，间距为 450mm

B. 断面 50mm×70（平放）mm，间距为 450mm

C. 断面 50mm×70（立放）mm，间距为 400mm

D. 断面 50mm×100（平放）mm，间距为 400mm

212. 当梁高为 800mm 时，梁底模板采用 40 厚木板，则底模板下支承点间距应为（C）mm。

A. 1200　　B. 1000　　C. 800　　D. 600

213. 现浇楼梯模板中斜搁栅用断面为 50mm×100mm 的木料，则它们之间的间距该为（C）mm。

A. 200~300　B. 300~400　C. 400~500　D. 500~600

214. 现浇圈梁支模中，现用断面为 50mm×100mm 的木料作挑扁担，它们之间的间距该为（D）mm。

A. 400　　　B. 600　　C. 750　　D. 1000

215. 在支承挑檐模板时，其托木的间距应为（C）mm。

A. 500　　　B. 700　　C. 1000　　D. 1200

216. 两块并排的平面钢模板即 2—P3015，可以用（A）代替。

A. 3—P2015　B. 4—P2515　C. 5—P2012　D. 6—P1012

217. 两块并排的钢模板，即 2—P3015，可以由（B）代替。

A. 3—P2515　B. 4—P1515　C. 5—P2015　D. 6—P1012

218. 两块并排的钢模板，即 2—P3015，可以由（C）代替。

A. 3—P2515　B. 4—P2015　C. 6—P1015　D. 5—P2015

219. 两块并排的钢模板，即 2—P3015，可以由（D）代替。

A. 3—P2515　B. 4—P2015　C. 5—P2015　D. 6—P1015

220. 两块并排的钢模板，即 2—P3015，可以由（D）代替。

A. 3—P2515　B. 4—P2015　C. 5—P2015　D. 4—P1515

221. 绘制钢模板排板图时，应尽可能使用（A）钢模板为主。

A. P3015 或 P3012   B. P2515 或 P2512
C. P3009 或 P3006   D. P2509 或 P2506

222. 绘制钢模板配置图时，通过合理布置，基本上可以配出大于等于（B）mm 为宽度的钢模板布置面积。

A. 35   B. 25   C. 75   D. 100

223. 对于长度大的阴角处，应用（B）拼制模板。

A. 阳角模   B. 阴角模   C. 连接角模   D. 方木

224. 对于长度大的阳角处，应用（A）拼制模板。

A. 阳角模   B. 阴角模   C. 连接角模   D. 方木

225. 绘制钢模板排列配制图时，应使模板的长度方向与支承钢楞（C）的有利于受力合理。

A. 平行   B. 相交   C. 垂直   D. 随意

226. 吊顶棚搁栅时，一般要找出起拱高度，当设计无要求时，对于 7~10m 跨度，一般起拱高度为（C）跨度。

A. 1/1000   B. 2/1000   C. 3/1000   D. 4/1000

227. 吊顶棚搁栅时，一般要找出起拱高度，当设计无要求时，对于 10~15m 跨度，一般起拱高度为（C）跨度。

A. 3/1000   B. 4/1000   C. 5/1000   D. 6/1000

228. 在支承梁底模板中，对于深跨度≥4m 时，当设计无要求时应起拱（B）垮度。

A. 0.1%~0.2%   B. 0.2%~0.3%
C. 1%~2%   D. 2%~3%

229. 当梁底距楼地面大于（C）时，宜搭设排架支模。

A. 4m   B. 5m   C. 6m   D. 7m

230. 安装与拆除（B）m 高以上的模板，应搭设脚手架。

A. 4   B. 5   C. 6   D. 7

231. 当建筑物平面图的比例小于（D）时，可以不画出入口。

A. 1:500   B. 1:1000   C. 1:1500   D. 1:2000

232. 建筑平面图是从距地面（B）的高度对建筑作水平剖

视的投影图。

A. 1m　　B. 1. 2m　　C. 1. 5m　　D. 1. 8m

233. 结构施工图主要表示建筑物的（C）的布置、形状、尺寸大小、数量、材料、构造及其相互关系。

A. 全部构件　B. 重要构件　　C. 承重构件　　D. 支撑构件

234. 顶棚平面图也称（C）。

A. 天顶平面图　　　　B. 天棚平面图

C. 天花平面图　　　　D. 天面平面图

235. 装饰立面图是装饰工程中建筑外观墙面及内部墙面和固定装饰位置的正立投影视图，它表明（A）。

A. 表明墙面装饰造型的构造方式，并表明所需装饰材料及施工工艺要求。

B. 表明装饰面或装饰造型的结构和构造形式、材料组成、连接及支承构件的相互关系。

C. 表明重要部位的装饰构造、配件的详细尺寸、工艺做法和施工要求。

D. 表明装饰构造与建筑主体结构之间的连接方式及衔接尺寸。

236. 家具图的（C）又称为示意图。

A. 组件图　　B. 大样图　　　C. 立体图　　　D. 组装图

237. （B）多用于建筑木构件及家具背板等隐蔽部位。

A. 圆钉接合　B. 明钉接合　C. 暗钉接合　D. 转钉接合

238. 工件需要接合时，可用（A）。

A. 扎钉接合　B. 明钉接合　C. 暗钉接合　D. 转钉接合

239. 在设计螺栓连接时，一般应选用（D）的螺栓做成受力均匀而且又分散排列的"韧性"连接。

A. 数量较少、直径较大　　B. 数量较少、直径较小

C. 数量较多、直径较大　　D. 数量较多、直径较小

240. 齿连接是通过构件与构件之间直接抵承传力的连接方式，齿连接应用在（B）与其他构件连接的节点上。

A. 受拉构件　B. 受压构件　C. 受弯构件　D. 受剪构件

241. 按锯轮直径的不同进行分类，通常将直径为（C）mm以上的称为大型带锯机。

A. 1000　　B. 1300　　C. 1500　　D. 1700

242. 带锯机常见故障掉条产生原因是（D）。

A. 上下轮偏斜，不在一个平面内

B. 锯条刚性大、韧性小

C. 进料速度快，遇节不减速

D. 上轮倾斜，轮面不平

243. 高速运动的带锯条是锯切刀具，也是锯机最大的危险因素，带锯条焊接应牢固平整，接头不得超过（B）个。

A. 2　　B. 3　　C. 4　　D. 5

244. 轻型平刨床，其刨削宽度为（B）mm。

A. 100~200　B. 200~400　C. 300~500　D. 400~600

245. 铣削曲线型工作一般都是（A）。

A. 手动进给　B. 自动进给　C. 机械进给　D. 人工进给

246. 用于方材纵向平面的接合或接长的是（C）。

A. 木框榫开榫机　　B. 箱接榫开榫机

C. 梳齿榫开榫机　　D. 圆棒榫开榫机

247. 圆锯机结构比较简单，效率高，类型多，应用广，是木材机械加工中最（B）的加工设备。

A. 复杂　　B. 基本　　C. 传统　　D. 安全

248. 木工车床主轴转速可根据工件的直径大小而进行调整。一般工件（A），主轴转速越低。

A. 直径越大，长度越长　　B. 直径越小，长度越长

C. 直径越大，长度越短　　D. 直径越小，长度越短

249. 通过（B）观察到的木材构造特征，为显微构造特征。

A. 放大镜　B. 光学显微镜　C. X射线　D. 电子显微镜

250. 千金榆的年轮为（C）。

A. 圆形　　B. 椭圆形　　C. 波浪形　　D. 不规划形

251. 杉木、柏木常出现（D）。

A. 波浪形年轮　　B. 双轮　　C. 复轮　　D. 假年轮

252. 隐心材树种是（D）。

A. 心材树种　B. 边材树种　C. 生材树种　D. 熟材树种

253. 同一条木射线在不同的切面上表现出不同的形状，在横切面上呈（A）。

A. 辐射线条状　　B. 带状　　C. 短线状　　D. 纺锤状

254. 髓射线是（C）。

A. 带状射线　　　B. 纺锤状射线

C. 初生木射线　　D. 次生木射线

255. （A）是存在于木材细胞腔和细胞间隙中的水分。

A. 自由水　B. 吸附水　C. 结合水　D. 间隙水

256. （B）是被吸附在细胞壁内纤维之间的水分。

A. 自由水　B. 吸附水　C. 结合水　D. 间隙水

257. （C）在常温下不变化，对木材性质无影响。

A. 自由水　B. 吸附水　C. 结合水　D. 间隙水

258. 因木材为非匀质构造，故其胀缩变形各向不同，其中以（A）最大。

A. 弦向　　B. 径向　　C. 纵向　　D. 横向

259. 木材的顺纹强度比横纹强度（A）。

A. 大　　B. 小　　C. 一样大　　D. 不一定

260. 水胶是（A）。

A. 皮骨胶　B. 鱼胶　C. 干酪素胶　　D. 豆胶

261. 当水准器气泡居中时，应立即读取读数，不能精确读取的是（D）。

A. m　　B. dm　　C. cm　　D. mm

262. 皮数杆用木材制成，杆上将每皮砖厚及灰缝尺寸、分皮一一画出，每（D）注上皮数，故称为"皮数杆"。

A 皮　　B 两皮　　C. 隔皮　　D. 五皮

263. 水准点的零点左右每隔（B）mm 有一组分划线。

A. 1   B. 2   C. 3   D. 4

264. 水准测量是精确测量（A）高程的一种主要方法。

A. 地面点   B. 控制点   C. 任意点   D. 水准点

265. 水准测量的原理是利用水准仪提供的一条水平线，对（A）上所竖立的水准标尺进行读数，根据读数求得点位间的高差，从而由已知点的高程计算出所求点的高程。

A. 地面点   B. 控制点   C. 任意点   D. 水准点

266. 地面上两点间的高差，等于后视读数减去前视读数。需要注意的是，高差（C）。

A. 必须是正值   B. 必须为负值

C. 可能正值也可能负值   D. 必须取平均值。

267. 当只需安置一次仪器就能确定若干个地面点的高程时，使用（D）较为方便。

A. 三角法   B. 控制网法   C. 高差法   D. 视线高法

268. DS₃ 是一种光学水准仪器，数字 3 代表（C）。

A. 精确度为三级   B. 适用于三级水准测量

C. 偶然误差   D. 第三代产品

269. （C）的作用是使远处目标（水准尺）在望远镜内成倒立而缩小的实像。

A. 望远镜   B. 中部对光凹透镜   C. 物镜   D. 目镜

270. （D）的作用是将十字丝及其上面的成像放大成虚像。转动目镜对光螺旋，可使十字丝及成像清晰。

A. 望远镜   B. 中部对光凹透镜   C. 物镜   D. 目镜

271. DS₃ 型微倾式水准仪作水准测量时，微倾螺旋总是在观测者的（B）。

A. 左侧   B. 右侧   C. 上方   D. 中间

272. （C）是将竖杆抵承在钢靴的水平钢板上，将斜腹杆抵承在水平钢板和隔板上，均用螺栓与侧向垂直钢板固定。

A. 端节点   B. 上弦中间节点

C. 下弦中间节点   D. 脊节点

273. 当屋架跨度大于 12m 时，屋架间的垂直支撑要设置（B），并将下弦节点间的水平系杆做成通长的。

A. 一道　　B. 两道　　C. 三道　　D. 按需要设

274. 上弦横向支撑一般采用（C）。

A. 原木　　B. 方木　　C. 圆钢　　D. 角钢

275. 放大样时，先画出一条水平线，在水平线一端定出端节点中心，从此点开始在水平线上量取屋架跨度一半的长度，定出一点，通过此点作垂直线，此线即为（A）。

A. 中竖杆的中线　　B. 上弦中线

C. 各竖杆的中线　　D. 斜杆中线

276. 在中竖杆的中线上，量取屋架下弦的起拱高度及屋架高度，定出脊点中心。连接脊点中心和端点中心，即为（B）。

A. 中竖杆的中线　　B. 上弦中线

C. 各竖杆的中线　　D. 斜杆中线

277. 从端节点中心开始，在水平线上量出各节点长度，并作相应的垂直线，这些垂直线即为（C）。

A. 中竖杆的中线　　B. 上弦中线

C. 各竖杆的中线　　D. 斜杆中线

278. 连接对应的上、下弦中间节点中心，即为（D）。

A. 中竖杆的中线　　B. 上弦中线

C. 各竖杆的中线　　D. 斜杆中线

279. 当屋架跨度≤15m 时，大样对设计尺寸的允许偏差为（B）。

A. ±3mm　　B. ±5mm　　C. ±8mm　　D. ±10mm

280. 尺垫由（B）制成。

A. 铸铁　　B. 生铁　　C. 塑料　　D. 铝

281. 放大样之前要熟悉设计图样，同时根据屋架的跨度，计算（A）。

A. 屋架的起拱值　　B. 材料用量

C. 各杆件的长度　　D. 计算上下弦杆的长度

282. （B）用于支撑楼板底模。

A. 托木　　 B. 搁栅　　　 C. 斜撑　　 D. 顶撑

283. 基础阶高为（D）mm 基础木模板侧板的木档用料钉法应立摆。

A. 400　　 B. 500　　 C. 600　　 D. 700

284. 当梁高超过（C）mm 时，梁侧板宜加穿对拉螺栓固定。

A. 650　　 B. 700　　 C. 750　　 D. 800

285. 整体式结构 ≤2m 的板混凝土达到设计强度（B）时方可拆除模板。

A. 40%　　 B. 50%　　 C. 60%　　 D. 70%

286. 整体式结构 >2m 的悬挑板混凝土强度达到设计强度（D）时方可拆除模板。

A. 70%　　 B. 80%　　 C. 90%　　 D. 100%

287. 预制构件模板安装的（A）允许偏差检验方法为用金属直尺量两边，取其中最大值。

A. 长度　　 B. 宽度　　 C. 高度　　 D. 平整度

288. 模板缺少应有的强度和刚度，会导致（C）。

A. 梁侧模不平直、上下口胀模

B. 柱身扭曲

C. 墙体厚度不一、平整度差

D. 门窗洞口混凝土变形

289. 液压滑升模板所用的支承杆直径根据（A）确定。

A. 所承担的重量　　 B. 结构尺寸

C. 使用需要　　　　 D. 模板高度

290. 液压滑升模板的围圈宜设计成（D）。

A. 整体式　　 B. 组合式　　 C. 贝雷架式　　 D. 桁架式

291. 滑升模板施工时钢筋的绑扎应注意（C）。

A. 钢筋全部绑扎完毕才能进行滑升模板施工

B. 水平钢筋的绑扎在提升架横梁以上进行

C. 垂直钢筋可以随时拉长

D. 为便于施工，水平钢筋的长度不宜超过 6m

292. 在贴脸木条与地板踢脚线的收头处，一般做有比贴脸木条大的木块，称为（D）。

A. 门樘　　B. 下槛　　C. 下梃　　D. 门蹾

293. 木门应采用（B）干燥的木材。

A. 烘干法　　B. 窑干法　　C. 自然晒干　　D. 风干法

294. 门窗框及扇可在（B）之前安装。

A. 砌墙之后　　　　　B. 内外墙抹灰之前

C. 内外墙抹灰之后　　D. 随时

295. 在距上、下冒头（C）处立梃高度处的位置剔出合页槽，将合页固定在门窗扇上。

A.1/6　　B.1/8　　C.1/10　　D.1/12

296. 木制弹簧门的高度超过（C）m 时，还要增加门上窗。

A.1.8　　B.2　　C.2.1　　D.2.2

297.（A）是用于高级建筑物重型门扇下面的一种自动闭门器。

A. 门地弹簧　B. 门顶弹簧　C. 门底弹簧　D. 鼠尾弹簧

298.（B）是装于门顶上的一种液压式自动闭门器，它能使门扇在开启时自动关闭。

A. 门地弹簧　B. 门顶弹簧　C. 门底弹簧　D. 鼠尾弹簧

299.（C）分横式和直式两种。能使门扇开启后自动关闭，且能里外双向开启。

A. 门地弹簧　B. 门顶弹簧　C. 门底弹簧　D. 鼠尾弹簧

300.（D）选用优质低碳钢弹簧钢丝制成，表面涂黑漆和臂梗镀锌或镀镍。它是装于门扇中部的一种自动闭门器。

A. 门地弹簧　B. 门顶弹簧　C. 门底弹簧　D. 鼠尾弹簧

301. 地弹簧安装时顶轴套板的轴孔中心与回转轴杆的轴孔中心保持在同一中心线上，中心线距门边的尺寸为（B）mm。

A.60　　B.69　　C.70　　D.79

302. 薄型木地板的粘贴施工需弹线，弹线应先弹（C）。

A. 施工控制线　　　B. 镶边控制线

C. 纵横中心线　　　D. 标高控制线

303. 薄型木地板施工在粘贴硬木地板条时首先应用（A）在已选好的硬木地板背后均匀地刮一层胶粘剂。

A. 齿形刮胶板　　　B. 刷胶刷

C. 普通刮胶板　　　D. 梳形刮胶板

304. 实铺木地板地板缝不严的主要原因是（C）。

A. 地板条规格不好　　　B. 施工技术不高

C. 地板条含水量过大　　　D. 养护不当

305. 全木成品楼梯定做和现场做的以（D）为主。

A. 榉木　　B. 桷木　　C. 胡桃木　　D. 水曲柳

306. 木扶手与弯头的接头要在下部连接牢固，木扶手的宽度或厚度超过（D）时，其接头应加强粘接。

A. 40mm　　B. 50mm　　C. 60mm　　D. 70mm

307. 目前已蔚为风尚的楼梯是（C）。

A. 钢玻楼梯　B. 钢木楼梯　C. 全钢楼梯　D. 铁木楼梯

308. 楼梯变得更像家具了是指楼梯的（B）。

A. 安全性　B. 可拆卸性　C. 时尚性　D. 专业性服务

309. 护墙板是一种做在墙体表面的木装饰面，不超过（C）的护墙板通常又叫做木墙裙。

A. 1.4m　　B. 1.6m　　C. 1.8m　　D. 2m

310. 家庭木墙裙接缝方法一般采用（A）。

A. 线条压缝形式　　　B. 平缝形式

C. 八字缝形式　　　D. 凹缝形式

311. 筒子板与墙洞要连接密实，所以在钉筒子板前要先（B），待检查筒子板的表面平整、侧面与墙面平齐、大面与墙面兜方、割角严密后，再将筒子板完全钉牢。

A. 试拼　　B. 试钉　　C. 磨板　　D. 处理墙洞

312. 实木家具的零部件若采用（A）涂饰工艺，在选料和加工上要严一些。

A. 浅色透明　　B. 深色透明　　C. 半透明　　D. 不透明

313. 关于单一配料法和综合配料法,说法正确的是(D)。

A. 前者技术简单,但生产效率低

B. 后者能够长短料搭配下料,但出材率低

C. 前者出材率高,适用于产品单一的配料

D. 后者对操作者技术要求高,适用于多品种生产时配料。

314. (D)的配料工艺,主要是为了暴露木材的缺陷。

A. 先横截后纵剖　　B. 先纵剖后横截

C. 先划线后锯截　　D. 先粗刨后锯截

315. 在(A)上加工基准面是目前家具制作中普遍采用的一种方法。

A. 平刨床　　B. 铣床　　C. 压刨床　　D. 用横截锯

316. (B)可采用手工打眼的方法。

A. 螺钉孔　　B. 直角榫眼　　C. 长圆榫眼　　D. 圆孔

317. 拼板面板长度为 1m 时,大小头的普级差度为(D)mm。

A. 30　　B. 40　　C. 60　　D. 80

318. 开槽的要求较高,尤其是用手工工具开槽的时候,最好把它开成(A)的槽。

A. 宽而浅　　B. 窄而浅　　C. 宽而深　　D. 窄而深

319. (D)是采用包边的方法将帆布材料整块包由在板件的表面和侧边。

A. 直线封边机　　　　B. 曲直张封边机

C. 软成型封边机　　　D. 后成型弯板机

320. 在单层压机中贴面时,基材厚度公差不许超过(A)。

A. ±0.1mm　　B. ±0.2mm　　C. ±0.3mm　　D. ±0.4mm

321. 薄木或单板装饰性强、厚度小、易破损,因此必须妥善保存。单板或薄木应储存在相对湿度为(D)的环境中。

A. 50%　　B. 55%　　C. 60%　　D. 65%

322. 平整度检测用（C）配合检测。

A. 手摸　　　B. 直尺　　　C. 游标卡尺　　　D. 水平尺

323. 对角检测尺用于检测门、窗框对角线长度偏差。刻度标尺分布在（B）尺管上。

A. 第一节　　　B. 第二节　　　C. 第三节　　　D. 第四节

324.（A）主要用于木地板、木造型、木扶手、门窗框等项目的水平检测。

A. 水平尺　　　　　　B. 游标卡尺

C. 金属直尺　　　　　D. 仪表水平检查尺

325.（B）主要用于墙面、门窗框、装饰贴面等项目的垂直度及平整度的检测。

A. 水平尺　　　　　　B. 仪表垂直检查尺

C. 游标塞尺　　　　　D. 对角检测尺

326.（C）是配合垂直检测尺检测物体表面平整度的专用量尺。

A. 水平尺　　　　　　B. 仪表垂直检查尺

C. 游标塞尺　　　　　D. 对角检测尺

327. 检查变速箱或减速箱内是否有足够的润滑油，一般油面高度在下部大齿轮直径的（B）处。

A1/4　　　B. 1/3　　　C. 1/2　　　D. 2/3

328. 一般情况下，齿轮及轴承加润滑脂，（A）加注，每班进行检查。操作杆、丝杆及其他传动部位，每班应加注润滑油。

A. 进行一级保养时　　　B. 进行二级保养时

C. 每班检查时　　　　　D. 定期

329. 现场施工机械设备保养一般以施工作业人员为主，维修工人为辅的是（B）。

A. 日常保养　　B. 一级保养　　C. 二级保养　　D. 停放保养

330. 施工机械设备保养时需停机 24~32h 的是（C）。

A. 日常保养　　B. 一级保养　　C. 二级保养　　D. 停放保养

331.（A）目的在于准确地计算各级保养次数，按月平衡高级保养项目。

A. 阶段保养计划　　B. 月度保养计划

C. 年度保养计划　　D. 季度保养计划

332. 房屋有 8 层，就应该绘制（C）个平面图。

A. 1　　B. 2　　C. 8　　D. 9

333. 各专业施工图的编排顺序一般是（A）图纸在前，
（A）的图纸在后；（A）的在前，次要的在后；（A）的在前，
后施工的在后。

A. 全局性、局部、重要、先施工

B. 局部、全局性、重要、先施工

C. 全局性、局部、先施工、重要

D. 全局性、重要、先施工、局部

2.2 多项选择题

1. 房屋建筑施工图根据专业不同，可分为（A、B、C、D）。

A. 建筑施工图　　B. 结构施工图

C. 装饰施工图　　D. 设备施工图

2. 装饰施工图主要包括装饰平面图、顶棚平面图、装饰立
面图、装饰剖面图以及（C、D）。

A. 设备施工图　　B. 结构施工图

C. 装饰详图　　D. 构造节点图

3. 对整个工程的统一要求和具体做法，以及对该工程有关
情况所作的具体文字说明称为施工总说明，其具体的内容主要
包括三个方面，即（A、B、D）。

A. 工程概况及设计标准　　B. 结构特征

C. 防火、抗震等要求　　D. 建筑构造做法

4. 木结构构件的结合在很大程度上取决于连接方式。木构
件的连接方式很多，常用的主要有（B、C）、销连接、承拉连
接、斜键连接和胶连接等。

A. 焊接　　B. 齿连接　　C. 螺栓连接　　D. 法兰连接

5. 齿连接是通过构件与构件之间直接抵承传力的连接方式，以下属于齿连接的优点的是（B、C、D）。

A. 止水防蚀　　B. 传力明确　　C. 节省材料　　D. 构造简单

6. （A、D）是确定螺栓连接的装配画法中零件尺寸的两种方法。

A. 查表法　　B. 测算法　　C. 公式法　　D. 比例法

7. 锯加工机具是用来纵向或横向锯割原木和方木的加工机械，以下属于锯加工机具的有（A、B、C）。

A. 木工圆锯机　　B. 吊割锯机　　C. 手推电锯　　D. 铣床

8. 带锯机按工艺要求的不同可分为（A、B、D）。

A. 原木带锯机　　　B. 细木工带锯机

C. 跑车带锯机　　　D. 再剖带锯机

9. 以下（A、B、D）属于带锯机操作中造成锯出木料弯曲的原因。

A. 跑车横向摇摆　　　　B. 进锯速度不均匀

C. 锯条刚性大、韧性小　　D. 工作台不平，进料辊筒不圆

10. 以下机具属于刨加工机具的有（B、C、D）。

A. 铣床　　B. 四面刨床　　C. 平刨床　　D. 压刨床

11. 轻型四面刨床一般有四根刀轴，布置方式为（A、B、C）。

A. 上水平刀轴　　　B. 左右垂直刀轴

C. 下水平刀轴　　　D. 上下水平刀轴

12. 机械进给平刨床分为以下两种，即（A、D）。

A. 辊筒进给　　B. 手工进给　　C. 自动进给　　D. 履带进给

13. 铣削曲线型工件时尽管使铣刀全部暴露，但也可以通过巧妙地设计防护措施，使防护罩、工件以及（C、D）组成一个封闭的整体，以保证操作者的安全。

A. 刀具　　B. 工具　　C. 模具　　D. 夹具

14. 按机床的用途或槽头形状的不同，可将开榫机分为（A、B、C、D）。

A. 木框榫开榫机　　B. 箱接榫开榫机

C. 梳齿榫开榫机　　D. 圆棒榫开榫机

15. 木工钻床可分为以下三大类，即（A、B、D）。

A. 专用钻床　B. 单轴钻床　C. 组合钻床　D. 多轴钻床

16. 研究木材构造时可分为三个层次，包括（A、B、D），它们在木材科学研究中都有不可缺少的作用。

A. 超微构造特征　　B. 显微构造特征

C. 表面构造特征　　D. 宏观构造特征

17. 在实际工作中常常根据心边材的颜色差异明显与否，将木材分为（B、C、D）三类。

A. 生材树种　B. 心材树种　C. 边材树种　D. 熟材树种

18. 阔叶树材通常只有轴向创伤树胶道，在横切面上呈长弦线排列，肉眼下容易看见，如（A、C、D）等。

A. 枫香　　B. 刺柏　　C. 木棉　　D. 山桃仁

19. 边材树种的心边材无颜色区别，木材通体颜色均一，如（A、C）就属于边材树种。

A. 桦木　　B. 刺槐　　C. 桤木　　D. 榉木

20. 木材中主要有三种形式的水，即（B、C、D）。

A. 化合水　　B. 自由水　　C. 吸附水　　D. 结合水

21. 木材的强度主要是指其（A、B、C、D）强度。由于木材的构造各向不同，使其各向强度有很大差异。

A. 抗拉　　B. 抗压　　C. 抗弯　　D. 抗剪

22. 以下属于木工常用的胶粘剂有（A、C、D）。

A. 膘胶　　B. 502胶　　C. 乳胶　　D. 酚醛树脂胶

23. 模板按其型式的不同可分为以下几种：（A、B、C、D）和台模。

A. 整体式模板　　B. 定型模板

C. 滑升模板　　D. 移动式模板

24. 在配置不同构件时考虑的重点应该有所不同。例如（B、D）等支撑系统要注意受压后的稳定性。

A. 定型模板　　B. 柱　　C. 托木　　D. 井架

25. 垂直支撑及水平系杆一般用直径为 120～140mm 的原木对开或用(80～100)mm×(100～120)mm 的方木，与屋架的连接是用（A、C）。

A. 角钢　　B. 扒钉　　C. 螺栓　　D. 槽齿

26. 木屋架制作中，因选料不当引起的节点不牢、端头劈裂现象的防治办法是（A、B、C、D）。

A. 作为承重木结构，其用料应符合现行的《木结构工程施工及验收规范》中规定的木材质量标准

B. 要严格按各杆件的受力选用相应的木材等级

C. 采用易裂树种作屋架下弦时应"破心下料"

D. 木材裂缝处不宜用在下弦端点及弦杆接头处。对斜裂纹要按照规范要求严格限制

E. 弦杆加工时，划线、锯削要准确，弦杆组装时，各节点连接要严密

F. 发现屋架高度超差时，应首先检验各杆长度。若各杆长度基本正确，则可放松钢拉杆螺母，采用逐个分数次上紧钢柱杆螺母的方法加以调整

27. 木屋架制作中，当各杆件中心线、轴线位置不准确，或弦杆加工时划线、锯削不准时，会影响屋架拼装的精度；当屋架竖杆采用钢杆时，钢拉杆调节不当，也会造成屋架高度超差。防止办法有（B、D）。

A. 要严格按各杆件的受力选用相应的木材等级

B. 弦杆加工时，划线、锯削要准确，弦杆组装时，各节点连接要严密

C. 正确掌握槽齿连接的放样和划线方法，确保腹杆槽齿部的承压面被该腹杆的中线垂直平分。槽齿结合错误的杆件必须调换

D. 首先检验各杆长度。若各杆长度基本正确，则可放松钢拉杆螺母，采用逐个分数次上紧钢柱杆螺母的方法加以调整

148

E. 采用易裂树种作屋架下弦时应"破心下料"

28. 木屋架制作中，产生槽齿承压面接触不密贴、锯削过线、削弱弦杆截面的现象时，要采取（B、C、D）的方法防治。

A. 首先检验各杆长度。若各杆长度基本正确，则可放松钢拉杆螺母，采用逐个分数次上紧钢柱杆螺母的方法加以调整

B. 用作屋架的木料要有一定的干燥时间。木材进场后，应按照规格加垫板堆放整齐，保持空气流通，不得受潮

C. 样板要选用干燥、不易变形的优质软木制作。按照样板划线时，样板与木料要贴紧，笔要紧靠样板划线，线要细且清晰

D. 弦杆加工时，注意力要集中。做槽齿时，第一槽齿如不密合便不易修整，故应留线锯削，第二槽齿留半线锯削

29. 混凝土基础的形式有（A、B、C、D）。

A. 带形基础　　B. 有地梁带形基础

C. 阶形基础　　D. 杯形基础

30. 杯口模的（A、C）应比柱脚宽度大。

A. 上口宽度　　B. 杯口底标高

C. 下口宽度　　D. 高度

31. 梁、板底不平、下挠是由于地面下沉、模板支柱下无垫板所引起的，预防措施有（A、B、D、E）。

A. 模板支柱下应垫通长木板，且地面应夯实、平整

B. 对湿陷性黄土必须有防水措施

C. 安装施工中，严格按照符合设计要求的钢楞尺寸和间距、穿墙螺栓间距、墙体尺寸、方向施工

D. 对冻胀性土，必须有在冻胀土冻结和融化时能保持其设计标高的措施

E. 防止地面产生不均与沉陷

32. 当模板缺少应有的强度和刚度而造成模板质量差时，会产生墙体厚度不一、平整度差的现象，其预防措施有（A、B、D）。

A. 检查模板质量，不符合质量标准的不得使用

B. 模板设计中应有足够的强度和刚度

C. 安装施工过程中，严格按照符合设计要求的钢楞尺寸和间距、穿墙螺栓间距、墙体支撑方向施工

D. 模板支柱下应垫通长木板，且地面应夯实、平整

33. 模板拆除的工艺顺序是（A、B、C、D、E）。

A. 模板及围圈　　　B. 液压控制系统

C. 操作平台　　　　D. 内外吊脚手架

E. 提升架和千斤顶

34. 大模板工程的结构类型包括（A、C、D）。

A. 内外墙均为现浇混凝土的全现浇结构

B. 外墙为现浇混凝土、内墙为装配式预制墙板的内浇外板结构

C. 内墙为现浇混凝土、外墙为砖砌体的内浇外砖结构

D. 内墙为现浇混凝土、外墙为装配式预制墙板的内浇外板结构

35. 木门的门扇主要有（A、C、D）两类。

A. 镶板式门扇　　　B. 开启式门扇

C. 蒙板式门扇　　　D. 活动式门扇

36. 以下关于门扇的表述中，正确的有（A、B、D）。

A. 门扇边框的厚度一般为 40 ~ 45mm

B. 上冒头和两旁边梃的宽度为 75 ~ 120mm

C. 下冒头常比冒头多减少 50 ~ 120mm

D. 中冒头的宽度必要时可适当加大

37. 木制门窗为了安装玻璃，（B、C、D）都要做成裁口。

A. 扇框　　B. 冒头　　C. 窗梃　　D. 窗芯

38. 木制玻璃窗的制作中，以下描述正确的有（A、C、D）。

A. 木门应采用窑法干燥的木材，其含水率不应大于 12%

B. 门窗框厚度大于 30mm 的门扇，应采用双榫连接

C. 门窗与基层的接触部分及预埋木砖都应进行防腐处理

D. 门扇表面应光洁或砂磨，不得有创痕等瑕疵

39. 椭圆形窗的制作中如果发现窗棂接头处不顺直可能是由下述（B、C）原因造成的。

A. 窗樘制作质量差　　　B. 窗棂上正、反面榫眼存在偏差

C. 窗棂断面有误差　　　D. 割角不准

40. 室内木装修工程中的木地板铺设，其面层木地板的拼贴方式主要有（A、B）。

A. 错纹铺贴　　B. 普通条形铺贴

C. 花纹拼贴　　D. 分格拼贴

41. 硬木地板的目测检查项中，其表层面要求（B、C）。

A. 接头位置错开　　B. 表面洁净

C. 接缝严密　　　　D. 花纹一致

42. 木地板的铺贴中，产生地板缝不严问题的原因有（A、C）。

A. 地板条有大小头　　　B. 留缝不均匀

C. 地板条含水率过大　　D. 地板条纹路不均匀

43. 木扶梯的制作质量标准为（A、C）。

A. 护栏、扶手应采用坚固、耐久性强的材料

B. 木材表面无节疤

C. 能承受规范允许的水平荷载

44. 楼梯按外观形式可分为（B、C）等。

A. 钢梯　　B. 直梯　　C. 旋梯　　D. 升降梯

45. 直梯的最常见类型有（A、B、C）。

A.“U”型直梯　　　B.“一字型”直梯

C.“L”型直梯　　　D.“X”型直梯

46. 常用的家庭楼梯装饰按照制作材料可分为（A、B、C、D）。

A. 半木楼梯　　B. 全钢梯　　C. 全木楼梯　　D. 钢木楼梯

47. 楼梯购买前要考虑的问题包括（A、B、C）。

A. 时尚性　　B. 安全性　　C. 专业性服务　　D. 牢固

48. 木贴脸在角部连接，其交角的形式有（A、C），视设计效果而定。

A. 接缝为45°　B. 横向平接　C. 纵向平接　D. 斜向平接

49. 迭级顶的形式有多种，常见的有（B、C、D）。

A. 弧形顶　　　　　　　B. 多层迭级顶

C. 带反光等槽的迭级顶　D. 一层迭级顶

50. 楼梯空间的设计，指（B、C）方面主要考虑的元素。

A. 楼梯的使用功能是否合理

B. 楼梯所在空间的效果和家居整体环境的关系是否和谐

C. 如何巧妙地利用和设计楼梯下部空间

D. 楼梯使用的灵活性及承载强度

51. 硬木地板的粘贴中如何选择地板胶也很重要，目前常用的有（A、D、C）。

A. 石油沥青　　　　　B. 水泥用量增厚

C. 树脂类胶粘剂　　　D. 水泥内加107胶

52. 安装栏杆前，要检查其（A、D）是否一致，否则会给后期的扶手安装带来困难。

A. 杆长　　　B. 扶手与栏杆的结口

C. 榫长　　　D. 榫长与榫肩的斜度

53. 木墙裙的构造要符合设计要求，预埋件需经过防腐处理，使用木料的要求为（A、B）。

A. 胶合板小于10%

B. 木料含水率中木龙骨要小于12%

C. 饰面板花纹一致

D. 拼缝要小

54. 木墙裙有腰带式和无腰带式两种，当墙裙无腰带时，应设计拼缝的处理方法，一般有（A、B、C）的形式。

A. 线条压缝　　B. 平缝　　C. 八字缝　　D. 无缝

55. 依据木贴脸的安装规定，在门窗框及室内墙洞处装饰，应（B、C）。

A. 线条压缝

B. 紧贴墙面，不得有缝隙

C. 与窗框压接应紧密，棱角顺直

D. 交角必须为 45°

56. 迭级吊顶的挂板也多采用挺刮木板如（A、B、C、D）。

A. 硬芯的木工板　B. 12 厘板　C. 9 厘板　D. 18 厘板

57. 工后现场质量检查的方法主要是（A、B、D）。

A. 手板检查　B. 观察　C. 隐蔽工程检查　D. 尺量检查

58. 仪表垂直检测尺主要用于墙面、门窗框、装饰贴面等项目的（A、D）偏差的检测。

A. 垂直度　　B. 顺直度　　C. 水平度　　D. 平整度

59. 石膏板开裂的主要原因是（A、C）。

A. 龙骨的主吊杆未固定牢固　　B. 龙骨未整平

C. 石膏板安装未错缝　　　　　D. 温差过大

60. 木地板翘曲、有响声的主要原因是（B、C、D）。

A. 地板钉过短　　　　　B. 地板楞间距过大

C. 铺贴前原地面空鼓　　D. 木地板之间间隙过紧

61. 机械润滑不仅改善零件的磨损程度，还具有（A、B、C）的作用。

A. 冷却　B. 防腐和阻尼　C. 清洁　D. 提高工效

62. 木工机械的擦净方法有如下四个方面的内容：清洁、（A、B、D）。

A. 防腐　　B. 紧固　　C. 清洗　　D. 调整

63. 施工现场机械设备的保养形式分为（A、B）。

A. 特殊保养　B. 定期保养　C. 二级保养　D. 停放保养

64. 定期保养分为（A、B、C）。

A. 一级保养　B. 日常保养　C. 二级保养　D. 换季保养

65. 特殊保养分为（C、D）。

A. 一级保养　B. 日常保养　C. 换季保养　D. 停放保养

66. 施工机械设备保养计划的分类为（A、C）。

A. 阶段保养计划　　B. 季度保养计划

C. 月度保养计划　　D. 每周保养计划

67. 现代板式零部件钻孔的类型有（A、B、C、D）。

A. 圆榫孔　　B. 连接件孔　　C. 导引孔　　D. 铰链孔

68. 板式部件的侧边处理方法包括（A、B、C、D）。

A. 封边法　　B. 镶边法　　C. 包边法　　D. 涂饰法

69. 房屋建筑施工图根据专业的不同可分为（A、B、C、D）。

A. 建筑施工图　　B. 结构施工图　　C 装饰施工图

D. 设备施工图　　E. 基础施工图

70. 总平面图用来表示地形高差或地貌形态，可以用等高线表示，也可以用坐标方格网表示。等高线以（B、D）为级差。

A. 0. 5m　　B. 1m　　C. 1. 5m　　D. 2m　　E. 2. 5

71. 立面图的图名，可注写成（A、B）。

A. 正立面图　　B. 东立面图　　C. 左立面图

D. 前立面图　　E. 中立面图

72. 装饰施工图主要包括（A、B、E）。

A. 装饰平面图　　B. 顶棚平面图　　C. 顶棚立面图

D. 顶棚剖面图　　E. 构造节点图

73. 装饰剖面图是将装饰面整体剖切或局部剪切，以精确表达其内容构造的视图。（B、C、D）。

A. 表明墙面装饰造型的构造方式，并表明所需装饰材料及施工工艺要求

B. 表明装饰面或装饰造型的结构和构造形式、材料组成、连接及支承构件的相互关系

C. 表明重要部位的装饰构造、配件的详细尺寸、工艺做法和施工要求

D. 表明装饰构造与建筑主体结构之间的连接方式及衔接尺寸

154

E. 表明墙、柱等立面与吊顶的衔接收口形式

74. 房屋工程图的施工总说明主要包括（B、C、E）三个方面内容。

A. 编制依据　　B. 工程概况及设计标准

C. 结构特征　　D. 外观效果　　E. 建筑构造做法

75. 家具图结构施工图（简称结施）表示承重结构的布置情况、构件类型、尺寸大小和构造做法等，主要包括（A、B、C）。

A. 说明　　　　B. 结构平面布置图　　C. 结构构件详图

D. 结构立面图　E. 结构剖面图

76. 钉接合分为（A、C、D）。

A. 圆钉接合　B. 扎钉接合　　C. 螺钉接合

D. 螺栓接合　E. 螺丝接合

77. 榫接合是非拆装式家具的接合方法，它具有连接稳固、适应性强、外表整洁等优点。常见的榫接合有（A、B、C、D）等。

A. 单榫接合　　B. 双榫接合　　C. 多榫接合

D. 圆棒榫接合　E. 木棒榫接合

78. 常见的搭接接合方法有（B、C、D、E）。

A. 交叉搭接　B. 十字形搭接　　C. 丁字形搭接

D. 对角搭接　E. 直角相缺搭接

79. 锯加工机具是用来纵向或横向锯削原木和方木的加工机械，一般常用的有（A、B、C、D）。

A. 木工带锯机　B. 木工圆锯机　　C. 吊割锯机

D. 手推电锯　　E. 木工框锯机

80. 带锯机常见故障锯条断裂产生原因是（D、E）。

A. 木料尾端超过锯背，回料时顶掉锯条

B. 木料表面不平整，回料时拉掉锯条

C. 夹锯发热，适张度降低甚至消失

D. 适张度不均匀

E. 未及时清理锯轮上的树脂锯末

81. 锯出木料变曲的锯条原因排除方法是（A、B、C）。

A. 纠正齿形，增大齿槽，加大锯路

B. 调整适张度

C. 尽可能减少锯条接头

D. 保持进锯平稳

E. 调整锯卡

82. 刨加工机具主要有（A、D、E）。

A. 压刨床　　　　B. 单面压刨床　　　C. 双面压刨床

D. 四面刨床　　　E. 平刨床

83. 铣床按主轴布局不同可分为（A、D、E）。

A. 上轴铣床　　　B. 单轴铣床　　　C. 双轴铣床

D. 立式铣床　　　E. 卧式铣床

84. 木工车床按用途分为（A、B、D、E）。

A. 中心式车床　　　　　B. 带花盘中心车床

C. 无花盘中心车床　　　D. 花盘式车床　　　E. 专用车床

85. 关于木工车床操作方法正确的是（A、E）。

A. 在开始车制一个零件之前，首先要做好定位

B. 确定切削速度，每转进给量和主轴转速。车床的切削速度取决于制品直径的大小，一般不高于 30m/min

C. 使用车刀时，需根据工件的厚度随时对刀架的高低进行调整

D. 小溜板上的刀架应尽可能地接近工件的表面，并使车刀伸出刀架的部分尽量长

E. 工件表面用砂纸摩擦时，很容易发热和伤及手指，因此手的压力不宜过大

86. 通过（C、D）观察到的木材构造特征，为超显微构造特征。

A. 放大镜　　　　B. 光学显微镜　　　C. X 射线

D. 电子显微镜　　E. 电脑显微镜

87. 木材的切面分为（A、C、E）。

A. 横切面　　B. 纵切面　　C. 径切面

D. 环切面　　E. 弘切面

88. 早材的特点（B、C）。

A. 材质密实　　B. 材色淡　　C. 材质疏松

D. 材色深　　　E. 组织致密

89. 在实际工作中常常根据心边材颜色差异明显与否，将木材分为（A、B、D）。

A. 心材树种　　B. 边材树种　　C. 生材树种

D. 熟材树种　　E 老材树

90. 导管是绝大多数阔叶树材所具有的输导组织，（C、D）没有导管。

A. 枫香树　　B. 木棉树　　C. 水青树

D. 昆兰树　　E. 山桃仁树

91. 管孔的有无是区别（A、B）的重要依据。

A. 阔叶树材　　B. 针叶树材　　C. 水生树材

D. 岸生树材　　E. 窄叶树材

92. 木材中的水分主要有（B、D、E）。

A. 无间水　　B. 自由水　　C. 毛细水

D. 吸附水　　E. 结合水

93. 木材的强度是指（A、B、C、D）强度。

A. 抗拉　　B. 抗压　　C. 抗弯　　D. 抗剪　　E. 抗扭

94. 以前动物胶都是以胶块形式供应，目前为了改善其润胀性能，改为以（C、D、E）形式供应。

A. 液态　　B. 胶状　　C. 粉状　　D. 颗粒　　E. 微粒

95. 用于室内的产品则可选择耐水性稍差的胶粘剂，如（A、B、C）。

A. 脲醛树脂胶　　B. 乳白胶　　C. 动物胶

D. 酚醛树脂胶　　E. 乙烯酯乳液胶

96. 胶液的固化条件主要有（C、D、E）。

A. 化学成分　　B. 生产方法　　C. 温度

D. 压力　　　　E. 被胶合材料的含水率

97. 木模板的保管一般采用（B、C、D、E）方法。

A. 统一采购　　B. 统一配料　　C. 统一制作

D. 统一回收　　E. 统一管理

98. 模板按其型式不同，可分为（A、C、E）。

A. 整体式　　　B. 装配式　　　C. 定型模板

D. 异型模板　　E. 移动式

99. 高程测量因使用的仪器和施测方法的不同，又分为（A、B、C）。

A. 水准测量　　　B. 三角高程测量　　C. 气压高程测量

D. GPS 高程测量　　E. 控制网高程测量

100. 计算高程的方法有（B、C）。

A. 三角法　　　　B. 高差法　　　C. 视线高法

D. 水平差法　　　E. 标准差法

101. 水准测量所使用的仪器和工具有（B、C、D、E）。

A. 对讲机　　B. 水准仪　　C. 水准尺

D. 尺垫　　　E. 三脚架

102. 水准测量的基本要求是（A、B、C）。

A. 水准仪提供的视线必须水平

B. 水准尺必须立在坚实稳固的地面上

C. 立水准尺时必须竖直

D. 读数要准确

E. 前视后视距离要大致相等

103. 皮数杆的一侧将（A、B、C、D）的位置一一画出。

A. 地平标高 ±0.000　　B. 窗台线　　C. 门窗过梁

D. 楼板　　　　　　　　E. 门洞

104. 皮数杆一般都立在（C、D）处。

A. 地面　　B. 门边　　C. 转角　　D. 隔墙　　E. 窗边

105. DS$_3$ 型微倾式水准仪由（C、D、E）等部件构成。

A. 棱镜　B. 凹凸镜　C. 望远镜　D. 水准器　E. 基座

106. 我国生产的水准仪按照其测量精度的不同可分为（B、D、E）等不同等级。

A. DS$_{0.5}$ B. DS$_1$ C. DS$_2$ D. DS$_3$ E. DS$_{10}$

107. 调焦和照准分为（A、B、C、D）。

A. 目镜调焦   B. 物镜调焦   C. 概略照准

D. 消除视差   E. 粗平

108. 水准尺又叫水准标尺，是水准测量的重要工具，一般常用的水准尺有（A、D）。

A. 塔尺   B. 双面塔尺   C. 单面水准尺

D. 双面水准尺   E. 单面塔尺

109. 钢木屋架的（B、C）与木屋架不同。

A. 组成杆件   B. 端节点   C. 下弦中间节点

D. 脊节点   E. 中间斜杆

110. 为了防止屋架的侧倾，保证受压杆件的侧向稳定，承受和传递纵向水平力，在屋架之间要设置支撑。支撑按照其设置和作用的不同，分为（A、B、C）。

A. 垂直支撑   B. 水平系杆   C. 上弦横向支撑

D. 下弦横向支撑   E. 斜撑

111. 对于跨度等于 12m 的钢木屋架，垂直支撑设置（A、B），水平系杆要做成通长的。

A. 一道   B. 两道   C. 三道   D. 四道

112. （C、D）一般用原木或方木，用角钢和螺栓与屋架连接。

A. 上弦横向支撑   B. 下弦横向支撑

C. 垂直支撑   D. 水平系杆   E. 受压杆件

113. 下列受拉螺栓必须戴双螺母（A、C、E）。

A. 钢木屋架的圆钢下弦

B. 桁架主要的受压腹件

C. 受震动荷载的前后拉杆

D. 直径小于 20mm 的拉杆

E. 直径大于 20mm 的拉杆

114. 关于放大样，正确的是（A、C、E）。

A. 放大样时，先画出一条水平线

B. 在中竖杆的中线上，量取屋架上弦的起栱高度

C. 连接端节点中心和起栱线，即为下弦轴线

D. 从端节点起点开始，在水平线上量出各节点长度，并作相应的垂直线，这些垂直线即为各竖杆的中线

E. 连接对应的上、下弦中间节点中心，即为斜杆中线

115. 木屋架因选料不当引起的节点不牢、端点劈裂，下列说法正确的是（A、B、E）。

A. 采用易裂树种作屋架下弦时应破心下料

B. 当受条件限制不得不用湿材制作原木或方木结构时，应采用破心下料

C. 木材裂缝处，可以用在下弦端点及弦杆接头处

D. 上、下弦的接头位置应对齐

E. 对于上、下弦端头发生开裂而无条件调换的，应及时在开裂处灌注乳胶

116. 马尾屋架与正屋架的连接形式有（A、B）。

A. 各弦杆不在跨中相交

B. 各弦杆在跨中相交

C. 各弦杆对称相交

D. 各弦杆不对称相交

E. 各弦杆互不相交

117. 关于马尾屋架系数，正确的是（B、C、E）。

A. 正屋架高跨比为 1/6 时，正屋架坡度为 40%

B. 正屋架高跨比为 1/6 时，角梁坡度为 23.57%

C. 正屋架高跨比为 1/5 时，正屋架坡度为 40%

D. 正屋架高跨比为 1/5 时，角梁坡度为 23.57%

E. 正屋架高跨比为 1/5 时，正屋架坡度为 50%

118. 木屋架制作加工时槽齿承压面接触不密贴、锯削过线、

削弱弦杆截面的原因有（A、B、C）。

A. 划线、锯削不准或者木材的含水率较大，产生收缩、翘曲变形，使槽齿不合

B. 上、下弦保险螺栓孔位略有偏差，螺栓穿入后使槽齿不合

C. 操作人员在操作中出现失误，以致锯削过线

D. 操作人员对槽齿结合的构造要求了解不够，造成槽齿做法出现错误

E. 腹杆的承压面未被腹杆的中心弦平分

119. 矩形柱模板由（C、D、E）组成。

A. 顶托　　B. 斜撑　　C. 侧板　　D. 底盘　　E. 柱箍

120. 柱模侧板其断面尺寸（D、E）mm 应采用立摆钉法。

A. 400×400　　B. 500×500　　C. 600×600

D. 700×700　　E. 800×800

121. 过梁模板由（A、C、D）组成。

A. 底模　B. 托木　C. 夹木　D. 顶撑　E. 牵杠撑

122. 雨篷模板由（B、C、D）组成。

A. 顶撑　B. 托木　C. 搁栅　D. 牵杠　E. 底模

123. 现浇钢筋混凝土楼梯常见的有（A、B）楼梯。

A. 梁式　B. 板式　C. 悬挑式　D. 柱式　E. 组合式

124. 影响混凝土强度增长的因素有（C、D、E）。

A. 配合比　　　B. 振捣工艺　　C. 养护温度

D. 养护湿度　　E. 龄期

125. 液压滑升模板由（A、B、C、E）组成。

A. 模板系统　　B. 操作平台系统　　C. 支撑杆

D. 牵杆　　　　E. 液压系统

126. 提升架可采用（A、B、C）。

A. ++形架　　B. 开形架　　C. +形架

D. -形架　　　E. --形架

127. 大模板按照结构形式的不同分为（A、C、D）。

A. 整体式　B. 可拆式　C. 组合式　D. 拼装式　E. 异形

128. 玻璃门一般为外开或内开，其形式有（A、C、D）。

A. 单扇　　　B. 双扇　　　C. 三扇　　　D. 四扇　　　E. 五扇

129. 受条件限制时，可采用气干法干燥的木材有（A、B、C、D）。

A. 东北落叶松　　　B. 云南松　　　C. 马尾松

D. 桦木　　　　　　E. 楠木

130. （C、D、E）mm 厚的门扇，应采用双榫连接。

A. 40　　　B. 45　　　C. 50　　　D. 55　　　E. 60

131. 木制玻璃门窗制作安装的主控项目有（A、B）。

A. 木制玻璃门窗扇必须安装牢固，开关灵活，关闭严密，无倒翘

B. 木制玻璃门窗配件的型号、规格、数量应符合设计要求，安装应牢固，位置应正确，功能满足使用要求

C. 木制玻璃门窗与墙体间缝隙的嵌缝材料应符合设计要求，填嵌应饱满

D. 木制玻璃门窗批水、盖口条、压缝条、密封条的安装应该顺直，与门窗的结合应牢固、严密

E. 木制玻璃门窗的留缝限值、允许偏差和检验方法需符合有关规定

132. 木制玻璃门窗制作安装的一般项目有（C、D、E）。

A. 木制玻璃门窗扇必须安装牢固，开关灵活，关闭严密，无倒翘

B. 木制玻璃门窗配件的型号、规格、数量应符合设计要求，安装应牢固，位置应正确，功能满足使用要求

C. 木制玻璃门窗与墙体间缝隙的嵌缝材料应符合设计要求，填嵌应饱满

D. 木制玻璃门窗批水、盖口条、压缝条、密封条的安装应该顺直，与门窗的结合应牢固、严密

E. 木制玻璃门窗的留缝限值、允许偏差和检验方法需符合

有关规定

133. 弹簧门一般装有弹簧铰链，常用的有（A、B、D）。

A. 单面弹簧　　B. 双面弹簧　　C. 吸力弹簧

D. 地弹簧　　　E. 铰合弹簧

134. 木制弹簧门的门框由（D、E）组成。

A. 门樘　　B. 边梃　　C. 上槛　　D. 冒头　　E. 框梃

135. 镶板式门扇主要有（A、B）。

A. 全木式　　B. 木与玻璃结合式

C. 平板式　　D. 木板和木线条组合式　　E. 拼装式

136. 木制弹簧门的木制门扇安装方法一般有（B、E）。

A. 立口法　　　B. 先立口法　　C. 塞口法

D. 先塞口法　　E. 后塞口法

137. 自动闭门器包括（B、D、E）。

A. 地弹簧　　　B. 门地弹簧　　C. 双面弹簧

D. 门底弹簧　　E. 门顶弹簧

138. 薄型硬木地板的粘贴施工中，选择地板胶也很重要，目前常用的地板胶有（A、B、C）。

A. 树脂类胶粘剂　　B. 水泥内加 107 胶　　C. 石油沥青

D. 乳化沥青　　　　E. 聚丙脂乳胶

139. 实铺木地板拼花不规则的原因有（C、D、E）。

A. 基层不平整　　　　B. 基层含水率过大

C. 地板条规格不一致　D. 施工弹线不准

E. 不按施工弹线施工

140. 楼梯从形式上可分为（A、D）。

A. 直梯　　　　B. 全木楼梯

C. 全钢楼梯　　D. 弧形梯　　E. 环形梯

141. 钢木楼梯一般是指（B、D）为钢质。

A. 扶手　　B. 围栏杆　　C. 踏板　　D. 龙骨　　E. 斜梁

142. 楼梯空间设计的要素有（A、C、E）。

A. 空间位置　　　　B. 平面位置　　　C. 空间想象力

D. 楼梯的装饰　　E. 巧妙布置楼梯下的空间

143. 下面关于木墙裙操作工艺说法正确的是（B、C、D）。

A. 根据设计图样弹出护墙板的上下标高线，弹线时，应以地坪为直接参照线

B. 木楔的入墙深度一般为 40mm

C. 防潮层的材料常用的有油毡、油纸或专用防潮涂料

D. 根据现场分割尺寸面板下料，板的切割应平直兜方

E. 钉护墙板面层基层面层表面及护墙饰面板反面均应带胶，饰面板用胶合剂粘牢

144. 门窗的贴脸板一般都是实木成形加工而成，在材质外形的选择上根据设计的需要，要求（A、B、C、D）。

A. 木纹平直　　B. 材质均匀、无死节

C. 表面光滑　　D. 厚薄一致　　E. 前面开槽

145. 下面关于迭级顶棚说法正确的是（B、D、E）。

A. 迭级顶棚基本的施工工艺和材料与一般平顶相同，但迭级一般两层以上

B. 迭级顶棚区别于平顶的地方主要是高差迭级处的构造

C. 迭级顶棚和平顶顶棚的大面顶面结构是不同的

D. 迭级顶棚和平顶顶棚的一般都为轻钢龙骨石膏板构造

E. 迭级处根据设计的高差要求，一般采用木结构的顶面处理

146. 下面关于迭级顶棚施工操作工序说法错误的是（C、D、E）。

A. 根据设计的图样核对标高和造型的可行性，如有无法实施的点，应对设计图进行更改

B. 吊顶的标高线一定是从结构上的标高抄平线开始上弹

C. 吊筋的直径根据上人龙骨和非上人龙骨分为两种

D. 主龙骨的安装要求与一般的平顶不同

E. 主龙骨安装完毕并校平后，就可分层安装迭级吊顶的次龙骨，一般先安装标高较低一级面的次龙骨

147. 不需再次进行装饰处理的轻钢石膏板吊顶的饰面板有（A、B）。

A. 装饰石膏板　　B. 不锈钢板　　C. 复合板

D. 木工板　　　　E. 纸面石膏板

148. 配料就是按照零件的尺寸、规格和质量要求，将锯材锯制成一定规格和形状的毛料的过程，主要包括（A、B、C、D）。

A. 合理选料　　　B. 控制含水率　　C. 确定加工余量

D. 确定配料工艺　E. 分类合理堆放

149. 框式家具先横截后纵剖的配料工艺（A、C）。

A. 适合于原材较长的锯材配料

B. 适合于尖削度较小的锯材配料

C. 可以做到长材不短用，长短搭配

D. 出材率较高

E. 增加车间的运输

150. 刨削加工的基准面包括（B、C、D）。

A. 正面　　B. 侧面　　C. 平面　　D. 端面　　E. 斜面

151. 端基准面的加工，可以在（A、B、C）加工。

A. 简易的推台锯　　　　B. 精密圆锯机

C. 悬臂式万能圆锯机　　D. 压刨床　　E. 拉锯

152. 可以加工长圆榫眼的钻床有（C、D、E）。

A. 立式上轴钻床　　B. 卧式上轴钻床　　C. 单轴钻床

D. 多轴钻床　　　　E. 立式钻床

153. 榫头加工时，主要的加工设备有（B、C、D）。

A. 单端铣床　　　　B. 双端铣床　　C. 单端开榫机

D. 双端开榫机　　　E. 万能开榫机

154. 板式家具以各种人造板为基材，常用的有（A、D、E）。

A. 中密度纤维板　　B. 高密度纤维板　　C. 合板

D. 刨花板　　　　　E. 细木工板

155. 开料锯的形式有（C、D、E）。

A. 单锯片 B. 多锯片 C. 立式 D. 卧式 E. 推台式

156. 手工薄木拼花图案有（A、C、E）。

A. 顺纹拼花　　B. 反纹拼花　　C. 杂纹拼花

D. 环纹拼花　　E. 对纹拼花

157. 板件侧边处理的方法主要有（B、C、D、E）。

A. 涂边法　　B. 封边法　　C. 包边法

D. 镶边法　　E. V 形槽折叠法

158. 工后质量检查的检查方法有（A、D、E）。

A. 观察　　　　B. 水平尺检查　　C. 卷线器检查

D. 尺量检查　　E. 手板检查

159. 机械润滑不仅改善零件的磨损程度，还具有（C、D、E）作用。

A. 温润　　B. 加速　　C. 清洁　　D. 密封　　E. 阻尼

160. 木工机械的擦净方法有（A、B、C、D）内容。

A. 清洁　　B. 紧固　　C. 调整　　D. 防腐　　E. 延寿

161. 机械设备在使用中，必然会发生（A、B、E）等现象，影响机械设备效能发挥。

A. 零件磨损　　B. 各部件脏污　　C. 停电损坏

D. 操作失误　　E. 螺钉松动

162. 现场施工机械设备的保养形式有（B、D、E）。

A. 每班保养　　B. 日常保养　　C. 换季保养

D. 一级保养　　E. 二级保养

163. 换季保养的主要内容有（A、C、E）。

A. 更换润滑油

B. 施工设备部分进行解体、检查和调整

C. 清洗冷却系统

D. 更换易损部件

E. 采取降温或防寒措施

164. 可测量垂直度的检测工具有（A、B）。

A. 仪表垂直检测尺　　B. 内外直角检测尺

C. 对角检测尺　　　D. 游标塞尺　　　E. 金属直尺

165. 木工机械应按时加注润滑脂的部位有（C、D、E）。

A. 橡胶托轮　　　B. 黄油嘴　　　C. 齿圈表面

D. 滚道　　　E. 小齿轮的轮廓处

166. 木工机械每班应加注润滑油的有（C、D、E）。

A. 齿轮　　　B. 轴承　　　C. 操作杆

D. 丝杆　　　E. 其他传动部位

167. 月度保养计划的目的是（A、B、C）。

A. 确定各级保养进行的日期和停机日

B. 以便调整施工生产计划

C. 落实配件材料供应及保修人员

D. 以便提高生产效率

E. 确保机械正常运作

168. 木结构构件的接合在很大程度上取决于连接方式。木构件的连接方式很多，目前常用的连接有（A、B、C、D、E、F）等。

A. 齿连接　　　B. 螺栓连接　　　C. 销连接

D. 承拉连接　　　E. 斜键连接　　　F. 胶连接

169. 装饰施工图主要包括（A、B、C、D、E、F）。

A. 装饰平面图　　　B. 顶棚平面图　　　C. 装饰立面图

D. 装饰剖面图　　　E. 构造节点图　　　F. 装饰详图

170. 螺栓是木结构中使用较广的结合形式之一，主要用在构件的（B）和（D）中。

A. 齿连接　　B. 接长连接　　C. 销连接　　D. 节点的连接

2.3 判断题

1. 各专业施工图的编排顺序一般是全局性图纸在前，局部的图纸在后；重要的在前，次要的在后；先施工的在前，后施工的在后。（√）

2. 房屋有几层，就应该绘制几个平面图，房屋底层平面图形中应有指北针符号。(√)

3. 建筑平面图是从距地面一点八米的高度对建筑作水平剖视的投影图，从中能反映出房屋的平面形状、面积大小、房间组合等情况。(×)

4. 建筑的结构件种类繁多。为了图示清晰和工作方便，常用的构件用汉语拼音第一个字母的组合作为代号。(√)

5. 装饰施工图主要包括装饰平面图、顶棚平面图、装饰立面图、装饰剖面图、构造节点图和装饰详图。(√)

6. 大样图是家具图中最重要的一种，它能全面表达家具的结构。(×)

7. 木结构构件的接合在很大程度上取决于连接方式。木构件的连接方式很多，目前常用的连接有齿连接、螺栓连接、销连接、承拉连接、斜键连接和胶连接等。(√)

8. 螺栓是木结构中使用较广的结合形式之一，主要用在构件的接长连接和节点的连接中。(√)

9. 细木工带锯机主要是利用机械进料，将细木工车间的小料纵切、横截或曲线加工。(×)

10. 按锯轮直径的不同分类，通常将1370mm以上的称为大型带锯机，1070~1370mm的称为中型带锯机。(×)

11. 带锯机上的重锤是自动平衡锯条张紧力的装置，重锤的质量适中与否，直接影响锯材的质量和锯条的寿命。(√)

12. 细木工带锯机在加工大而长的工件时，应该用右手导引木料，左手施加压力推木料进锯。(×)

13. 带锯条是木加工带锯机的锯切刀具，其锯齿应锋利，齿深不得超过锯条宽的二分之一。(×)

14. 横裁圆锯机用于对各种规格的毛料或板材进行横向截断，它分为手动进料和机械进料两类。(√)

15. 万能圆锯机用途甚广。它除了利用圆锯片纵向、横向锯解各种方材、板材、胶合板外，又可成一定角度的锯切。(√)

16. 平锯机又称流动断料车，是用来截断木料的一种简易木工机械。（×）

17. 刨削松木时，常有树脂粘接在台面和辊筒上，阻碍工件的进结。为了提高进给速度和加工质量，在工作中应经常在台面上擦拭煤油进行润滑。（√）

18. 轻型四面刨床生产能力大小的主要参数是被加工工件的最大长度尺寸。（×）

19. 轻型四面刨床一般有四根刀轴，布置方式和顺序为：下水平刀轴，左、右垂直刀轴和上水平刀轴。（√）

20. MB403 型四面刨床作业完毕后，应先按动停机按钮，待全机停止转动后，再把转换开关拨到停车位置。（√）

21. 铣床是专门用于木料加工表面加工的机械，是木材加工必不可少的基本设备。（×）

22. 用平刨床加工长度小于 300mm、厚度小于 20mm 的短薄木料，严禁用手直接推送，要使用推棍和推板等手用工具。（√）

23. 铣削曲线型工件一般都是手动进给，所以铣削曲线型工件要预留较多的加工余量。（×）

24. 钻床的操作中应选用正确的转削速度及进给量，大直径钻头可用高转速大进给量，小直径钻头可用低转速小进给量。（×）

25. 有的树木在生长季节内，因菌害、虫害、霜雹、火灾、干旱等影响，同一生长周期内会形成两个或两个以上的生长轮。（√）

26. 早材至晚材的变化缓急，不同树种是有差异的，例如硬松类的马尾松、油松等由早材至晚材为缓变。（×）

27. 一般情况下，晚材率的大小可以作为衡量针叶树材与阔叶树环孔材强度大小的一个重要标志。（√）

28. 针叶树材无导管，其横切面上组织细致而均匀，用肉眼看不出有孔，所以针叶材称为无孔材。（√）

29. 针叶树材如杉木、柏木等，其轴向薄壁组织较为发达，所以容易辨别。（×）

30. 木材的含水量以含水率表示，即木材中所含水的质量占木材质量的百分数。（×）

31. 当木材长时间处于一定温度和湿度的环境中时，木材中的含水量最后会达到与周围的环境湿度相平衡，这时木材的含水率称为平衡含水率。（√）

32. 在木材加工制作前应预先将木材进行干燥处理，使木材干燥至其含水率与将做成的木构件使用时所处环境的湿度相适应的平衡含水率。（√）

33. 当木材的含水率在纤维饱和点以上时，其强度与含水率成反比，即吸附水减少，细胞壁趋于紧密，木材强度增大。（×）

34. 乳胶也叫白胶，即聚醋酸乙烯乳液树脂胶。这种胶呈乳白色，是粘接木材时使用最为广泛的胶。（√）

35. 水胶的缺点是耐水性及抗菌性能差，当胶水中含水率在20%以下时，容易被菌类腐蚀而变质。（×）

36. 在酚醛树脂胶中，以苯酚和甲醛缩聚形成的酚醛树脂胶（PF）应用最广，胶合制品的强度、耐水性、耐热性、耐腐蚀性等性能都好。（√）

37. 如果檩条放在屋架上弦点和节间处，则下弦不但受压而且受弯，成为压弯构件。（×）

38. 滑升模板大多用于筒仓和烟囱之类的特殊结构，有时用于框架和剪力墙结构。（√）

39. 硬木地板的铺设对基层的要求较高，铺贴前必须做好基层的处理。（√）

40. 计算高程的两种方法分别是高差法和视线高法。当只需安置一次仪器就能确定若干个地面点高程时，使用高差法较为方便。（×）

41. DS3 型微倾式水准仪作水准测量时，微倾螺旋总是在观

测者的右侧，故调整微倾螺旋一定要用右手。初学者注意：气泡左半部分移动的方向，恒与右手大拇指旋转的方向一致。（√）

42. 塔尺长度为5m，尺底从0算起，尺面漆成黑白格相间的厘米划分，有的为0.5cm分划，每米和每分米处都注有数字，从1m起至2m间的分米数上加一个圆点，2m至3m间的分米数上加两个圆点，以此类推。例如5·为1.5m，7……为3.7m。（√）

43. 塔尺仅用于等外水准测量。（√）

44. 双面水准尺为木质板条状直尺，全长3～4m，用于一到二等水准测量。（×）

45. 如在坡地上安置水准仪，应将两支腿分开至于坡的下方，一支腿置于坡的上方，这样安置仪器比较稳定。三角架摆好后，用脚将三角架的铁脚踩入土中，并使架头大致水平。（√）

46. 水准仪的物镜、目镜上有灰尘时，可用布擦去灰尘。（×）

47. 如观测中遇降雨，应及时将水准仪上的雨水用软布擦拭干净方可入箱关盖。（√）

48. 水准仪应放置在干燥、通风、温度稳定的室内，可以靠近火炉或暖气片。（×）

49. 跨度在8～12m的三角形屋架，可在屋架中央节点上沿房屋纵向隔间设置垂直支撑，并在设有垂直支撑的开间内，在屋架下弦节点间设置一道水平系杆。（√）

50. 屋架跨度在12m以上或有吊车等震动影响时，应在房屋两端第二个开间内及纵向每间隔20～30m设置一道上弦横向支撑。（√）

51. 放大样是木工的一项传统技术，就是根据设计图样将屋架的全部构造画出来，以求出各杆件的正确尺寸形状，保证加工的准确性。（×）

52. 大样要画在平坦干净的水泥地坪上。（√）

53. 各杆件的中线和轴线放出后，再根据各杆件的截面高度（或宽度），从中线和轴线向两边画出杆件边线，各线相交处要平齐。（×）

54. 大样经复核无误后，即可出样板，样板必须用木纹平直、不易变形且含水率不超过20%的板材制作。（×）

55. 样板经检查合格后才准使用，使用过程中要妥善保管，注意防潮、防晒和损坏。（√）

56. 马尾屋架实际上是半屋架，它的构造与全屋架基本相同。其端节点为槽齿连接，通过垫块和螺栓与墙体连成一体。（√）

57. 木屋架安装过程中，所有螺母不要先拧紧，待全部安装完毕，检查无误后，再拧紧全部螺母，并在中间节点处用扒钉钉牢。（×）

58. 搭头木用于卡住梁模、墙模的上口，以保持模板上口宽度不变。（√）

59. 顶撑用于支撑梁模。顶撑由帽木、立柱、斜撑等组成。（√）

60. 杯口模的上口宽度和下口宽度应比柱角宽度小。（×）

61. 杯口基础木模版，应先安装下阶模板，再安装杯形基础钢筋，然后安装上阶模板及杯口模。（√）

62. 沿柱模高度应设柱箍，柱箍布置应下疏上密，柱箍的间距要保证柱混凝土浇筑时，柱模不鼓胀、不开缝。（×）

63. 柱与梁相交时，应在柱模上端的梁柱相交处开缺口，缺口高度等于梁高，缺口宽度等于梁宽。（√）

64. 柱模的安装必须与柱钢筋相配合。应先安装三面侧板，再安装柱钢筋，然后安装另一面侧板及柱箍等。（√）

65. 当梁底跨度大于4m时，跨中梁底应按照设计要求起拱。设计无要求时，起拱高度为梁跨度的1/1000～3/1000。主、次梁交接，主梁先起拱，次梁后起拱。（√）

66. 砖墙上圈梁支模一般采用挑扁担法和倒卡法。倒卡法是在圈梁底面下皮砖处，每隔 1m 留一顶砖孔洞，穿 50mm × 100mm 方木作扁担，竖立两侧模板，用夹条及斜撑夹牢。(×)

67. 下面墙上圈梁支模一般采用挑扁担法和倒卡法。倒卡法是在圈梁底面下皮砖缝中，每隔 1m 嵌入 ϕ10mm 钢筋支撑侧模，用钢管卡具或木制卡具卡于侧模上口，当混凝土达到强度拆模时，将 ϕ10mm 钢筋抽出。($\sqrt{}$)

68. 在夏季施工混凝土浇捣后，必须盖草包，并浇水养护一段时间。原因是：混凝土在养护时，如果湿度不够，也将影响混凝土强度的增长，同时还会引起干缩裂纹，使混凝土表面疏松，耐久性变差。($\sqrt{}$)

69. 混凝土强度随龄期的增长而逐渐提高。($\sqrt{}$)

70. 模板支撑结构必须安装在坚实的地基上，且有足够的支撑面积。如安装在基土上，基土必须坚实并有排水措施。对湿陷性黄土必须有防水措施；对冻胀性土，必须有在冻胀土冻结和融化时能保持其设计标高的措施，防止地面产生不均匀沉陷。($\sqrt{}$)

71. 滑升模板试升的目的是观察混凝土的凝固情况，判断提升时间是否适宜。($\sqrt{}$)

72. 混凝土浇筑前，要做好混凝土配合比的试配工作。试配的混凝土，除必须满足设计要求外，还应满足滑模施工的工艺要求，以保证模板如期滑升，且出模的混凝土具有合适的强度，即出模混凝土不流淌、不拉裂。($\sqrt{}$)

73. 当遇到雷雨、雾、雪、风力达到五级或五级以上的天气时，可以进行滑模装置的拆除作业。(×)

74. 木门窗制作简易，灵活方便，非常适合于手工木工加工，是被广泛采用的一种传统门窗样式。($\sqrt{}$)

75. 门樘与墙的接合位置，一般都做在关门方向的一边，与抹灰面齐平，这样门开启的角度较大。(×)

76. 木制玻璃门窗的制作中，对于门窗框厚度大于 50mm 的

门扇，应采用单榫连接。（×）

77. 门窗玻璃的选择中，为了达到隔声保温的要求，可采用双层中空玻璃。（√）

78. 为保证各楼层的窗户上下对齐，应在外墙吊铅垂线，标示窗口的中心线或外边线。（√）

79. 硬木门、窗扇应先钻眼后拧螺钉，孔径为螺钉直径的 0.9 倍为宜，眼深为螺钉长度的 2/3。（√）

80. 木门框安装后，在手推车可能撞击的高度范围内应随即用铁皮或木方保护。（√）

81. 地弹簧用于高级建筑物的重型门扇下面的一种自动闭门器。当门扇向内或向外的开启角度不到 45°时，它能使门扇自动关闭。（×）

82. 空铺木地板，是指木地板只能直接铺钉在基层的框架龙骨上。（×）

83. 只有没有企口的实木地板才能做地板拼花的铺贴。（×）

84. 薄型硬木地板粘贴的工艺顺序为：施工准备→弹线→垫基层板→粘贴硬木地板→养护→刨光或磨光。（√）

85. 实铺木地板的粘贴顺序应为从中心交叉线开始向四周展开，最后由房间的门口推出。（√）

86. 地板粘贴完并平整过后，要养护 3～5 天，可根据不同的季节和室温而定，比如夏季可短，冬季应长。（√）

87. 木地板的材质品种、等级应符合设计要求，含水率应在 15% 左右。（×）

88. 木楼梯由踏步板、踢脚板、三角木、休息平台、斜梁、栏杆及扶手组成。（√）

89. 明步楼梯的施工顺序为：在斜梁的上下端头做吞肩榫与平台的结构梁（楼搁栅），将地搁暗嵌在斜梁的凹槽内，并用铁固件加固。（×）

90. 楼梯的踏步宽为 300～350mm,这样可以保证脚的着力点重心落在脚心附近,使脚的后跟着力点有 100% 在踏步板上。（×）

91. 根据住宅规范的规定，套内楼梯的净宽当一边临空时不应小于900mm，当两侧有墙时，不应小于1000mm。（×）

92. 护墙板的纵横分档线，应参考面层材料的基本规格，以整板无拼缝为佳。（√）

93. 门窗的贴脸板一般都是实木成形加工而成，并在背面开槽，防止翘曲变形。（√）

94. 迭级顶棚是指在不同的空间的顶部，因造型或结构的需要所做的有高差的层次顶面，可以是一层迭级层级，也可以是多层迭级。（×）

95. 实铺木地板因对基层的要求很高，所以一般来说需在建筑结构层上再做一层水泥砂浆找平层。（√）

96. 粘贴硬木地板条时的施工是做到刮胶后不再粘手方可贴硬木地板条。（×）

97. 地板条不直，宽窄、长短不均匀，粘接不牢是造成地板缝过大的主要原因。（×）

98. 楼梯木栏杆的制作应根据设计图样的断面大样，用整材实木作形成的加工。（√）

99. 木栏杆如果有榫头松动，可将榫头端面适当凿开，插入与榫头等宽、短于榫长的木楔。（√）

100. 木墙裙如果龙骨数量少、胶合板薄及质量差，可导致板面不稳，应增加木龙骨的数量、缩小间距或改用厚胶合板。（√）

101. 迭级的施工弹线，其迭级处的线可在顶面画出，然后从墙边引出。（×）

102. 框架式家具以实木为基材，采用榫卯接合，主要部件为框架或木框嵌板结构，嵌板也承重。（×）

103. 同一胶拼件上的材质要一致或相近，针叶材、阔叶材不得混合使用。（√）

104. 一般要求配料时的木材含水率越低越好，表明材质干燥，制作家具质量较好，不容易变形。（×）

105. 配料时，加工余量留的小些较好，因为这样可以降低消耗在切削加工上的木材损失率。（×）

106. 确定加工余量时，对于容易翘曲的木材、干燥质量不太好的木材或加工精度和表面粗糙度要求较高的零部件，加工余量要大一点。（√）

107. 为保证刨削质量，一般要顺木纹刨削，刨削中如遇到有节疤、纹理不顺或材质坚硬的木料时，刨刀的切削阻力增大，操作者应适当降低进料速度，刨削时要先刨大面，后刨小面。（√）

108. 在平刨上加工基准面时，为获得光洁平整的表面，将前、后工作台调平行，并在同一水平面上。（×）

109. 柱形刀头切削圆的上层切线与工作台面间保持一次走刀的切削量。（×）

110. 在平刨上加工短料或薄料时，操作人员一定要特别注意，应适当减慢进料速度或更换刨刀，尽量顺纹刨削，防止发生危险。（×）

111. 宽毛料截端时，为使锯口位置精确和两端面具有要求的平行度，毛料应该用同一个边紧靠导尺定位。（√）

112. 在工作过程中，常有木屑塞入下辊筒与台面之间的缝隙，阻止工件前进。此时应停机或降落台面，用木棒或金属棒拨出木屑，不能直接用手拨弄，以免发生危险。（√）

113. 对于较宽大工件的净光，需首先进行垂直木材纹理的砂光，再进行平行木材纹理的砂光，以得到即平整又光洁的表面。（√）

114. 在锯裁人造板时不必考虑纤维方向和天然缺陷，只要按人造板幅面和零部件尺寸编制出合理的开料方案或裁板图，做到充分利用原材料。（×）

115. 为了适应于锯裁已经进行贴面处理的实心人造板材，大多数锯机在主锯片的底部都装有刻痕锯片，以保证锯口光滑平整和防止主锯片锯割时产生下表面撕裂、崩茬。（√）

116. 薄木或单板剪截时，应首先顺纹剪截，而后横纹剪截。（×）

117. 板式家具钻孔的质量好坏在于定位是否精确、孔位是否光洁。（√）

118. 承重木结构的受拉构件，不得使用腐朽的木料。（√）

119. 承重结构中的受压构件，可以使用部分出现有裂缝的木材。（×）

120. 承重结构中的受弯构件，可以使用部分有木节的木材。（√）

121. 有部分木节的木材作受弯构件时，应把木节部分安置在受压区域。（√）

122. 木节越多的木材，抗压强度越大，它越适应于做受压构件。（×）

123. 温度越高，干燥的速度就快，木材的干燥质量越好。（×）

124. 风速越大，干燥的速度就快，木材的干燥质量越好。（×）

125. 木材干得越透，质量越好。（×）

126. 木材在室内空气中摆置的时间越久，则越干燥。（×）

127. 木材越干燥，它的干缩量越大。（×）

128. 长期置于水中的木构件要进行防腐处理。（×）

129. 处于时干时湿环境中的木构件，要进行防腐处理。（√）

130. 处于温湿空气中的木构件，要进行防腐处理。（√）

131. 先对木料进行防腐处理，再制作木构件。（×）

132. 先对木料进行药物防火处理，再制作木构件和木饰件。（×）

133. 插销类的门锁牌号为"9"当头，安装时要嵌入门梃中，并采用相应的配套执手。（√）

134. 复锁类的门锁牌号为"6"当头，安装时附着在门梃

上。（√）

135. 聚醋酸乙烯乳液木材粘合剂使用方便，粘力大，并且耐水性好。（×）

136. 用环氧类的胶粘剂粘合木材，除了加工性差以外，耐久性、耐水性、耐热性均较好。（×）

137. 为了不影响门扇的强度，锁应装在门梃与中帽头的交结处。（×）

138. 手枪式电钻的最大钻孔直径为13mm。（√）

139. 手提式电钻的最大钻孔直径为22mm。（√）

140. 一般的冲击电钻在砖中的钻孔直径为24mm。（√）

141. 手电刨的吃刀深度，应控制在1mm以内。（√）

142. 手提式木工电动工具的电压，一般都为370V。（×）

143. 钢模板宜在安装前涂刷适宜的隔离剂，不得在钢筋安装后涂刷，以免污染钢筋和混凝土。（√）

144. 木模板宜在安装前涂刷适宜的隔离剂，不得在安装后涂刷，以免污染钢筋和混凝土。（×）

145. 在同一拼缝上安装 U 形卡时，应交叉方向放置以防止钢模板整体变形。（√）

146. 用小块钢模拼装成狭长面积时，应对称配备布置，以防止钢模整体变形。（√）

147. 各种型号的平模纵横混合相配备拼装，容易出现模板圆孔差移的现象。（√）

148. 木门窗框的正侧面垂直允许偏差用 1m 托线板检查，允许偏差为 3mm。（√）

149. 木门窗的框与扇、扇与扇、接缝处的高低允许偏差为 2mm。（√）

150. 木门窗中框与扇上缝留缝宽度允许偏差为 1.0 ~ 1.5mm。（×）

151. 钢窗框的正、侧面的允许垂直度，用 1m 托线板检查，允许偏差则为 3mm。（√）

152. 钢窗框的允许水平度，用 1m 水平尺检查，则小于 5mm。（×）

153. 滑模是以液压千斤顶为提升机具，在液压作用下，带动模板沿着混凝土表面向上滑动来成型钢筋混凝土结构的施工方法的总称。（√）

154. 升模施工法是运用电动升板机来提升墙柱、梁的模板。（√）

155. 大模板的标准模板，一般由面板、加劲肋、竖、楞、支撑桁架、稳定机构与其他配件所组成。（√）

156. 爬模与滑模相比，最大的区别是滑模必须连续不停地支模、绑扎钢筋和浇筑混凝土，而爬模分阶段进行，先空滑后再绑扎钢筋、支模与浇筑混凝土。（√）

157. 现场预制预应力钢筋混凝土屋架模板中，在各杆件的交接处应配制异形模板，并画出断面样板，这样能省料，保证质量。（√）

158. 现场预制预应力钢筋混凝土屋架模板中，一般采用叠浇法施工，上弦、下弦的里侧模板，可以一次安装到顶，这样能省料，质量好。（√）

159. 直线形预应力钢筋孔道，应采用钢筋管制得。（×）

160. 曲线形预应力钢筋孔道，应采用胶管制得。（√）

161. 在屋架的浇捣混凝土施工中，应将预应力钢筋孔道的钢管每隔 5～15min 缓慢转动一次，在混凝土浇筑完毕，每隔 3～3min 仍须转动一次。（√）

162. 某现浇 3.6m 长的梁模，在混凝土强度达到设计强度的 50% 时就可以拆除模板。（×）

163. 某现浇 4.6m 长的梁模，在混凝土强度达到设计强度的 50% 时才可拆除模板。（×）

164. 某 5.6m 长的梁模，在混凝土强度达到设计强度的 70% 才可拆除。（√）

165. 某预应力屋架的模板，应在预应力张拉完后拆除。（×）

166. 某雨篷板外挑 1.5m，在混凝土强度达到设计强度的 70% 时，才可拆除。（×）

167. 影响混凝土强度增长的主要因素是水泥用量多少，水泥用量越多，则强度增长越快。（×）

168. 影响混凝土强度增长的主要因素是水泥的标号，标号越高，则强度增长越快。（×）

169. 影响混凝土强度增长的主要因素是养护天数，养护天数越多，则强度增长越快。（×）

170. 影响混凝土强度增长的主要因素是养护时的湿度，湿度越高，则强度增长越快。（×）

171. 影响混凝土强度增长的主要因素是施工时振捣的密实度，密实度越大，则增长的速度越快。（×）

172. 轻钢龙骨吊顶就是铝合金平顶。（×）

173. 木平顶筋下面不能做铝合金平顶面层。（×）

174. 轻钢龙骨吊顶的面层，可以做三夹板、玻璃镜面的平顶面层。（√）

175. 轻钢龙骨隔墙的骨架拼装连接，常采用沉头木螺钉固定。（×）

176. 轻钢龙骨的三个类别（C50、C75、C100）；其构造方式相同，仅断面的宽度不同以适于建造不同高度的隔墙需要。（√）

177. 为了较好地固定木踢脚板，应该分别用钉子与墙中木砖、木地板钉牢。（×）

178. 之所以在木踢脚板上穿小孔，是为了使潮气能流出，以防踢脚板受潮腐朽。（√）

179. 之所以在木踢脚板的背面开槽，是为了减少木材受潮变形的程度，以防上口脱开墙面形成裂口。（√）

180. 筒子板的上下两端的小孔，作用不大，可做可不做。（×）

181. 门窗贴脸，主要是为了加大门的立面尺寸，起到较好

的装饰效果。（×）

182. 铝合金平顶中心标高的引测可以直接从楼地面量得。（×）

183. 由于铝合金平顶的龙骨必须用铝合金材料制成，故造价很高。（×）

184. 铝合金吊顶上风口、检修口、灯罩等预留洞，均需增设主龙骨，并且吊扇的吊钩不应设置在龙骨上。（√）

185. 在铝合金平顶中，为节约材料，靠墙龙骨可间隔放置。（×）

186. 铝合金平顶大小次龙骨的安装顺序，均应先中间，再向两边依次进行。（√）

187. 木弯头与扶手连接处设在第一踏步的上半步或下半步处。（√）

188. 当楼梯栏板之间的距离大于 200mm 时，木扶手弯头可断开，分段做。（√）

189. 制作弯头的木料，必须在大方木料上斜纹出料而得。（√）

190. 明步木楼梯的踏步板和踢脚板，分别嵌在斜梁的凹槽内。（×）

191. 制作木楼梯三角木时，木纹应垂直或平行于三角形的直角边。（×）

192. 一般用油毡或油纸做护墙板的防潮层，并把它紧贴在护墙板内的背面。（×）

193. 装钉筒子板的墙面，都应紧贴一层油毡作防潮处理。（√）

194. 装钉筒子板时，一般先装竖向，后钉横向，筒子板交角可做成直角交割。（×）

195. 在门窗筒子板安装好后才可安装贴脸，贴脸交角应做成45°交割。（√）

196. 护墙板表面若采取离缝的形式，钉护墙筋时，钉子不

得钉在离缝的间距内，应钉在面层能遮盖的部位。（√）

197. 三不放过是指事故原因分析不清不放过，事故的责任若没有查清及有关人员没受到教育不放过，没有改进和防范措施不放过。（√）

198. 发生重大伤亡事故的在场人员，必须在事故发生后的 1h 内向安全部门报告。（√）

199.6 级以上强风，严禁继续高空作业。（√）

200. 实物工程量计划完成率是：$\dfrac{实际完全工程量}{计划完成工程量} \times 100\%$。（√）

201. 定额工日完成率是：$\dfrac{定额计划总工日数}{实际作出工日数} \times 100\%$。（×）

202. 木屋架下弦的轴线就是木料的中心线。（×）

203. 木屋架上弦的轴线就是木料的中心线。（√）

204. 木屋架腹杆的轴线就是木料的中心线。（√）

205. 木屋架下弦的轴线不一定是木料的中心线。（√）

206. 屋架的起拱值是仅指下弦跨中抬高值。（×）

207. 两根不同长度的构件，由于同种材料并截面相同，故承受压力的能力相同。（×）

208. 两根相同长度的构件，由于同种材料并截面相同，尽管两端支座情况不同，但承受压力的能力相同。（×）

209. 同种材料截面相同的受压构件，短的比长的承受能力大。（√）

210. 同种材料截面净面积相同的受压构件，空心的比实心的承受能力大。（√）

211. 狭长截面的梁比粗大截面的梁容易发生失稳扭转的现象。（√）

212. 由大小相等、方向相反，作用线互相平行而不共线的两个平行力称为力矩。（√）

213. 一个物体受到一组力作用后，如不发生转动，则各作

用力对任意一点的合力矩为零。(√)

214. 一个物体受到一组力作用后，如不发生平移直线运动，则各作用力的合力为零。(√)

215. 一个物体受到一组力的作用后，如仍保持原来的状态，则合力为零，并各作用力对任意点的合力矩为零。(√)

216. 一个静止物体受到一组力的作用后，如果相对于不在同一地方的三个点的力矩和均为零，则此物体仍保持静止。(√)

217. 按照荷载的作用范围分为永久荷载和活荷载两种。(×)

218. 按照荷载的作用范围分为面荷载、线荷载和集中荷载三种。(√)

219. 按照荷载作用时间的长短，分为永久荷载和活荷载两种。(√)

220. 按照荷载作用时间的长短，分为面荷载、线荷载和集中荷载三种。(×)

221. 工程上习惯把使物体发生运动和产生运动趋势的力称为荷载。(√)

222. 力的三大要素是力、力偶和力矩。(×)

223. 力的三大要素是力的大小、力的方向、力的作用点。(√)

224. 作用力和反作用力是同时出现、单独存在的。(×)

225. 作用力和反作用力是同时出现、同时消失的。(√)

226. 一个物体的作用力和反作用力总是大小相等，方向相反，作用线相同。(×)

227. 水准线不但可以测定标高，而且可以测定角度。(×)

228. 水准仪的读数点应该是上丝处数值。(×)

229. 水准仪的读数点应该是下丝处数值。(×)

230. 水准仪的读数点应该是中丝处数值。(√)

231. 水准仪的精度应该转动调节脚螺旋来控制。(×)

232. 圆的投影图为圆。(×)

233. 球的投影图为圆。(√)

234. 立方体的投影图为矩形。(×)

235. 圆锥体的投影图为三角形。(×)

236. 圆环的投影图为同心双圆形。(×)

237. 倾斜于投影面的直线，其正投影图线为变小。(√)

238. 倾斜于投影面的面，其正投影图为扩大了的面。(×)

239. 垂直于投影面的面，其正投影图为实形。(×)

240. 垂直于投影面的线，其正投影图为直线。(×)

241. 平行于投影面的线，其正投影图为直线。(√)

242. 房屋建筑施工图的各专业施工图的编排顺序一般是全局性的图样在前，局部的图样在后；重要的在前，次要的在后；先施工的在前，后施工的在后。(√)

243. 建筑施工图建筑工程施工图一般的编排顺序是总说明、图样目录、建筑施工图、结构施工图、设备（水暖电）施工图。(×)

244. 当建筑物平面图的比例小于 1:2000 时，必须画出入口。(×)

245. 以假想的垂直剖切平面将建筑物剖开后所画的剖视图，称为建筑剖面图。(√)

246. 装饰平面图反映了建筑的重要结构，主要说明在建筑空间平面上的装饰项目布局、装饰结构、装饰设施及相应的尺寸关系。(×)

247. 装饰详图是用来表明某些特定设置的详细构造和材料及尺寸要求的图样，其表明的内容与装饰立面图和构造节点图相同。(×)

248. 立体图一般只能表示家具的外形，无法表达内部结构和零件间的装配关系，所以立体图不能算是图样。(√)

249. 明钉接合多用于建筑木构件及家具背板等隐蔽部位。(√)

250. 用木螺钉连接时，不可直接将螺钉一次敲没。若螺杆较短，先用锤将其总长的 1/3 敲入工件，再用螺钉旋具拧紧。（×）

251. 齿连接可以采用单齿、双齿或多齿的形式。（×）

252. 目前，我国制材设备的主机绝大部分是带锯机。（√）

253. 再剖带锯机的操作无论是人工进料还是滚筒自动进料，一般可由四人协调工作，分为上手、下手、调整靠山、上料堆放。（√）

254. 带锯机的安全装置采用多种形式的防护罩，有固定式，半固定式，可调式等。（×）

255. 如锯旋转的声音不正常，当前木料加工完毕后，应立即关闭电源，停锯检查。（×）

256. 铣削直线型工件，首先应考虑是否能使用机械进料装置。（×）

257. 单轴钻床分为主轴中心距固定和中心距可调两个品种。（×）

258. 机床起动后，不要立即进行车削，应先用废料试运行一段时间，等各部分运转正常后方可开始车削。（×）

259. 木工车床的操作者的衣袖要扎紧，操作时不可戴手套。（√）

260. 对曲线锯要注意经常维护和保养，要使用金属铭牌上所标示的电压。（√）

261. 直钉气动打钉机所打的钉子是直的，钉子截面有矩形和圆形两种。（√）

262. 纵切面是沿树干长轴方向，与树干半径方向一致或通过髓心的纵截面。（×）

263. 木材中的木射线大部分属于初生木射线。（×）

264. 纤维饱和点是木材的物理力学性质发生变化的转折点。（√）

265. 木材弦向的胀缩变形最大，是因髓线与周围连接较差

所致。（√）

266. 当木材含水率在纤维饱和点以上变化时，木材强度不变。（√）

267. 木制品生产中所使用的胶粘剂中，天然树脂胶占有很大比重。（×）

268. 酚醛树脂胶在一切条件下都有相当的耐久性，在高温、高湿反复出现的情况下，更显出它的优越性。（√）

269. 薄形木拼花地板它是用硬杂木、水曲柳等木材制成。（√）

270. 浇筑混凝土时，混凝土的表观密度大，浇筑速度快，因此产生的正向压力较大。（×）

271. 墙顶上如果是木垫块，则应用焦油沥青涂刷其表面，以起到防滑的作用。（×）

272. 由于测量是由 A 点向 B 点方向进行，所以称 B 点为后视点，称 A 点为前视点。（×）

273. 使用微倾水准仪的基本操作程序为：安置仪器—粗略整平—精确整平—调焦和照准—读尺—记录。（×）

274. 采用外脚手架作业，皮数杆应立于墙的内侧。（√）

275. 采用框架或钢筋混凝土柱间墙时，每层皮数可直接画在构件上，而不立皮数杆。（√）

276. 水准器是整平仪器的装置，有圆水准器和管水准器两种。（×）

277. 水准管的气泡永远处于管内的最高处。（√）

278. 水准管当气泡居中时，气泡两端的半边影像将复合成一椭圆形。（×）

279. 如果水准管倾斜，气泡将向低的一端移动。（×）

280. 塔尺多为三节组合的空心木尺，可以伸缩，因形状似宝塔而得名。塔尺仅用于等外水准测量中。（√）

281. 尺垫是由生铁制成。水准测量时，在立尺点放置尺垫，但不得用脚将铁脚踩入土内，尺垫紧贴地面，水准尺竖直立于尺垫中心半圆球的顶部，以防止测量时尺底下沉而产生误差。
（×）

282. 钢木屋架的组成杆件与木屋架基本相同，但中间一对斜杆多从屋脊处斜向两边，这对斜杆受压力。下弦节间长度为 3 ~ 4.5m，要比木屋架的节间长度大，因此竖杆相应减少。（×）

283. 钢木屋架的端节点是用角钢和槽钢焊成套承，用木螺钉装在下弦端头，上弦端头焊上套环。（×）

284. 为防止节点变位时圆钢斜拉杆受孔槽的限制而承受附加弯矩，应将木竖杆的端头沿斜角刻成通槽，同时水平钢板上的孔径必须适当放大。（√）

285. 在将各杆件的中线和轴线放出后，再根据各杆件的截面高度（或宽度），从中线和轴线向两边画出杆件边线，各线相交处要互相出头一些。（√）

286. 对于原木屋架，各杆件直径以大头直径表示。（×）

287. 木屋架的加工制作时，钢件的连接应用气焊或锻接。（×）

288. 木屋架的拼装与安装工艺需要注意的是，受拉、受剪和系紧螺栓的垫板尺寸，应符合设计要求，不得用两块或多块垫板来达到设计要求的厚度。（√）

289. 木材裂缝处，可以用在下弦端点及弦杆接头处。但斜裂纹不得使用。（×）

290. 上弦杆中心线通过上弦截面中心，若端节点为双齿连接时，则中心线垂直平分端节点槽齿承压面。（×）

291. 马尾屋架各弦杆不在跨中相交。（√）

292. 定型模板的尺寸一般为 400mm × 800mm、500mm × 1000mm 等，也有做成方形的。（√）

293. 托木设置于墙模侧板外侧或格栅底下。托木应用方木制作。（×）

294. 基础木模板的安装必须与基础钢筋的安装相配合。有底梁带形基础木模板，应先安装带形基础钢筋，再安装下阶模

板。（×）

295. 墙模要用斜撑及平撑予以稳固，斜撑上端钉牢于牵杠上，下端钉牢于木桩上，平撑一端钉牢于夹木上，另一端钉牢于木桩上。（√）

296. 雨篷模板包括过梁模板和雨篷板模板两部分。（√）

297. 挑檐板模板一般是在上层窗台线上用斜撑支撑挑檐部分，也可采用钢三脚架支撑挑檐部分。（×）

298. 楼梯侧板的宽度至少要等于楼梯段板厚及踏步高，梯段侧板的厚度为 30mm。（√）

299. 楼梯模板配制的工艺分为两种，一种是先砌砖后浇筑楼梯模板，另一种是先浇筑楼梯后砌墙，后者在安装梯段模板时，两侧应支设外帮板，梯段中间加设反三角木。（√）

300. 模板根据其使用材料的不同，可以分为钢模板、木模板和钢木混合模板三种。最常见的是钢木混合模板。（×）

301. 模板正常滑升时，提升速度初期稍慢于混凝土浇筑速度。（√）

302. 抄平放线在每栋建筑物的四个大角和流水段分界处，应设置标准轴线控制桩。（√）

303. 玻璃门的构造与常见的镶板门不同之处是玻璃门将门扇中的木制门芯板大部分或全部改装成玻璃。（√）

304. 门樘的断面形状基本上与窗樘类同，只是门的负载比窗大。（×）

305. 玻璃在门窗上的镶嵌可以根据需要组合，如上部为玻璃，下部为门心板；也可上部为木板，下部为玻璃等。（×）

306. 玻璃窗扇一般由上、下冒头和左、右边梃榫接而成，中间一般不设有窗棂。（×）

307. 制作胶合板门时，边框和横楞必须在同一平面上。（√）

308. 小料和短料胶合门扇、胶合板或纤维板门扇，允许适度脱胶。（×）

309. 木制弹簧门多数为单扇弹簧门。（×）

310. 镶板式门扇一般是在做好门扇框后，将门板嵌入门扇框上的凹槽中。（√）

311. 木制弹簧门安装门扇前，先要检查门框上、中、下三部分是否一样宽，如果相差超过5mm，就必须修整。（√）

312. 蒙板式门扇当门扇高、宽尺寸不大时，骨架的竖向与横档木方之间的连接可用钉胶结合的连接方法。（√）

313. 现在常见的复合地板的铺设，板与基层之间还有一层薄膜垫层，板与板之间的连接为企口带木胶的方式，所以板和基层之间胶连接。（×）

314. 薄型硬木地板的粘贴在施工前一天，需彻底清洁基层表面，最好用鼓风机去掉浮灰。（×）

315. 薄型硬木地板的粘贴的顺序应为从中心交叉线开始向四周展开，最后由房间的门口退出。（√）

316. 根据住宅规范的规定，套内楼梯的净宽当一边临空时不应小于750mm，当两侧有墙时，不应小于900mm。（√）

317. 木楼梯扶手同栏杆一样，均是根据设计断面，选用实木硬质材作成形的加工而成，可根据楼梯的高度将扶手加工成直段和弯曲段。（×）

318. 旋梯以曲线来实现上、下楼的连接，款式美观，而且可以做得很宽。（×）

319. 木楼梯的踏步防滑，保暖效果好，但耐磨性差，不易保养，多使用在跃层式住宅室内连接私人和公用空间的通道上。（√）

320. 楼梯的纵深感一直是设计师的难题，因为要求既能扩大空间感，同时又不能使它变得像公共场所。（√）

321. 木墙裙安装后，不得立即进行饰面处理，应先涂刷清油一遍，以防止其他工种污染板面。（×）

322. 贴脸板分为横向和竖向，装钉的顺序为先横向后竖向。（√）

323. 框式家具一般要求配料时的木材含水率应比使用地区

或场所的平衡含水率低2%~3%。（√）

324. 框式家具配料时加工余量大比小好。（×）

325. 平行划线法是在除去缺陷的同时，充分利用板材的有用部分锯出更多的毛料，所以出材率高。（×）

326. 平面和侧面的基准面可以采用铣削方式加工，常在平刨床或铣床上完成；端面的基准面一般用横截锯加工。（√）

327. 压刨床由两人操作，一人送料，一人接料，二人均应站在机床的侧面。（√）

328. 榫头和榫眼的加工时间间隔无限制。（×）

329. 拼接木材的含水率应保持一致，否则会引起拼板的翘曲和收缩，一般要求相邻胶拼材的含水率差异要小于2%。（×）

330. 最简单的钻孔方式可采用普通台钻、单轴钻或手电钻。（√）

331. 开槽主要是为了安装背板等，可在铣床上加工，或用锯片切割，但要控制好锯路深度和长度。（√）

332. 将检测尺放在要检测的水平面上，如气泡居中，则水平度合乎要求；若气泡偏移，则根据气泡偏移所对应的刻度读出刻度数值，每格为2mm。（×）

333. 仪表垂直检测尺主要用于墙面、门窗框、装饰贴面等项目的垂直度及平整度的检测。（√）

334. 仪表垂直检测尺检测时握尺的倾斜度不得超过5°~10°，定位销外露3~5mm为最佳。（√）

335. 日常保养：一般以施工作业人员为主，每日进行一次。（×）

336. 一级保养可不定期进行。（×）

337. 对角检测尺要预备M6螺栓，可装反光镜及游标卡尺，便于高处检验时使用。（×）

338. 木线条变形的产生原因是木线条质地疏松，含水率高。（√）

339. 室内线条不交圈的产生原因是设计疏忽或施工时无此意识。（√）

340. 停放保养的重点是清扫、加油、更换易损部件。（×）

341. 月度保养计划的目的是按月平衡高级保养项目。（×）

2.4 填空题

1. 各专业施工图的编排顺序一般是<u>全局性</u>图纸在前，<u>局部</u>的图纸在后；<u>重要</u>的在前，次要的在后；<u>先施工</u>的在前，后施工的在后。

2. 房屋有几层，就应该绘制几个平面图，房屋底层平面图形中应有<u>指北针</u>符号。

3. 建筑的结构件种类繁多。为了图示清晰和工作方便，常用的构件用汉语拼音<u>第一个字母</u>的组合作为代号。

4. 装饰施工图主要包括<u>装饰平面图</u>、顶棚平面图、装饰立面图、装饰剖面图、构造节点图和装饰详图。

5. 木结构构件的接合在很大程度上取决于连接方式。木构件的连接方式很多，目前常用的连接有<u>齿连接</u>、螺栓连接、销连接、承拉连接、斜键连接和胶连接等。

6. 螺栓是木结构中使用较广的结合形式之一，主要用在构件的<u>接长</u>连接和<u>节点</u>的连接中。

7. 带锯机上的重锤是自动平衡锯条张紧力的装置，重锤的质量适中与否，直接影响锯材的<u>质量</u>和锯条的<u>寿命</u>。

8. 横裁圆锯机用于对各种规格的毛料或板材进行横向截断，它分为<u>手动进料</u>和<u>机械进料</u>两类。

9. 万能圆锯机用途甚广。它除了利用圆锯片纵向、横向锯解各种<u>方材</u>、板材、<u>胶合板</u>外，又可成一定角度的锯切。

10. 刨削松木时，常有树脂粘接在台面和辊筒上，阻碍工件的进结。为了提高进给速度和加工质量，在工作中应经常在台面上擦拭<u>煤油</u>进行润滑。

11. 轻型四面刨床一般有四根刀轴，布置方式和顺序为：<u>下水平刀轴</u>，左、右垂<u>直刀轴和上水平刀轴</u>。

12. MB403 型四面刨床作业完毕后，应先按动停机按钮，待全机停<u>止转动后</u>，再把转换开关拨到<u>停车位置</u>。

13. 用平刨床加工长度小于<u>300mm</u>、厚度小于<u>20mm</u> 的短薄木料，严禁用手<u>直接推送</u>，要使用推棍和推板等手用工具。

14. 有的树木在生长季节内，因菌害、虫害、霜雹、火灾、干旱等影响，同一生长周期内会形成<u>两个或两个</u>以上的生长轮。

15. 一般情况下，晚材率的大小可以作为衡量针叶树材与阔叶树环孔材强度大小的一个<u>重要标志</u>。

16. 针叶树材无导管，其横切面上组织细致而均匀，用肉眼看不出有孔，所以针叶材称为<u>无孔材</u>。

17. 当木材长时间处于一定温度和湿度的环境中时，木材中的含水量最后会达到与周围的环境湿度相<u>平衡</u>，这时木材的含水率称为<u>平衡含水率</u>。

18. 在木材加工制作前应<u>预先</u>将木材进行干燥处理，使木材干燥至其含水率与将做成的木构件使用时所处环境的湿度相适应的平衡含水率。

19. 乳胶也叫白胶，即聚醋酸乙烯乳液树脂胶。这种胶呈乳白色，是粘接木材时使用最为广泛的胶。

20. 在酚醛树脂胶中，以苯酚和甲醛缩聚形成的酚醛树脂胶（PF）应用最广，胶合制品的强度、<u>耐水性</u>、耐热性、耐腐蚀性等性能都好。

21. <u>滑升模板</u>大多用于筒仓和烟囱之类的特殊结构，有时用于框架和剪力墙结构。

22. 硬木地板的铺设对<u>基层</u>的要求较高，铺贴前必须做好基层的处理。

23. DS3 型微倾式水准仪作水准测量时，微倾螺旋总是在观测者的右侧，故调整微倾螺旋一定要用<u>右手</u>。初学者注意：气泡左半部分移动的方向，恒与右手大拇指旋转的方向一致。

24. 塔尺仅用于等外水准测量。

25. 如在坡地上安置水准仪，应将两支腿分开至于坡的下方，一支腿置于坡的上方，这样安置仪器比较稳定。三角架摆好后，用脚将三角架的铁脚踩入土中，并使架头大致水平。

26. 如观测中遇降雨，应及时将水准仪上的雨水用软布擦拭干净方可入箱。

27. 跨度在8～12m的三角形屋架，可在屋架中央节点上沿房屋纵向隔间设置垂直支撑，并在设有垂直支撑的开间内，在屋架下弦节点间设置一道水平系杆。

28. 屋架跨度在12m以上或有吊车等震动影响时，应在房屋两端第二个开间内及纵向每间隔 20～30m 设置一道上弦横向支撑。

29. 样板经检查合格后才准使用，使用过程中要妥善保管，注意防潮、防晒和损坏。

30. 马尾屋架实际上是半屋架，它的构造与全屋架基本相同。其端节点为槽齿连接，通过垫块和螺栓与墙体连成一体。

31. 搭头木用于卡住梁模、墙模的上口，以保持模板上口宽度不变。

32. 顶撑用于支撑梁模。顶撑由帽木、立柱、斜撑等组成。

33. 杯口基础木模板，应先安装下阶模板，再安装杯形基础钢筋，然后安装上阶模板及杯口模板。

34. 沿柱与梁相交时，应在柱模上端的梁柱相交处开缺口，缺口高度等于梁高，缺口宽度等于梁宽。

35. 柱模的安装必须与柱钢筋相配合。应先安装三面侧板，再安装柱钢筋，然后安装另一面侧板及柱箍等。

36. 当梁底跨度大于 4m 时，跨中梁底应按照设计要求起拱。设计无要求时，起拱高度为梁跨度的1/1000～3/1000。主、次梁交接，主梁先起拱，次梁后起拱。

37. 下面墙上圈梁支模一般采用挑扁担法和倒卡法。倒卡法是在圈梁底面下皮砖缝中，每隔1m嵌入φ10mm 钢筋称侧模，用钢管卡具或木制卡具卡于侧模上口，当混凝土达到强度拆模时，将 ϕ10mm 钢筋抽出。

38. 在夏季施工混凝土浇捣后，必须盖草包，并浇水养护一段时间。原因是：混凝土在养护时，如果<u>湿度</u>不够，也将影响混凝土强度的增长，同时还会引起干缩裂纹，使混凝土表面疏松，<u>耐久性</u>变差。

39. 混凝土强度随龄期的增长而逐渐提高。

40. 模板支撑结构必须安装在坚实的地基上，且有足够的<u>支撑面积</u>。如安装在基土上，基土必须坚实并有<u>排水措施</u>。对湿陷性黄土必须有<u>防水措施</u>；对冻胀性土，必须有在冻胀土冻结和融化时能保持其设计标高的措施，防止地面产生<u>不均匀沉陷</u>。

41. 滑升模板试升的目的是<u>观察</u>混凝土的凝固情况，<u>判断</u>提升时间是否适宜。

42. 混凝土浇筑前，要做好混凝土配合比的试配工作。试配的混凝土，除必须满足设计要求外，还应满足滑模施工的<u>工艺要求</u>，以保证模板如期滑升，且出模的混凝土具有合适的强度，即出模混凝土不流淌、不拉裂。

43. 当遇到雷雨、雾、雪、风力达到<u>五级或五级以上</u>的天气时，可以进行滑模装置的拆除作业。

44. 木门窗制作简易、灵活方便，非常适合于手工木工加工，是被广泛采用的一种<u>传统门窗样式</u>。

45. 门窗玻璃的选择中，为了达到隔声保温的要求，可采用<u>双层中空玻璃</u>。

46. 为保证各楼层的窗户<u>上下对齐</u>，应在外墙吊铅垂线，标示窗口的中心线或外边线。

47. 硬木门、窗扇应先钻眼后拧螺钉，孔径为螺钉直径的<u>0.9</u> 倍为宜，眼深为螺钉长度的2/3。

48. 木门框安装后，在手推车可能撞击的高度范围内应随即用<u>铁皮或木方</u>保护。

49. 薄型硬木地板粘贴的工艺顺序为：施工准备→弹线→垫

基层板→粘贴硬木地板→养护→刨光或磨光。

50. 实铺木地板的粘贴顺序应为从中心交叉线开始向四周展开，最后由房间的门口推出。

51. 地板粘贴完并平整过后，要养护3～5天，可根据不同的季节和室温而定，比如夏季可短，冬季应长。

52. 木楼梯由踏步板、踢脚板、三角木、休息平台、斜梁、栏杆及扶手组成。

53. 护墙板的纵横分档线，应参考面层材料的基本规格，以整板无拼缝为佳。

54. 门窗的贴脸板一般都是实木成形加工而成，并在背面开槽，防止翘曲变形。

55. 实铺木地板因对基层的要求很高，所以一般来说需在建筑结构层上再做一层水泥砂浆找平层。

56. 楼梯木栏杆的制作应根据设计图纸的断面大样，用整材实木作形成的加工。

57. 木栏杆如果有榫头松动，可将榫头端面适当凿开，插入与榫头等宽、短于榫长的木楔。

58. 木墙裙如果龙骨数量少、胶合板薄及质量差，可导致板面不稳，应增加木龙骨的数量、缩小间距或改用厚胶合板。

59. 同一胶拼件上的材质要一致或相近，针叶材、阔叶材不得混合使用。

60. 确定加工余量时，对于容易翘曲的木材、干燥质量不太好的木材或加工精度和表面粗糙度要求较高的零部件，加工余量要大一点。

61. 为保证刨削质量，一般要顺木纹刨削，刨削中如遇到有节疤、纹理不顺或材质坚硬的木料时，刨刀的切削阻力增大，操作者应适当降低进料速度，刨削时要先刨大面，后刨小面。

62. 宽毛料截端时，为使锯口位置精确和两端面具有要求的平行度，毛料应该用同一个边紧靠导尺定位。

63. 在工作过程中，常有木屑塞入下辊筒与台面之间的缝隙，阻止工件前进。此时应停机或降落台面，用木棒或金属棒拔出木屑，不能直接用手拨弄，以免发生危险。

64. 对于较宽大工件的净光，需首先进行垂直木材纹理的砂光，再进行平行木材纹理的砂光，以得到即平整又光洁的表面。

65. 为了适应于锯裁已经进行贴面处理的实心人造板材，大多数锯机在主锯片的底部都装有刻痕锯片，以保证锯口光滑平整和防止主锯片锯割时产生下表面撕裂、崩茬。

66. 板式家具钻孔的质量好坏在于定位是否精确、孔位是否光洁。

2.5 简答题

1. 家具图主要应该包含哪些内容？

答：家具图主要包含：

（1）结构装配图。结构装配图是家具图中最重要的一种，它能全面表达家具的结构。结构装配图上画有家具的全部结构和装配关系，如各种榫接合或钉接合，薄木贴面，线脚镶嵌装饰等，以及装配工序所需要的尺寸和技术要求等。

（2）零件图。零件图是家具各个零件的图样，如桌椅的腿、抽屉的侧板和拉手等。零件图上有零件的图形、尺寸、技术要求和加工注意事项。

（3）组件图。介于结构装配图和零件图之间的图样叫组件图，它是由几个零件装配成家具的图样。

（4）大样图。家具上常有曲线形的零件，其形状和弯曲都有一定要求，加工比较困难。为了满足加工要求，把曲线形的零件画成和产品大小一样的图形，这种图形就称为大样图。

（5）立体图。又称为示意图。在一张立体图上，同时能看到三个方向（上下、左右和前后），立体感强。立体图图一般只能表示家具的外形。无法表达内部结构和零件间的装配关系，所以立体图不能算是图样。

（6）组装图。随着组合式家具的生产，相应地出现了组装图。组合式家具是由一些单独的小柜、抽屉和搁板等相互拼装而成。

2. 现场施工的管理内容是什么？

答：现场施工管理的基本内容包括：

（1）编制施工作业计划并组织实施，全面完成计划指标。

（2）做好施工现场的平面管理，合理利用空间，创造良好的施工条件。

（3）做好施工中的调度工作，及时协调土建工种和专业工种之间、总包与分包之间的关系，组织交叉施工。

（4）做好施工过程中的作业准备工作，为连续施工创造条件。

（5）认真填写施工日志和施工记录，为交工验收和技术档案积累资料。

3. 图纸的校核一般应该注意什么？

答：图纸的校核一般应注意：

（1）根据图纸目录，核对所有施工图纸和设计文件是否完整、齐备。

（2）检查图纸中尺寸、坐标、标高等相关数据是否明确，采用的标准规范是否明确。

（3）检查总图、分项图、构件图之间是否协调一致，安装图纸和土建图纸是否协调一致。

（4）检查施工中涉及的新材料、新工艺是否清楚，其品种、数量、规格能否满足设计要求。

（5）检查涉及与施工的主要技术方面是否相适应。图纸设计深度能否满足现场实际施工的需要。

（6）检查各专业之间设计是否协调，设备外形尺寸与基础尺寸，建筑物预留孔及预埋件与安装图纸要求，设备与系统的连接部位，管线之间的相互关系是否符合规范。

（7）检查各类管道、电缆等布置是否合理，坐标、规格是否正确。设备管口方位、接管规格与管道安装图、土建基础图是否吻合。

（8）检查各专业工程设计是否便于是施工、经济合理。能否满足生产运行安全经济的要求和检修作业的合理要求。

此外，相关的法令法规也已经出台，使得施工图的审核制度更加完善。根据中华人民共和国建设部令 134 号，《房屋建筑和市政基础设施工程施工图设计文件建设管理办法》已于 2004 年经第 37 次部常务会议讨论通过，我们要严格遵照执行。

4. 圆锯机按锯解方向的不同应如何分类？

答：圆锯机由于使用广泛，因此类型较多。按锯解方向的不同可分为纵锯圆锯机、横截圆锯机和万能圆锯机。

（1）纵锯圆锯机。纵锯圆锯机时用于将宽板材纵向锯解成若干块窄板材，常用的有单锯片和多锯片的，多锯片的在进行大批量生产时应用较广泛。

（2）横截圆锯机。横截圆锯机用于对各种规格的毛料或板材进行横向截断，它分为手动进料和机械进料两类。

（3）万能圆锯机。万能圆锯机用途甚广。它除了利用圆锯片纵向、横向锯解各种方材、板材、胶合板外，又可成一定角度的锯切。

5. 简述 MB403 型四面木工刨床的操作方法。

答：MB403 型四面刨床由机座、工作台、进料器、刀头、压料器、靠山、电器控制设备、电动机等部分组成。需要三个人操作，一个人负责送料，一个人负责接料，一个人负责调整机床和随时处理可能发生的情况。递料人应一根根地将木料送入进料滚筒，等压料器压上木料后即可松手。接料人不可拉料，应等木料出左右立刀后，方可把料拿出堆放。当发生意外情况时，负责调整的人应立即采取必要的措施排除故障。如发现工件进给不顺时，可操纵断续进料开关。如需要把料退回，应立即按断续退料开关，将料推出。如发生意外事故时，应立即停机。工作完毕后，先按动停机按钮，待全机停止转动后，再把转换开关拨到停车位置。

6. 平刨床按进给方式如何分类？

答：平刨床按其进给方式的不同可以分为手工进给的平刨床和机械进给的平刨床。

（1）手工进给的平刨床　由于是手工进给，所以工人的劳动强度大，并且生产效率也较低，最大的缺点是不安全，操作者精神过度紧张和集中，易于疲劳。

（2）机械进给的平刨床　它可以克服手工进给平刨床的缺点，使得劳动生产率大大提高。机械进给又分为两种，一种是辊筒进给，另一种是履带进给。但是，由于机械进给的平刨床对工件不易加工成理想基面，平刨床目前多数还是采用手工进给。

7. 开榫机的安全生产要点主要有哪些？

答：开榫机的安全生产要点包括：

（1）开机前检查刀头有无裂纹，螺钉是否紧固。

（2）装入刀体的刀片重量要一致。

（3）开车时必须逐个启动刀头，不用的刀头不要起动。起动的刀头待运转正常后再开动送料部分。

（4）燕尾式开榫机模板的滑动部分要保持清洁。

（5）梳齿榫开榫机卡料需卡牢，防止料被甩出。旋紧刀头时不要搬旋合金钢片，以免合金钢片开焊甩出而伤人。

8. 木材的调制方法是什么？

答：木材中所含的水分是随着环境中温度和湿度的变化而改变的。当木材长时间处于一定温度和湿度的环境中时，木材中的含水量最后会达到与周围环境的湿度相平衡，这时木材的含水率称为平衡含水率。

木材的强度受含水率的影响很大，其规律是：当木材的含水率在纤维饱和点以下时，其强度与含水率成反比，即吸附水减少，细胞壁趋于紧密，木材的强度增大，反之，吸附水增加，木材的强度就减小；当木材的含水率在纤维饱和点以上时，木材的强度不变。

9. 水胶的调制方法是什么？

答：水胶的调制方法为：

（1）先将胶片粉碎，放入胶锅内，用水浸泡，胶与水的比例大体应保持1:2.5，浸泡约12h左右，使胶体充分软化。

（2）将胶锅放在一有水的容器中，然后放在火炉上或用其他方式加热，这样可防止热源直接接触胶锅，以免使水胶烧焦。

（3）当胶液达到90℃时，要掌握好时间，大约煮5～10min。温度不宜过高。时间不宜过长，不然会破坏胶原，影响粘结质量。

（4）应注意以下事项：

1）用多少调多少。如果一次调制过多，隔几天用时还需重新加热、加水溶化，所以应该避免一次调的过多。

2）掌握好温度。冬天寒冷，胶液凝固较快，应调制得稀一些；夏天宜稠些。常说的"冬使流、夏使稠"就是这个道理。

3）控制好浓度。根据实践，榫接合与包边时胶液要稠；复面或拼板时胶液要稀。

4）不论什么时候都要趁热使用。

10. 木屋架安装的施工准备是什么？

答：木屋架安装的施工准备主要有以下内容：

（1）修正运输过程中造成的缺陷。

（2）拧紧所有螺栓（包括圆钢拉杆）的螺母。

（3）清除保险螺栓上的杂物，检查其位置是否准确，如有弯曲要进行校直。

（4）根据木屋架的结构形式和跨度合理地确定吊点。

（5）按翻转和提升时的受力情况，对木屋进行加固。通过试吊以证明木屋架的结构具有足够的刚度。

（6）校正支座标高、跨度和间距。

（7）采取防止构件错位和连接松动的措施。

（8）对于跨度大于10m采用圆钢下弦的钢木桁架，应采取措施防止就位后对墙、柱产生推力。

（9）墙顶上如是木垫块，则应用焦油沥青涂刷其表面，以作防腐处理。

11. 水准测量仪的原理是什么？

答：水准测量仪的原理是利用水准仪提供的一条水平线，对地面点上所竖立的水准标尺进行读数，根据读数求得点位间的高差，从而由已知点的高程计算出所求点的高程。

12. 简述水准仪的维护与保养。

答：水准仪的维护与保养如下：

（1）观测结束后，应先将各种螺旋退回正常位置，并用软毛刷扫除仪器表面上的灰尘，再按原位装入箱内，拧紧制动螺旋，关紧箱盖。

（2）物镜、目镜上有灰尘时，应用专用的软毛刷轻轻掸去。

（3）如观测中遇到降雨，应及时将仪器上的雨水用软布擦拭干净方可入箱关盖。

（4）仪器应放置于干燥、通风、温度稳定的室内，不要靠近火炉或暖气片。

（5）长途搬运仪器时，仪器要安放在妥当的位置或随身携带，严防受碰撞、受振动或受潮。

（6）每隔1~2年由专门人员定期对仪器进行全面的清洗和检修，或送维修部门进行清洗和检修。

13. 怎样测立皮数杆？

答：一般在建筑施工中，常用悬吊垂球法将轴线逐层向上投测。做法是：将较重的垂球悬吊在楼板或柱顶边缘，当垂球尖对准基础上的定位轴线时，线在楼板或柱顶边缘的位置就是楼层轴线端点的位置，画一短线作为标志；同样投测轴线另一端点，两端的连线即为定位轴线。同样投测其他轴线，再用钢尺校核各轴线间距，然后继续施工，并把轴线逐层自下而上传递。为了减少误差累积，在每砌二、三层后，用经纬仪把地面上的轴线投测到楼板或柱上去，以校核逐层传递的轴线位置是否正确。

14. 12m 以上木屋架放大样的方法是什么？

答：放大样是木工的一项传统技术，就是根据设计图样将屋架的全部构造用足尺画出来，以求出各杆件正确的尺寸形状，保证加工的准确性。

放大样之前一个重要的环节就是熟悉设计图样，如屋架的跨度、高度；各弦杆的截面尺寸；节间长度；各节点的构造及齿深等。同时根据屋架的跨度，计算屋架的起拱值。

（1）放大样时，先画出一条水平线，在水平线一端定出端节点中心，从此点开始在水平线上量取屋架跨度之半，定出一点，通过此点作垂直线，此线即为中竖杆的中线。

（2）在中竖杆中线上，量取屋架下弦的气桃高度（起拱高度一般取屋架跨度的 1/200）及屋架高度，定出脊点中心。连接脊点中心和端点中心，即为上弦中线。

（3）从端节点中心开始，在水平线上量出各节点长度，并作相应的垂直线，这些垂直线即为各竖杆的中线。

（4）连接端节点中心和起拱点，即为下弦轴线（用原木时，下弦轴线即为下弦中线；用方木时，下弦轴线是端节点处下弦净截面的中线，不是下弦中线）。下弦轴线与各竖杆中线的相交点即为下弦中间节点中心。

（5）连接对应的上下、弦中间节点中心，即为斜杆中线。

15. 简述 12m 以上木屋架加工制作中的注意事项。

答：注意事项为：

（1）各类钢材的连接制作应符合各设计要求，并按相关要求进行检查、检验。

（2）钢件的连接部应用气焊或锻接。受拉螺栓垫板应根据设计要求设置。受剪螺栓和系紧螺栓的垫板若无设计要求时，应符合下列规定：厚度不小于 $0.25d$（d 为螺栓的直径），且不应小于 4mm；正方形垫板的边长或圆形垫板的直径不应小于 $3.5d$。

（3）下列受拉螺栓必须戴双螺帽；钢木屋架圆钢下弦；桁架主要受拉腹件；受震动荷载的拉杆；直径等于或大于 20mm 的拉杆。受拉螺栓装配时，螺栓伸出螺母的长度不应小于螺栓直径的 0.8 倍。

（4）圆钢拉杆应平直，若长度不够需连接时不得采用搭接焊，采用邦条焊时应用双邦条，邦条总长度不应小于螺栓直径的 0.8 倍，绑条直径为拉杆直径的 0.75 倍。当采用闪光焊时，应经冷拉检验。

16. 拆模板时有哪些注意事项？

答：拆除模板时应注意：

（1）预制构件的模板拆除侧面模板应在混凝土强度能保证构件不变形、棱角完整时即可拆除。芯模或预留孔洞的内模应在混凝土强度能保证构件和孔洞表面不发生坍塌和裂缝时即可拆除。承重底模的构件跨度等于或小于 4m 时，应在混凝土强度达到设计强度的 50% 以上时方可拆除；承重底模的构件跨度大于 4m 时，应在混凝土强度达到设计强度的 70% 以上时方可拆除。

（2）预应力混凝土结构或构件模板的拆除不承重模板应在预应力张拉前拆除，承重模板应在结构或构件建立预应力后拆除。

拆除模板最好由支模人员进行，本着先装后拆、后装先拆的原则，按次序、按步骤地进行，不应乱打乱撬。拆模过程中，如发现混凝土有影响结构安全的质量问题时，应暂停拆模，经过处理后方可拆除。在高空进行拆模时，要特别注意安全，用力要适当，站位要稳妥，必要时应在模板近旁搭设脚手架，模板拆除后应及时清理、保养、堆放。

17. 影响混凝土强度增长的因素有哪些？

答：影响混凝土强度增长的因素有：

（1）养护温度和湿度。水泥与水的水化反应，与周围环境中的温度、湿度有密切的关系。在一定湿度条件下，温度越高，水化反应越快，强度增长也越快；反之强度增长就慢。当温度低于0°时，不但水化反应慢，并且因水结冰体积膨胀而使混凝土发生破坏。所以，冬期施工，混凝土浇捣后，必须遮盖草包等物，加强保湿。混凝土在养护时，如果湿度不够，也将影响混凝土强度的增长，同时还会引起干缩裂纹而使混凝土表面疏松，耐久性变差。所以，在夏季施工混凝土浇捣后，必须遮盖草包，并浇水养护一定时间。

（2）龄期。混凝土强度随龄期的增长而逐渐提高。在正常养护条件下，混凝土强度在初期 7～14 天内发展较快，28 天接近最大值，以后强度增长缓慢，可持续数十年之久。

18. 简述木模板施工中常见的质量通病及防治方法。

答：木模板施工中常见的质量通病及防治方法如下：

（1）梁、板底不平、下挠。

原因分析：地面下沉，模板支柱下无垫板。

预防措施：模板支柱下应垫通长木板，且地面应夯实、平整；对湿陷性黄土必须有防水措施；对冻胀性土，必须有在冻胀土冻结和融化时能保持其设计标高的措施；防治地面产生不均匀沉陷。

（2）梁侧模不平直，上下口胀模。

原因分析：模板支撑系统强度和刚度不足。

预防措施：模板钢楞、支柱断面尺寸及间距要认真计算；模板安装时要严格按设计要求施工。

（3）柱身扭曲。

原因分析：主筋扭向或安装吊线找垂直的方法有误。

预防措施：在模板安装时，先校正主筋；安装吊线找垂直时，相邻两柱模从上端每面吊两点，使线坠到地，且线坠所示两点到柱位置线的距离相等。

（4）墙体厚度不一，平整度差。

原因分析：模板缺少应有的强度和刚度，模板质量差。

预防措施：检查模板质量，不符合质量标准的不得使用；

模板设计中应有足够的强度和刚度；安装施工中，严格按照设计要求的钢楞尺寸和间距，穿墙螺栓间距、墙体支撑方向施工。

（5）门窗洞口的混凝土变形。

原因分析：模板连接不严、不牢或模板支撑不足。

预防措施：按照设计要求，将门窗洞口模板与墙模板或墙体钢筋连接牢固；板与板之间接缝严密；加强门窗洞口的支撑系统。

19. 大模板的施工工艺流程是什么？

答：大模板的施工工艺流程是：抄平放线→外墙砌砖→铺设钢筋→固定门窗框→安装模板→安装外墙板→墙板接缝防水→浇灌混凝土→拆除模板→修整混凝土墙面→养护混凝凝土安装预制构件→板缝、圈梁施工→内外墙面装饰。

20. 滑升模板的施工工艺流程是什么？

答：滑升模板的施工工艺流程是：安装提升架→安装内外围圈→绑扎钢筋→安装操作平台→安装液压提升系统→插入支撑杆→浇筑底层混凝土→模板初升→浇筑混凝土→模板正常滑升→安装内外吊脚手架及安全网→绑扎钢筋、浇筑混凝土、模板滑升交替进行→模板末升→模板拆除。

21. 木制玻璃门窗的质量要求是什么？

答：木制玻璃窗的质量要求是：

（1）主控项目

1）木制玻璃窗的开启方向、安装位置及连接方式应符合设计要求。

2）木制玻璃窗的安装必须牢固，预埋木砖的防腐处理、木制玻璃门窗框固定点的数量、位置及固定方法应符合设计要求。

3）木制玻璃门窗扇必须安装牢固，开关灵活，关闭严密，无倒翘。

4）木制玻璃门窗配件的型号、规格、数量应符合设计要求，安装应牢固，位置应正确，功能满足使用要求。

（2）一般项目

1) 木制玻璃门窗与墙体间缝隙的嵌缝材料应符合设计要求，填嵌应饱满。

2) 木制玻璃门窗批水、盖口条、压缝条、密封条的安装应该顺直，与门窗结合应牢固、严密。

3) 木制玻璃门窗的留缝限值、允许偏差应符合规定要求。

22. 木制弹簧门的自动闭门器主要有哪些？

答：自动闭门器包括地弹簧、门顶弹簧、门底弹簧和鼠尾弹簧等。

（1）地弹簧。地弹簧是用于高级建筑物的重型门扇下面的一种自动闭门器。当门扇向内或向外的开启角度不到90°时，它能使门扇自动关闭，而且可调整门扇自动关闭的速度。如果需门扇暂时开启一段时间不要关闭时，可将门扇开启到90°位置，它即失去自动关闭的作用。当门扇开启一段时间后又需要关闭时，可将门扇略微推动一下，即可重新恢复自动关闭功能。这种自动闭门器的主要结构埋于地下，门扇上不需再另行安装铰链或定位器等。

（2）门顶弹簧。又称门顶弹弓，是装于门顶上的一种液压式自动闭门器，它能使门扇在开启时自动关闭。

（3）门底弹簧。又称地下自动门弓，分横式和直式两种，相当于200mm或250mm的双管式弹簧铰链。它能使门扇开启后自动关闭，且能里外双向开启。如不需门扇自动关闭时，把门扇开启到90°即可。

（4）鼠尾弹簧。又称门弹簧、弹簧门弓，选用优质低碳钢弹簧钢丝制成。表面涂黑漆和臂梗镀锌或镀镍。是装于门扇中部的一种自动闭门器。

23. 薄型硬木地板粘贴的工艺顺序是什么？

答：薄型硬木地板粘贴的工艺顺序较为简便，其主要的工艺为：施工准备→弹线→粘贴硬木地板→养护→刨光磨光。

24. 简述木楼梯的构造组成。

答：木楼梯由踏步板、踢脚板、三角木、休息平台、斜梁、栏杆及扶手组成。其结构形式按踏步和斜梁的关系分为明步木楼梯和暗步木楼梯两种。

25. 明步木楼梯和暗步木楼梯的区别是什么？

答：明步楼梯的主题结构及施工顺序为：首先是在斜梁的上下端头做好吞肩榫，再与平台的结构梁及地搁直接连接起来，并用铁固件加固；然后将踏步的三角木钉在斜梁上，踏步板和踢脚板再分别固定于三角木上，楼梯栏杆与踏步板间、扶手与栏杆之间是以榫接的方式连接；最后所装踏步与墙体之间的踢脚板以及斜梁外的护板，均是为了美观及遮盖接缝的。

暗步楼梯的主题结构及施工顺序基本同明步楼梯，只不过其踏步板和踢脚板为暗嵌在斜梁的凹槽内，栏杆下端的凸榫也是插在斜梁上或斜梁上的压条内。

26. 简述木楼梯的制作工序。

答：木楼梯的制作工序为：按现场放样→各部件的配置→安装搁栅与斜梁→钉三角木（明步楼梯制作）→铺钉踏步板→安装栏杆、扶手→安装装饰性踢脚板及护板→钉挑口线。

27. 简述家庭装修中常见楼梯的种类及特点。

答：常用的家庭楼梯装饰按照制作材料的不同可分为全木楼梯（即木梯步、木栏杆、木扶手）、半木楼梯（即木梯步、铁花栏杆、木扶手）以及组合楼梯（即石材梯步、铁花栏杆、木扶手）。

三种楼梯装饰的共同优点是造型美观、施工方便、经济耐用。其不同点在于梯步和栏杆的处理各有千秋：木楼梯的踏步防滑，保暖效果好，但耐磨性差，不易保养，多使用在跃层式住宅内连接私人和公用空间的通道上，该楼梯走动的人相对较少；石材梯步虽然触感生硬且较滑（通常要加设防滑条），但装饰效果豪华，易于保养，防潮耐磨，所以多被采用在别墅中的公用楼梯装饰。石材步梯的防滑措施主要是在踏面的前部与踏面的转折处设置金刚砂、铜条、铸铁板等材料构成防滑条，或直接在踏面上设 2～3 道小凹槽。

28. 简述木墙裙的操作工艺顺序。

答：木墙裙的操作工艺顺序为：按图弹出标高水平线和纵横分档线→按分档线下木榫→墙面作防潮处理（如有需要）→钉结构搁栅→根据现场分割尺寸面板下料→钉护墙板基层→贴面层饰面板→钉装饰线条。

29. 简述迭级顶棚的施工工艺流程。

答：迭级顶棚的施工操作工序与一般平顶基本相同，即施工准备→弹标高线及龙骨分布线→安装吊筋→安装主龙骨→安装次龙骨→安装迭级处龙骨或挂板→安装面层。

30. 什么是框式家具？什么是板式家具？

答：框式家具是指以实木为基材，主要部件为由立柱和横撑组成的框架或木框嵌板结构，嵌板主要起分隔作用而不承重，这种采用榫铆结合的家具。板式家具是指采用板式结构，即以各种人造板为基材（常用的有中密度纤维板、刨花板、细木工板等），由板状部件承担荷重，采用插入榫与现代家具五金连接的家具。

31. 配料时为什么必须合理确定加工余量？加工余量过小或过大会怎样？

答：若加工余量过小，虽然消耗在切削加工上的木材损失较少，但因绝大多数零件经刨削加工后达不到要求的端面尺寸和表面质量，会使加工出的废品增多而使总的木材损失增加；相反，加工余量过大，虽然废品率可以显著降低，表面质量也能保证，但木材损失将因切削过多而增大，同时因多次切削又会降低生产率，增加动力消耗。因此，唯有正确合理地确定加工余量，才能提高加工质量、加工零件的正品率、木材利用率和劳动生产率。

32. 什么是单一配料法？什么是综合配料法？两者各有什么特点？

答：单一配料法，是在同一锯材上，配制出一种规格的方材毛料的配料方法；综合配料法，是在同一锯材上，配制出两种以上规格的方材毛料的配料方法。前者技术简单、生产效率高，但出材率低，适用于产品单一的配料；后者能够长短料搭配下锯，出材率高，但对操作者的技术要求较高，适用于多品种生产时的配料。

33. 先横截后纵剖的配料工艺与先纵剖后横截的配料工艺有什么区别？

答：先横截后纵刨的配料工艺适合于原材料较长和尖削度较大的锯材配料，采用此方法可以做到长材不短用、长短搭配和减少车间的运输等，同时在横截时，可以去掉锯材的一些缺陷，但是有一些有用的锯材也被锯掉，因此锯材的出材率较低。先纵剖后横截的配料工艺适合于大批量生产以及原材料宽度较大的锯材配料，采用此方法可以有效地去掉锯材的一些缺陷，有用的锯材被锯掉的少，是一种提高木材利用率的好办法。但是，由于锯材长，车间的面积占用较大，运输锯材时也不方便。

34. 平行划线法和交叉划线法各有什么特点？

答：平行划线法是先将板材按毛料的长度截成短板，同时除去缺陷部分，然后用样板（根据零件的形状和尺寸要求再放出加工余量所做成的样板）进行平行划线。这种方法加工简单、生产率稍低，适用于大批量的机械加工配料。交叉划线法是考虑在除去缺陷的同时，充分利用板材的有用部分锯出更多的毛料，所以出材率高。但毛料在材面上排列不规则，较难下锯，生产效率较低，不适合于大批量配料。

35. 传统的基准面和相对面的加工是在什么机床上精加工完成的？它有什么特点？

答：传统的刨削加工是在平刨床上刨基准面，再由压刨床来定厚与刨相对面，虽然此种刨削方案以精度高、可获得精确的形状和尺寸、表面也比较光洁等优势而曾得到广泛的采用，但其劳动消耗大、生产效率低，尤其是操作中普遍存在不安全因素。

36. 毛料的刨削加工可以采用哪些木工机床加工？各有什么

特点？

答：毛料的刨削加工分类如下：

（1）平刨加工基准面和侧面，压刨加工相对面和边。运用此加工方法可以获得精确的形状、尺寸和较高的表面质量，但此加工方法劳动强度较大、生产效率低，适合于毛料不规格以及生产规模较小的生产。

（2）先平刨加工一个或两个基准面（边），然后用四面刨加工其他几个面。此法加工精度稍低，表面较粗糙，但生产率比较高，适合于毛料不规格以及一些中、小型规模的生产。

（3）先由双面刨或四面刨一次加工两个相对面，然后用多片锯纵解加工其他面。此法加工精度稍低，但劳动生产率和木材出材率相对较高，适合于毛料规格以及规模较大的生产。

（4）用四面刨一次加工四个面。采用此法要求毛料比较直，因没有预先加工出基准面，所以加工精度较差，但劳动生产率和木材出材率较高，适合于毛料规格以及规模较大的连续化生产。

（5）采用压刨或双面刨分几次调整加工毛料的四个面。此法加工精度较差、生产效率较低、比较浪费材料，但操作比较简单，一般只适合于加工精度要求不高、批量不大的内芯用料。

（6）平刨加工基准面和边，用铣床（下轴立铣）加工相对面和边。此法生产效率较低，适合于折面、曲平面以及宽毛料的侧面加工。

在实际生产中，应根据零部件的质量要求及生产量，合理地选择刨削设备及工艺程序，以保证加工质量和加工效率。

37. 怎样在铣床上加工带有弯曲面的工件？

答：对弯曲面工件的加工，应根据弯曲工件形状设计曲面导板，把它平放在工具台上并固定，使刀头露出导板。调整曲面导板的位置时，可使切削量任意改变。靠模（带动工件的夹具）的曲面与工件曲面相符。操作时把弯曲工件夹固在靠模上，使靠模曲面紧贴着导板曲面滑动，通过刀头就可以加工出与靠模相同的曲面。

38. 什么叫净光处理？为什么要进行净光处理？

答：净光处理是将工件表面出现的凹凸不平、撕裂、毛刺、压痕、木屑、灰尘和油渍等清除工序。实木零部件方材毛料和净料的加工过程中，由于受设备的加工精度、加工方式、刀具的锋利程度、工艺系统的弹性变形以及工件表面的残留物、加工搬运过程的污染等因素的影响，使被加工工件表面出现了如凹凸不平、撕裂、毛刺、压痕、木屑、灰尘和油渍等，因此在零部件涂饰前必须进行净光处理。

39. 木家具零部件的组装有哪些形式？

答：木家具零部件的组装主要有拆装式家具零部件的组装和固定式结构家具部件的组装两种形式。拆装式家具零部件的组装是由连接件连接，或采用圆榫定位、连接件连接组装成部件。只采用连接件组装时，连接件的装配精度要满足部件的精度，如床头和床旁板采用挂插件的连接便是直接采用连接件的接合，其装配精度直接影响产品的精度。这种家具为便于运输，通常在用户处组装。固定式结构家具部件的装配主要是采用榫、钉和胶等结构形式连接的，其装配工艺必须严格按照部件的装配顺序进行，以确保装配的精度。

40. 试写出采用集成材的餐桌面的生产工艺流程。

答：集成材→截断（推台锯）→铣边（圆盘靠模铣床）→钻孔（排钻，装桌腿）→砂光（宽带砂光机）→餐桌面。

41. 试写出薄木贴面人造板部件的生产工艺流程。

答：人造板素板→砂光（宽带砂光机）→裁板（裁板锯）→涂胶（涂胶机）→配坯（工作台）→胶压（冷、热压机）→齐边（双端铣）→封边（封边机）→钻孔（排钻）→砂光（宽带机）→部件。

42. 单一裁板法和综合裁板法有什么不同？

答：单一裁板法是在标准幅面的人造板上仅锯出一种规格

尺寸的裁板方法。适用于大批量生产或零部件规格比较单一的家具。综合裁板法是在标准幅面的人造板上锯出两种以上规格尺寸净料的裁板方法。这种方法可以提高板材的利用率。

43. 应怎样保存薄木或单板？

答：薄木或单板装饰性强、厚度小、易破损，因此必须妥善保存。单板或薄木应储存在相对湿度为65%的环境中，其本身含水率不低于12%，同时，应避免阳光直射引起变色。厚度为0.2~0.3mm以下的薄木一般不需要干燥，含水率要保持在20%左右，否则，薄木易破碎和翘曲。另外要求在5℃以下的室内保存，冬季要用聚氯乙烯薄膜包封，夏季放入冷库保管，以免发霉和腐朽。

44. 现代板式零部件钻孔主要有哪些类型？各有什么作用？

答：现代板式零部件钻孔的类型主要是：圆榫孔，即用来安装圆榫，定位各个零部件；连接件孔，用于连接件的安装和连接；导引孔，用于各类螺钉的定位以及便于螺钉的拧入；铰链孔，用于各类铰链的安装。

45. 为什么板式部件要进行边部处理？

答：各种板式部件的表面虽经贴面处理，但侧边仍显露出各种材料的接缝或孔隙，不仅影响外观质量，而且在产品运输和使用过程中，边角部容易碰损、面层容易被掀起或剥落。尤其是用刨花板作基材，边材侧边暴露在大气中，湿度变化时会产生吸湿膨胀、脱落或变形现象。因此，板件侧边处理是必不可少的重要工序。

46. 屋面施工时，为什么强调要两坡对称施工和对称堆放材料？

答：屋架设计考虑的是节点荷载，由檩条将木基屋荷载传给屋架节点，若是半边施工，材料和操作人员集中在一边层面，则屋面荷载与设计计算出入太大，可能使屋架腹杆内力变化，即本来是受拉力杆件变成受压杆件，增大屋架变形，甚至倒塌，因此，屋面施工和堆料要同时对称进行。

47. 什么是劳动定额？施工劳动定额中的产量定额与人工定额有什么关系？各自如何使用？

答：在合理的劳动组织和合理使用材料的条件下，完成符合质量要求的单位产品必需的工作时间或单位工日完成符合质量要求的产品的数量。产量定额与时间定额互为倒数关系，工程量除以产量定额得人工数，或工程量乘以时间定额，均可得到工日数。

48. 什么叫混凝土施工缝？施工缝应留在什么地方？

答：为了施工方便等的原因，在混凝土构件中，不同施工期之间的间隔缝叫施工缝。留施工缝应避开剪力最大的地位，层量处于剪力最少的地位。柱子的施工缝留在基础顶，距离梁底 5~8cm，有主侧梁的楼面梁板体系，次梁留在跨中 1/3 长度范围内，主梁留在跨中 1/4 长度范围内。

49. 木材含水率不同，对结构的力学性能和变形有什么影响？在木结构工程中对木材的含水率有什么规定？

答：（1）木材的含水量高低，对木材的强度影响很大，一般含水增大，强度降低；

（2）木材的含水量变化，对木材的变形影响很大，用含水量大的木材制作构件，当它干燥收缩变形时，会出现榫头拉出、开裂等现象，严重的还会影响到结构的安全度；

（3）规范对木材的含水率控制，对于主要构件，含水率为 18%~20%，次要的含水率≤25%。

50. 如何保证钢窗的安装质量？

答：（1）安装前熟悉图纸，按图纸和设计要求进行施工；

（2）安装前查对现场与到场钢门窗的质量，如发现问题应合理处理后再做下道工艺；

（3）按设计要求，各种型号的钢窗分发到各安装点；

（4）安装时，要准备进行弹线画记号，做到上下垂直，左右水平一致，进出统一的安装就位后，就应立即合理用木楔临时固定，应尽快用水泥砂浆将铁脚固定 1d 之后方可拆去木楔；

（5）留好窗框与窗口壁之间的粉刷空隙。

51. 产品保护有什么意义？需采取哪些措施？

答：产品保护指成品和半成品的保护，只有对成品和半成品妥善保护，才能保护最终产品的质量，不但要保护本工种的产品，还要保护好其他工种的产品，不损坏和污染，这是我们的职业责任。

（1）首先要形成良好的产品保护意识，形成责任性；

（2）要针对产品的对象、环境的因素、现有的条件，使用阻挡接触、覆盖遮挡、加固增强、正确养护等方法；

（3）在施工方案的编制中，要合理安排各工种、工艺工序中的流线和程序，以免发生不利于产品保护的矛盾。

52. 材料在外力作用下有哪些变形？变形的大小与哪些因素有关？

答：（1）在外力作用下，有弹性变形和塑性变形；

（2）变形的大小、与力的大小和使力的方式、材料的几何尺寸、材料本身的特性有关。

53. 过梁和圈梁有什么区别？各有什么作用？

答：过梁是设置在门口上方的一般构件，圈梁是设置在墙中的水平封闭构件，过梁是承受洞口上部的荷载，圈梁是加固房屋的整体性，增强建筑物的刚度。

54. 预制板梁在堆放和码堆过程中，为什么经常出现损坏和开裂的现象？

答：（1）码堆时层与层之间上下支承点不对称，使物体产生负弯矩；

（2）同支点的板用三个（多个）支点，使构件产生负弯矩；

（3）构件的钢筋反向堆放，受力与设计相反；

（4）堆放层过高，支点接触面过小，或基础不强，排水不好。

55. 木墙裙的施工要点是什么？

答：（1）砌墙时，应埋入经过防腐处理的木砖。

（2）墙筋必须涂防腐剂，与板接触的一面须刨光，墙筋安装后用直尺检查其垂直度与平整度。

（3）若是纤维板、夹板，应按其尺寸加钉立筋。

（4）若是木拼板，应将好的一面向外，且颜色、木纹相近，宽度一致。

（5）钉帽不许外露，入面 3mm 以下，且不得损坏材料。

（6）上口、下口压条应作暗榫，且水平一致，割角严密。

56. 怎样看木屋架施工图？

答：看木屋架施工图，首先要看屋架轴线尺寸图，了解该屋架的跨度、矢高、节间尺寸、起拱尺寸等；其次观看构件的断面、节点构造形式及材质要求和施工制作说明。此外还应了解屋面构造、檩条位置等。

57. 怎样看吊顶的施工详图？

答：吊顶又称平顶，顶棚。吊顶按其材料不同，又分有板条吊顶和板材吊顶，现以板条吊顶为例，说明如何看吊顶的施工详图。首先要了解平顶的平面布置、标高。其次要了解吊顶的构造，如平顶由平顶梁（也称主龙骨）、平顶筋（也称次龙骨）、吊筋、支撑、板条所组成。了解它们之间的相互关系、位置、间距、材料断面、材质等，此外还要看图中的文字说明。

58. 怎样看木隔墙施工详图？

答：木隔墙又称木隔断，是非承重墙，按其面层材料不同又分为板条隔墙和板材隔墙。近年来，板材隔墙中除了有木龙骨外，还有轻型钢做龙骨的。看木隔墙施工图时，先要看隔墙所在平面位置、标高、厚度，再看详细构造，了解上槛、下槛、立筋、横撑、面层等材料的断面、间距、材质、连接方法以及门窗洞的位置等，注意图中的文字说明。

59. 怎样看标准图集和定型图集？

答：标准图集和定型图集在土建工程中应用较多，为了使你选用的图符合设计意图，必须学会看标准图集和定型图集，根据设计选用图集型号，首先必须认真看好编制说明，懂得图中代号的意义、选型方法。了解制作与安装要求，然后再根据所选用的型号或节点对号入座。

60. 看图纸标题栏，可以了解哪些内容?

答：图纸标题栏，简称图标，图标应设在图纸右下角，从图标上我们可以看到本工程的设计单位，有关设计人员，本工程的名称，本张图纸的名称，在图号区一般标有建筑施工图或结构施工图以及水电安装图的代号，以便查阅。

61. 对于分项工程质量的评定标准，从哪三个方面去评定? 各自的一般含义是什么?

答：一般有以下三种：

（1）保证项目：即必须符合要求，不可有一点错处的项目。

（2）基本项目：即基本上达到的项目标准，一般的抽查检查。

（3）允许偏差的项目：由于操作上必定要存在偏差，故规定允许偏差的范围。

62. 为什么在模板上要涂隔离剂? 分别谈谈钢模板和木模上常用的隔离剂（至少两种）?

答：为了减少模板与混凝土之间的粘结力，双方便于脱模，并使混凝土产品表面平整，故用隔离剂。

钢模板上常用作隔离剂废机油：石蜡煤油 = 1：2 木模板上常用废机油，肥皂液作隔离剂。

63. 什么叫做排架支模法? 它选用什么场合?

答：以分层架设支撑系统，形成空间的立体支承架结构，提高支撑的强度与稳定性，并便于安装作业，这种方法叫做排架支模法，常用于支承层高大于 4m 的现浇楼梁结构支模或高大墙模施工中。

64. 拆模时间是由哪些条件决定的?

答：拆模时间是由模板的种类及部件位置、混凝土构件的性质与受力情况、混凝土强度的增长情况以及施工中的原因而定。

216

65. 说明一般现浇雨篷模板的安装施工操作的工艺流程。

答：制模→计算标高→安装支柱及搁栅→安装梁模→安装雨篷板模板→绑扎钢筋→吊置上口模板

66. 分析门窗自关和自开的原因。

答：（1）安合页的一边门框立梃不垂直，往开启方向倾斜，扇就自开；往关闭方向倾斜，门就自行关闭。

（2）合页进框（横向）较多，扇和框碰撞，或螺钉突出合页面，门就被顶开。

67. 分析双扇窗扇立面上高低不平的原因。

答：（1）左右两门梃立得不垂直，门窗按梃装就两梃之间有一定高度差；

（2）门扇装在梃上的垂直位置不统一；

（3）合页进扇或进框的深度不统一。

68. 分析门窗在关闭时下帽头碰地的原因。

答：（1）地坪标高不对，泛水坡度过分大；

（2）门扇的下风缝留得过于小；

（3）门梃立得不垂直；

（4）门没有"作方"。

69. 分析双扇自由门在关闭时磕碰的原因。

答：（1）门框的梃立得不垂直；

（2）门与门之间的风缝吊得太小；

（3）合页进深（进梃、进扇的）的深度不统一；

（4）门扇上下的厚度不对。

70. 分析锁安装好后风吹门响的原因。

答：（1）锁的舌头与舌头窝之间的空隙过大；

（2）锁舌头窝安装的位置不准，离开梃内侧的距离过大。

71. 什么叫做横板图？一般包括哪些图纸内容？

答：反映混凝土组织的外形几何形状和尺寸的图纸，叫做横板图，从中还可反映出埋入件、插筋等布置情况，一般有平面图、立面图、剖面图、节点大样图示等图纸。

72. 分别说明房屋工程中建筑施工图与结构施工图的特点。

答：建筑施工图是反映了房屋建筑的布置情况，从中了解到房间的布置、装修要求的做法，房建结构施工图是反映了结构布置情况，从中了解到各受力构件中的布置及施工要求。

73. 如何看结构施工平面图？

答：结构施工平面图是按房屋分层绘制的结构部件的平面位置布置图，首先要看清层次，然后再看该层次的结构布置情况，即承重墙、柱、梁、板条编号，再按照构件编号查看大样图节点详图、标准图。

74. 楼梯施工图的图纸内容有哪些？分别反映些什么？

答：楼梯施工图分为建筑施工图与结构施工图两大类，建筑施工图有平面图、剖面图、节点大样图，反映了楼梯的建筑平面与垂直布置情况，跨步的形状大小与装栏杆、扶手的装饰要求，楼梯结构施工图有平面图、剖面图、节点详图，反映了梁板的布置情况、混凝土的形状大小、钢筋的配制、埋入件的规格及埋置要求。

75. 建筑施工图上索引标志的作用是什么，如何表示？

答：索引标志是用来表达详图的符号，表示方法有以下几种：

（1）详图在本张图纸上。

（2）详图不在一张图纸上。

（3）采用图标或地方标准时。

76. 现场施工管理的基本内容包括哪些。

答：现场施工管理的基本内容包括：

（1）编制施工作业计划并组织实施，全面完成计划指标。

（2）做好施工现场的平面管理，合理利用空间，创造良好的施工条件。

（3）做好施工中的调度工作，及时协调土建工种和专业工种之间、总包与分包之间的关系，组织交叉施工。

（4）做好施工过程中的作业准备工作，为连续施工创造

218

条件。

（5）认真填写施工日志和施工记录，为交工验收和技术档案积累资料。

77. 图样的校核一般应注意哪些问题？

答：图样的校核一般应注意以下一些问题：

（1）根据图样目录，核对所有施工图样和设计文件是否完整、齐备。

（2）图样中尺寸、坐标、标高等相关数据是否明确，采用的标准规范是否明确。

（3）总图、分项图、构件图之间是否协调一致，安装图样和土建图样是否协调一致。

（4）施工中涉及的新材料、新工艺是否清楚，其品种、数量、规格能否满足设计要求。

（5）设计与施工的主要技术方案是否相适应。图样设计深度能否满足现场实际施工的需要。

（6）各专业之间的设计是否协调。设备外形尺寸与基础尺寸，建筑物预留孔及预埋件与安装图样要求，设备与系统的连接部位，管线之间的相互关系是否符合规范。

（7）各类管道、电缆等的布置是否合理，坐标、规格是否正确。设备管口方位、接管规格与管道安装图、土建基础图是否吻合。

（8）各专业工程设计是否便于施工、经济合理。能否满足生产运行安全经济的要求和检修作业的合理要求。

78. 细木工带锯机在加工大而长的工件时，也需上下手两人密切配合，但一般由一人操作，列出其基本操作方法。

（1）操作者面对锯条而站于稍偏左方的位置。

（2）应根据木料厚度随时调整锯卡，一般以离开材面8mm左右为宜。

（3）根据划线进行加工，且留少许余量，以便砂磨修整。

（4）锯解时，左手导引木料，右手施加压力推木料进锯，在抵达锯条前或在锯切小料时，需用木棍推拨。

（5）进锯速度以能锯开木材且锯条不致弯曲为宜，过慢则会使木材烧焦。

（6）在锯开动后，应待锯条转至全速，方能将木材推入。

79. 皮骨胶的优缺点有哪些？

答：皮骨胶的最大优点是：胶层凝固快，胶合过程只需几分钟至几十分钟；对木材的附着力好，有较高的胶合强度；胶层弹性好，对刀具没有损害；调制简单，不需要其他材料，使用方便，在常温下不需要很大的压力，手工涂刷即可迅速胶合；气味不大，对人体无害；不污染木材；对各种作业环境适应性强；成本低。

主要缺点是：不耐水，胶层遇水就会膨胀而失去强度；耐腐蚀性差，当胶中的含水量为20%以上时，很容易寄生菌类和微生物，因而腐败变质；有明显的收缩性，当胶层厚时，由于干燥不均匀，则会受胶层内应力作用而降低胶层强度，所以涂胶时胶层不宜太厚；在整个操作过程中，要始终保持胶液温度，故需增设加热设备。

80. 木屋架安装的施工顺序及施工准备有哪些内容。

答：木屋架安装的施工顺序：准备工作→放线→加固→起吊→安装→设置支撑→固定。

施工准备主要有以下内容：

（1）修整运输过程中造成的缺陷。

（2）拧紧所有螺栓（包括圆钢拉杆）的螺母。

（3）清除保险螺栓上的杂物，检查其位置是否准确，如有弯曲要进行校直。

（4）根据木屋架的结构形式和跨度合理地确定吊点。

（5）按翻转和提升时的受力情况，对木屋架进行加固。通过试吊以证明木屋架的结构具有足够的刚度。

（6）校正支座标高、跨度和间距。

（7）采取防止构件错位和连接松动的措施。

（8）对于跨度大于 10m 采用圆钢下弦的钢木桁架，应采取措施防止就位后对墙、柱产生推力。

（9）墙顶上如果是木垫块，则应用焦油沥青涂刷其表面，以起到防腐的作用。

81. 水准仪的维护和保养应做好哪些内容。

（1）观测结束后，应先将各种螺旋退回正常位置，并用软毛刷扫除仪器表面上的灰尘，再按原位装入箱内，拧紧制动螺旋，关紧箱盖。

（2）物镜、目镜上有灰尘时，应用专用的软毛刷轻轻掸去。

（3）如观测中遇降雨，应及时将仪器上的雨水用软布擦拭干净方可入箱关盖。

（4）仪器应放置于干燥、通风、温度稳定的室内，不要靠近火炉或暖气片。

（5）长途搬运仪器时，要将仪器安放在妥当的位置或随身携带，严防受碰撞、受振动或受潮。

（6）每隔 1~2 年由专门人员定期对仪器进行全面的清洗和修检，或送至维修部门进行清洗和检修。

82. 简述一般建筑施工中用悬吊垂法将轴线逐层向上投测的做法。

答：将较重的垂球悬吊在楼板或柱顶边缘，当垂球尖对准基础上的定位轴线时，线在楼板或柱顶边缘的位置就是楼层轴线端点的位置，画一短线作为标志。同样投测轴线另一端点，两端的连线即为定位轴线。按同样的方法投测其他轴线，再用钢尺校核各轴线间距，然后继续施工，并把轴线逐层自下而上传递。为了减少误差累积，在每砌二、三层后，用经纬仪把地面上的轴线投测到楼板或柱上去，以校核逐层传递的轴线位置是否正确。

83. 12m 以上木屋架制作时高度超差的原因及防治措施。

答：（1）原因分析：当各杆件中心线、轴线位置不准确，或弦杆加工中划线、锯削不准时，会影响屋架拼装的精度。当屋架竖杆采用钢拉杆时，钢拉杆调节不当也会造成屋架高度超差。

（2）防治措施：

1）放大样和套大样时，各弦杆的中心线、轴线必须正确。上弦杆中心线通过上弦截面中心，若端节点为单齿连接时，则中心线垂直平分端节点槽齿承压面，若端节点为双齿连接时，则中心线通过第二齿承压面的顶点。对方木屋架，下弦杆轴线通过下弦净截面中心，若为圆木屋架，则通过下弦截面中心。斜杆中心线通过截面中心并垂直于槽齿承压面，竖杆中心线通过截面中心。相交弦杆的中心线或轴线汇交于节点中心。

2）弦杆加工时，划线、锯削要准确。弦杆组装时，各节点连接要严密。

3）发现屋架高度超差时，应首先检验各杆长度。若各杆长度基本正确，则可放松钢拉杆螺母，采用逐个分多次上紧钢柱杆螺母的方法加以调整。

84. 模板的质量通病及防治方法。

答：（1）梁、板底不平、下挠。

原因分析：地面下沉，模板支柱下无垫板。

预防措施：应在模板支柱下垫通长木板，且地面应夯实、平整；对湿陷性黄土必须有防水措施；对冻胀性土，必须有在冻胀土冻结和融化时能保持其设计标高的措施；防止地面产生不均匀沉陷。

（2）梁侧模不平直、上下口胀模。

原因分析：模板支撑系统强度和刚度不足。

预防措施：要认真计算模板钢楞、支柱断面尺寸及间距；安装模板时要严格按设计施工。

（3）柱身扭曲。

原因分析：主筋扭向或安装吊线找垂直的方法有误。

预防措施：在安装模板时，先校正主筋；安装吊线找垂直时，相邻两柱模从上端每面吊两点，使线坠到地，且线坠所示两点到柱位置线的距离相等。

（4）墙体厚度不一、平整度差。

原因分析：模板缺少应有的强度和刚度，模板质量差。

预防措施：检查模板质量，不符合质量标准的不得使用；模板设计中应有足够的强度和刚度；安装施工中，严格按照钢楞尺寸和间距、穿墙螺栓间距、墙体支撑方向的设计要求施工。

（5）门窗洞口混凝土变形。

原因分析：模板连接不严、不牢或模板支撑不足

预防措施：按照设计要求，将门窗洞口模板与墙模板或墙体钢筋连接牢固，保证板与板之间接缝严密；加强门窗洞口的支撑系统。

85. 简述滑升模板施工的滑模组装要求。

答：滑模组装在组装滑模前，应清理现场，弹出建筑物平面的中心线、边线，并设立垂直度控制点，备齐各类模板并检查质量，按不同规格和安装顺序分别堆放。然后按照一定的组装顺序进行组装。组装顺序如下：

（1）搭设临时组装平台，安装临时运输机械。

（2）安装提升架。提升架底部标高以基础表面的最高点为准，偏低处用木块垫起至同一水平面上，符合要求后，用支撑或辅助架将其固定。

（3）安装围圈。安装顺序是先内后外，先上后下，逐一用螺栓与提升架相连。

（4）绑扎垂直钢筋和模板高度范围内的水平钢筋。

（5）安装内外模板，顺序是先内后外，注意模板下口的锥度。在安装模板前应在内表面涂刷机油，以减少滑升时的摩擦力。

（6）安装操作平台的桁架、支撑，铺设平台板，平台板与模板交接处宜做成斜角。

（7）安装外挑三角架与铺板。

（8）安装提升设备并检查其运转情况。总体试压的试验压

力一般不宜小于 $10N/mm^2$ 并做五次循环，详细检查直至各部件不渗油且工作正常。

（9）安装支承杆。第一批支承杆要在液压系统排气充油空载试运转后才能安装，长度不得少于四种，且应间隔布置，并在支承杆下端垫一小块钢板。工具式支承杆下端应套钢靴，套管下端必须绑扎，避免水泥浆进入。

（10）滑离地面一定高度后，安装内外吊脚手架及安全网。组装完毕后按表6-8所示规定检查质量。

86. 木制玻璃门窗的安装准备有哪些内容。

答：（1）结构工程已完工并经过验收。

（2）室内已弹好 $+50cm$ 的水平线。

（3）准备安装木门窗的砖墙洞口已按要求预埋防腐木砖，木砖中心距不大于 $1.2m$，并应满足每边不少于两块木砖的要求，单砖或轻质砌体应砌入带木砖的预制混凝土土块。

（4）砖墙洞口安装带贴脸的木门窗，为使门窗框与抹灰面平齐，应在安框前做出抹灰标筋。

（5）门窗框及扇可在内、外墙抹灰之前安装，门窗应在地面工程完成并达到强度要求后安装。

87. 弹簧门的地弹簧安装要点

答：（1）先将顶轴套板固定于门扇上部，再将回转轴杆装于门扇底部，同时将螺钉安装于两侧。顶轴套板的轴孔中心与回转轴杆的轴孔中心必须上、下对齐，保持在同一中心线上，并与门扇底面成垂直。中心线距门边的尺寸为69mm。

（2）将顶轴安装于门框顶部，安装时应注意顶轴的中心距边柱的距离，以保持门扇启闭灵活。

（3）底座安装时，从顶轴中心吊一垂线至地面，对准底座上地轴的中心，同时保持底座的水平以及底座上面板和门扇底部的缝隙为15mm，然后将外壳用混凝土填实浇固（注意不可将内壳浇牢）。

（4）待混凝土养护期满后，将门扇上回转轴连杆的轴孔套在底座的地轴上，再将门扇顶部顶轴套板的轴孔和门框上的顶轴对准，拧动顶轴上的升降螺钉，使顶轴插入轴孔 15mm，门扇即可使用。

88. 迭级顶棚施工质量控制与注意事项有哪些？

答：（1）龙骨不平直，吊顶的平整度差。主要是龙骨完成后，未及时进行准确的校平，或使用了不平直的龙骨。所以材料的堆放要整齐，上龙骨时要注意选用，安装完成后必须在对整体的主次龙骨进行较平后再上面板。

（2）迭级不角方。迭级顶的高低顶交接处，要用加强龙骨，且最高位和最低位处的顶都必须有主龙骨，挂落处的龙骨一定要用角方尺靠准后才能上板。如果是直接用木工板做的迭级挂落，则木板一定要用硬芯板，否则容易翘曲不平，高低差超过200mm 的，要加竖向龙骨。

89. 木楼梯栏杆和扶手制作与安装施工注意事项。

答：（1）榫头松动问题

木楼梯各部件之间的连接基本上是榫接，所以榫头和榫眼的密合度是整个楼梯是否牢固的关键。因此画线、凿眼时必须准确合理，榫头、榫眼、凿子三方的尺寸必须相等。拼装前，必须检查各杆件。上胶前必须预投榫，如果有榫头松动，可将榫头端面适当凿开，插入与榫头等宽、短于榫长的木楔。木楔厚度视木材和榫头的软硬及榫头与榫眼的偏差而定。

（2）斜梁翘曲问题

作为木楼梯的主要承重结构梁，必须在安装完毕后使其不翘曲，否则后道工序无法进行，因此斜梁制作时，要选择干燥、较硬且整体机理较好的木料，斜梁的榫和眼必须平直方正。轻度的翘曲可以适当地刨削修正。

（3）踏步板不平的问题

表现为踏步板两端厚度不等，三角木尺寸不一致，或同一层踏步的三角木不在同一水平面上。所以出现这类问题时，首先应该检查这两类问题，踏步板是否需要重新修整，三角木的位置是否无偏差。

（4）安全操作问题

脚手架要稳固，且不得以楼梯为支撑点。钉三角木时要牢固，若有开裂、松动应及时补钉或更换，严禁在钉好的三角木上行走。休息平台的搁栅，应随铺随钉，临时拉结板条，操作人员不得直接站在搁栅上操作。

90. 木家具制作零部件组装的操作要领。

答：（1）在零部件组装前，各零件的装配顺序应事先准备好。检查零部件表面是否还留有各种痕迹与污迹，如有应清除干净。检查所有榫头端面是否倒棱，榫头长度与榫眼深度是否适宜，以免榫头过长顶住榫眼底部，使接合处不严。

（2）准备好乳白胶、符合设计要求的具有一定规格和数量的木螺钉等辅助材料。涂胶时应将胶液涂在榫眼内，涂胶要均匀，对于挤出榫眼或沾在零件表面的多余胶液应及时用温湿布擦净，以免在涂饰时涂不上色而影响涂饰质量。

（3）榫头与榫眼接合时，要轻轻敲入或压入，不可依次压到底，以免零件劈裂。斧锤不应直接敲击零件，应垫上小方木料敲打，以防止零件表面留有锤印引起受力集中而损坏。装配时要注意整个框架是否平行，如有倾斜、歪曲现象应及时校正。

（4）在组装过程中，用木工角尺测量其角度是否垂直，用钢卷尺测量其框架的对角线是否相等。用目测整体框架的平整度等方法及时进行检查和纠正，或者边检查边打入、边校正，以确保角度的准确性，确保整体框架要平整、不翘曲，确保榫眼接合部位要打牢、无缝隙。若对角线误差较大，可将长角用锤敲或用压力校正。零部件组装及擦除胶液修整完之后，应使其在室内放置一定时间，进行自然干燥定型。

91. 框式家具如何合理配料。

答：合理选料是指选择符合产品质量的树种、材质、等级、规格、纹理及色泽的原料，要求合理搭配用材，材尽其用。

（1）按产品的质量要求合理选料的原则

高档产品的零部件以及整个产品往往需要用同一种树种的木材来配料。中、低档产品的零部件以及整个产品要将针叶材、阔叶材分开，将材质、颜色和纹理大致相似的树种混合搭配，以节约木材。

（2）按零部件在产品中所在部位来选家具的外表用料

如家具中的面板、顶板、旁板、抽屉面板、腿等零部件用料，必须选择材质好、纹理和颜色一致的木材。内部用料，如搁板、隔板、底板、屉旁板和屉背板等零部件用料，对于木材的一些缺陷如裂纹、节子、虫眼等可修补使用，对于纹理和颜色可稍微放宽一些要求。暗处用料是不可见处的用料，如双包镶产品中的芯条，在用料上可以再放宽一些要求。

（3）根据零部件在家具中的受力状况和强度来选料

要适当考虑零部件在家具制品中的受力状况和强度要求，以及要考虑某些产品的特殊要求，如书柜的搁板尺寸和使用的原材料等都将影响搁板的受力状况和强度。

（4）根据零部件采用的涂饰工艺来选料

实木家具的零部件若采用浅色透明涂饰工艺，在选料和加工上要严一些；若采用深色透明涂饰工艺，在选料和加工上可以放宽一些；若采用不透明涂饰工艺，则可再放宽一些要求。

（5）根据胶合和胶拼的零部件来选料

对于胶合和胶拼的零部件，胶拼处不允许有节子，纹理要适当搭配，弦径向要搭配使用，以防止发生翘曲；同一胶拼件上，材质要一致或相近，针叶材、阔叶材不得混合使用。

92. 简述仪表垂直检测尺使用方法。

答：仪表垂直检测尺主要用于墙面、门窗框、装饰贴面等项目的垂直度及平整度的检测。使用方法为：

（1）检测被测面1m垂直偏差时，推下仪表盖，将绿色推键开关向上推，把检测尺靠在被测面，待指针停止摆动时，读取下行刻度数值，其数值即是被测面的倾斜误差，每格为1mm。用于2m检测时，把检测尺展开，锁上连接扣，检测方法同上，读取上行刻度数值。如遇到竖向面不平直的情况，可用靠脚去检测。检测方法为：把中间靠脚旋出，用上、下靠脚检测。

（2）平整度检测：由游标塞尺配合检测。

（3）检测时握尺的倾斜度不得超过 5°~10°，定位销外露 3~5mm 为最佳。

（4）在使用中如发现检测尺的指针显示不铅直，应进行调整。调整方法为：将一根 2m 靠尺安装在墙面上，经线坠调整垂直后，将检测尺靠在靠尺上，用螺钉旋具调节"Z"螺钉，直到指针指向"0"为止。

93. 简述现场施工机械设备保养的。

答：（1）保证现场施工机械设备经常处于良好的技术状况，减少故障停机日，提高机械设备的利用率。

（2）在运行中不致于因机械设备上的原因而影响安全。

（3）降低机械设备的运行成本和维修成本，从而减少现场施工费用。

（4）减少施工现场的噪声和污染。

2.6 计算题

1. 有一双柱—横梁门形钢筋混凝土支架，柱截面为 350mm×450mm，柱顶标高为 3.2m，横梁截面为 350mm×800mm，梁净跨为 1850mm，梁底标高为 2.8m，求其模板工程量（柱模从 -0.15 算起）。

【解】柱模：
$$S_{柱} = [(0.35 + 0.45 \times 2) \times (3.2 + 0.15) + 0.35 \times (2.8 + 0.15)] \times 2$$
$$= [1.25 \times 3.35 + 0.35 \times 2.95] \times 2$$
$$= 5.22 \times 2 = 10.44 \text{m}^2$$

梁模：$S_{梁} = (0.8 \times 2 + 0.35) \times 1.85 = 1.95 \times 1.85 = 3.61 \text{m}^2$

答：柱模和梁模分别为 10.44m^2 和 3.61m^2。

2. 有一双柱—横梁门形钢筋混凝土支架，柱截面为 350mm×

400mm，柱顶标高为 3.6m，横梁截面为 $350\text{mm} \times 800\text{mm}$，梁净跨为 1850mm，梁底标高为 2.80mm，求其模板工程量（柱模从 -0.20 算起）。

【解】柱模：
$$\begin{aligned} S_{柱} &= \left[(0.35 + 0.8) \times (3.6 + 0.3) + 0.35 \right. \\ &\quad \left. \times (2.8 + 0.2) \right] \times 2 \\ &= [1.15 \times 3.9 + 0.35 \times 3] \times 2 \\ &= 5.535 \times 2 \\ &= 11.07\text{m}^2 \end{aligned}$$

梁模：
$$\begin{aligned} S_{梁} &= (0.8 \times 2 + 0.35) \times 1.85 \\ &= (1.6 + 0.35) \times 1.85 = 3.61\text{m}^2 \end{aligned}$$

答：柱模和梁模分别为 11.07m^2 和 3.61m^2。

3. 有一双跑钢筋混凝土搂梯，楼梯间轴线宽度为 3200mm，井的宽度为 600mm，楼梯段与平台的宽度均为 1200mm，楼梯段的长度为 28700mm，求一层楼梯的模板工程量。

【解】
$$S_{井} = 0.6 \times 2.8 = 1.68\text{m}^2$$
$$S_{毛} = (2.8 + 1.2) \times 3.2 = 12.8\text{m}^2$$
$$S_{楼} = S_{毛} - S_{井} = 12.8 - 1.68 = 11.12\text{m}^2$$

答：一层楼梯的模板工程量为 11.12m^2。

4. 有一双跑钢筋混凝土楼梯，楼梯间轴线宽度为 2700mm，楼梯井的宽度为 300mm，楼梯段与平台的宽度均为 1200mm，楼梯段的长度为 2700mm，求一层楼梯的模板工程量。

【解】
$$S_{梯} = (2.7 + 1.2) \times 2.7 = 10.53\text{m}^2$$

答：楼梯的模板工程量为 10.53m^2。

5. 某一建筑物的墙面外包尺寸为 $10500\text{mm} \times 28000\text{mm}$，采用 $1/2$ 坡度的双坡斜层面，四面各出檐 450mm，求其实际面积工程量。

【解】山墙斜长：
$$\begin{aligned} b &= \left(0.45 + \frac{10.5}{2} \right) \times \sqrt{1^2 + 0.5^2} \times 2 \\ &= 5.7 \times \sqrt{1.25} \times 2 \\ &= 12.75\text{m}^2 \end{aligned}$$

$$S(层面工程量) = \alpha \times b = (28 + 0.45 \times 2) \times 12.75$$
$$= 28.9 \times 12.75$$
$$= 368.48 m^2$$

答：层面工程量为 368.48m²。

6. 已知一简支梁，跨度为 4m，承受均布荷载量 2000N/m，求两端的支座反力和跨中的最大弯矩。

【解】1. $\sum M_A = 0$，则 $R_B \times 4 = \dfrac{2000 \times 4 \times 4}{2}$

$$R_B \frac{2000 \times 4 \times 4}{2 \times 4} = 4000N = 4kN$$

$$R_A = R_B = 4000N = 4kN$$

2. $M_{max} = \dfrac{2000 \times 4 \times 4}{8} = 4000N/m = 4kN/m$

答：两端的支座反力为 4kN 与 4kN，跨中之最大弯矩为 4kN/m。

7. 已知一简支梁，跨度为 4m，承受均布荷载量 1500N/m，求两端的支座反力和最大剪力。

【解】1. $\sum M_A = 0$，则 $R_B \times 4 = \dfrac{1500 \times 4 \times 4}{2}$，

$$R_B = \frac{1500 \times 4 \times 4}{2 \times 4} = 3000N = 3kN$$

$$R_A = R_B = 3000N = 3kN$$

2. $R_A = 3kN$

答：两支座反力为 3kN 与 3kN，端点的剪力为最大，其值为 3kN。

8. 已知一截面为 200mm × 300mm，高为 2800mm 钢筋混凝土柱上承受 20kN 的压力，已知钢筋混凝土的密度为 24kN/m³，求柱中最大压应力。

【解】混凝土重为：$2.4 \times (0.3 \times 0.2 \times 2.8)$
$$= 2.4 \times 0.168 = 0.4032kN$$
$$S_{max} = (20 + 0.4032) \div (0.2 \times 0.3) = 20.4032 \div 0.06$$

$$= 340.05 \text{kN/m}^2$$

答：柱中最大压应力为 340.05kN/m^2。

9. 已知采用 6 个直径为 16mm 的螺栓进行接长某个受拉构件，若拉力为 60kN，求螺栓所受的剪应力。

【解】$\sigma_{剪} = 60000 \div (\pi R^2 \times 6)$

$$= 60000 \div \left(3.14 \times \frac{16}{2} \times \frac{16}{2} \times 6 \right)$$

$$= 49.76 \text{N/mm}^2。$$

答：螺栓所受的剪应力为 49.76N/mm^2。

10. 已知钢材的弹性模量 $E = 0.2 \times 10^6 \text{MPa}$，现有一根长为 18500mm、直径为 30mm 的钢筋，当受到 170kN 的拉力时，它伸长多少？

【解】$\Delta L = \dfrac{F \times L}{E \times S} = \dfrac{170000 \times 18500}{0.2 \times 10^6 \times \dfrac{3.14}{4} \times 30^2}$

$$= 22.26 \text{mm}$$

答：18500mm 的钢筋伸长 22.26mm。

2.7 实际操作题

1. 制作一般木工常用工具（框锯、墨斗、三角尺、曲尺、平刨）

考核项目及评分标准   表 1-1

序号	考核项目	检查方法	测数	允许偏差	评分标准	满分	得分
1	选料	目测尺量	任意		树种选用合理，取料科学，尺寸对头	10	
2	刨削加工制作	目测尺量	任意		操作程序合理，制作加工方法正确	15	
3	装配	目测尺量	任意		结合紧密，无松动，移位，位置正确	15	

序号	考核项目	检查方法	测数	允许偏差	评分标准	满分	得分
4	外观质量	目测	任意		外形正确，光洁好，尺寸符合要求	10	
5	试用情况	操作使用	任意		操作省力，灵活，产品质量合格	20	
6	工艺操作规程				错误无分，局部有误扣1~9分	10	
7	安全生产				有事故无分，有隐患扣1~4分	5	
8	文明施工				落手清不做，扣5分	5	
9	工效				低于定额90%不得分，在90%~100%之间酌情扣分，超过定额者酌情加1~3分	10	

2. 制作安装一般楼梯模板

考核项目及评分标准 表 2-1

序号	考核项目	检查方法	测数	允许偏差	评分标准	满分	得分
1	放样	目测尺量	任意	±1mm	超过者每点扣2分	10	
2	配制模板	尺量	5个	±3mm	超过者每点扣2分	10	
3	平整场地铺垫板	目测	任意		不符合要求，每点扣2~5分	10	
4	梁模，板模	尺量	5个	±2mm	梁底标高正确，斜底板正确，超过者扣2分	10	
5	踏步三角木	尺量	5个	2mm	超过者每点扣2分	10	
6	踏步板（反三角）	目测尺量	任意	2mm	板厚，踏步的进出水平正确，超过者扣2分	10	

序号	考核项目	检查方法	测数	允许偏差	评分标准	满分	得分
7	安装牢固	目测	任意		楼梯梁搭牢，斜顶撑固定好，无松动	10	
8	工艺操作规程				错误无分，局部有误扣	10	
9	安全生产				有事故无分，有隐患扣1~4分	10	
10	文明施工				落手清不做，扣5分	10	
11	工效				低于定额90%不得分，在90%~100%之间酌情扣分，超过定额者酌情加1~3分	10	

3. 安装木门扇（内门）

考核项目及评分标准　　　　　　　　表3-1

序号	考核项目	检查方法	测数	允许偏差（mm）	评分标准	满分	得分
1	门扇与框立缝	塞尺	10个	(1.5~2.5)	超过者每点扣1分	10	
2	门扇与框上缝	塞尺	4个	(1~1.5)	超过者每点扣1.5分	6	
3	门扇与框下缝	塞尺	4个	(6~8)	超过者每点扣1.5分	6	
4	扇与框接触	尺量	4个	2	每超0.5mm，扣2分	6	
5	倒挂缝	塞尺	8个		有倒挂缝，每条扣1分	8	
6	刨斜刨板倒小角	目测	12个		不符者每点扣0.5分	6	

序号	考核项目	检查方法	测数	允许偏差（mm）	评分标准	满分	得分
7	铰链开槽	目测			铰链不平整，边缘不整齐，每点扣1分	8	
8	木螺钉	目测	任意		螺钉拧入不少于2/3，螺丝平整，不符者每点扣1分	10	
9	光洁度	目测	任意		有毛刺、雀斑、锤印，每点扣2分	10	
10	工艺操作规程				错误无分，局部有误扣1~9分	10	
11	安全生产				有事故无分，有隐患扣1~4分	5	
12	文明施工				落手清不做，扣5分	5	
13	工效				低于定额90%不得分，在90%~100%之间酌情扣分，超过定额者酌情加1~3分	10	

4. 制作12m以上双齿方木屋架

考核项目及评分标准　　　　表 4-1

序号	考核项目	检查方法	测数	允许偏差	评分标准	满分	得分
1	制作节点样板	尺量	任意	±1.5mm	超过者，每点扣2分	10	
2	配料划线制作	尺量	5个	±5mm	超过者，每点扣2分	10	
3	轴线几何尺寸	尺量	5个	±5mm	超过者，每点扣3分	10	
4	端部节点	目测尺量	5个	2mm	双榫正确，密缝不符者每点扣2分	18	

序号	考核项目	检查方法	测数	允许偏差	评分标准	满分	得分
5	跨中上下节点	目测尺量	5个	2mm	结合合理密缝，不符者每点扣2分	8	
6	其他腹杆节点	目测尺量	6个		结合合理密缝，不符者每点扣2分	8	
7	大料接头夹木	目测	任意		结合符合设计要求无松动	8	
8	铁件安装	目测	任意		固定按图纸要求进行	8	
9	工艺操作规程				错误无分，局部有误扣1~9分	10	
10	安全生产				有事故无分，有隐患扣1~4分	5	
11	文明施工				落手清不做，扣5分	5	
12	工效				低于定额90%不得分，在90%~100%之间酌情扣分，超过定额者酌情加1~3分	10	

注：可按轴线尺寸1:10，用料节点1:3的比例缩小模型替代，评分标准作调整。

5. 制作木扶手弯头

考核项目及评分标准　　　　　　　　表5-1

序号	考核项目	检查方法	测数	允许偏差	评分标准	满分	得分
1	制作弯头	目测	任意		用料合理，尺寸正确，形状按设计要求	20	
2	安装弯头	目测	任意		平整牢固	20	
3	安装扶手	目测	任意		平整牢固，与上下谈判结合良好	20	

序号	考核项目	检查方法	测数	允许偏差	评分标准	满分	得分
4	光洁度	目测	任意		无毛刺、雀斑、锤印	10	
5	工艺操作规程				错误无分，局部有误扣1~9分	10	
6	安全生产				有事故无分，有隐患扣1~4分	5	
7	文明施工				落手清不做，扣5分	5	
8	工效				低于定额90%不得分，在90%~100%之间酌情扣分，超过定额者酌情加1~3分	10	

注：可用1:2的缩小模型制作安装，评分标准作相应调整。

6. 划木门窗数棒（带中帽头）

考核项目及评分标准　　　　表6-1

序号	考核项目	检查方法	测数	允许偏差（mm）	评分标准	满分	得分
1	框几何尺寸	尺量			按图纸尺寸，每超0.5mm扣2分	12	
2	扇几何尺寸	尺量	4		按图纸尺寸，每超0.5mm扣2分	12	
3	玻璃分档尺寸	尺量	6		按图纸尺寸，每超0.5mm扣2分	12	
4	杆伸断面尺寸	尺量	任意		按图纸尺寸，每超0.5mm扣1分	12	
5	线脚	任意	尺量		按图纸尺寸，每超0.5mm扣1分	10	
6	划线总测	目测	任意		线条不清，分线，漏线，每点扣1分	12	
7	工艺操作规程				错误无分，局部有误扣1~9分	10	

236

序号	考核项目	检查方法	测数	允许偏差（mm）	评分标准	满分	得分
8	安全生产	目测			有事故无分，有隐患 1～4 分	5	
9	文明施工	目测			落手清不做，扣 5 分	5	
10	工效				低于定额 90% 不得分，在 90%～100% 之间酌情扣分，超过定额者酌情加 1～3 分	10	

7. 制作圆形窗扇

考核项目及评分标准　　　　　　　　表 7-1

序号	考核项目	检查方法	测数	允许偏差	评分标准	满分	得分
1	放样	目测尺量	任意	±1mm	超过者，每点扣 2 分	10	
2	主要外形断面尺寸	尺量	6 个	±2mm	超过者，每点扣 1 分	6	
3	窗梃接法	目测	任意		接法合理不松动。不符者每点扣 3 分	8	
4	榫肩榫眼	塞尺	任意	0.3mm	超过者，每点扣 2 分	8	
5	玻璃芯子	尺量	4 个	±1mm	每超过 0.5mm，扣 1 分	6	
6	玻璃铲口	目测	任意		角度不准有两口毛刺，每点扣 2 分	6	
7	平整度	托板塞尺	2	1mm	无松动，超过者，每点扣 4 分	8	
8	光洁度	目测	任意		有毛刺、雀斑、刨痕、锤印，每点扣 1 分	8	
9	翘裂	目测	1	2mm	每超过 0.3mm，扣 2 分	10	

序号	考核项目	检查方法	测数	允许偏差	评分标准	满分	得分
10	工艺操作规程				错误无分，局部有误 1~9 分	10	
11	安全生产				有事故无分，有隐患扣 1~4 分	5	
12	文明施工				落手清不做，扣 5 分	5	
13	工效				低于定额 90% 不得分，在 90%~100% 之间酌情扣分，超过定额者酌情加 1~3 分	10	

8. 制作安装异形模板

考核项目及评分标准　　　　　　　表 8-1

序号	考核项目	检查方法	测数	允许偏差	评分标准	满分	得分
1	放样	尺量	任意	±1mm	超过者，每点扣 3 分	10	
2	木带样板	目测	任意		设置合理，形式正确	5	
3	模板配制	目测尺量	任意	±3mm	与样板相套，超过者每点扣 2 分	13	
4	底模安装	目测尺量	任意		形状正确，尺寸正确，拼接合理	8	
5	圆锥身外模	目测尺量	任意		形状正确，尺寸正确，拼接贫理	8	
6	圆锥身里模	目测尺量	任意		形状正确，尺寸正确，拼接合理	8	
7	球形顶模	目测尺量	任意		形状正确，尺寸正确，拼接合理	8	
8	支撑牢固	目测			平、斜搭头、顶撑布局合理、牢固	5	

序号	考核项目	检查方法	测数	允许偏差	评分标准	满分	得分
9	预留孔洞	目测尺量	任意		位置正确、尺寸大小正确，做法合理	5	
10	工艺操作规程				错误无分，局部有误扣1~9分	10	
11	安全生产				有事故无分，有隐患扣1~4分	5	
12	文明施工				落手清不做，扣5分	5	
13	工效				低于定额90%不得分，在90%~100%之间酌情扣分，超过定额者酌情加1~3分	10	

注：指架空的六角底，圆锥身球形盖的水箱。

第三部分　高级木工

3.1　单项选择题

1. 活动地板又称为（C）。

A. 制型地板　　　　B. 复合型地板

C. 装配式地板　　　D. 可移动的地板

2. 活动地板的防静电面层材料有（A）。

A. 三聚氰胺　B. 塑料　C. 钢制材料　D. 防静电木板

3. 活动地板的防静电面层材料有三聚氰胺和（D）。

A. 防静电木板　　B. 塑料　　C. 钢制材料　　D. PVC

4. 板在安装及布线前，应对基层进行（D）。

A. 防水处理　　　　B. 凿平

C. 预先的加固处理　D. 清理及找平

5. 静电地板的面板铺放先从（B）开始。

A. 门口　B. 有设备的地方　C. 边角　D. 中心十字轴线

6. 活动地板的日常维护和清洁（B）开始。

A. 只能用吸尘器　　　B. 可用软布蘸弱碱性的洗涤剂擦洗

C. 可以用拖布清洁　　D. 专用的清洁剂

7. 反光灯槽的迭级吊顶，在造型处常用（A）形式。

A. 木质吊顶　　　　　B. 轻钢龙骨石膏板

C. 特制的纤维石膏板　D. 玻璃钢

8. 反光灯槽是指灯源设置在（C）的位置。

A. 吊顶的特殊位置　B. 吊顶内部　C. 不可视　D. 可视

9.（D）弧面顶适用于顶部空间较小的吊顶。

A. 造型　　B. 艺术　　C. 立体　D. 水平

10. 内藏灯槽顶棚的施工操作工序与（C）的操作步骤基本相同。

A. 轻钢龙骨石膏板吊顶　　B. 弧形顶

C. 迭级顶棚　　　　　　　D. 普通平顶

11. 反光灯槽顶的灯槽一般是在安装完（A）后开始安装。

A. 次龙骨　　B. 主龙骨　　C. 罩面板　　D. 迭级龙骨

12. 反光灯槽的内部因为要安装荧光灯，所以必须要涂刷防火涂料（D）以上。

A. 涂刷乳胶漆也可以　　B. 一遍　　C. 三遍　D. 两遍

13. 如果是直接用木工板做的迭级挂落，则木板一定要（B）。

A. 纤维石膏板　　B. 硬芯板　　C. 石膏板　　D. 木板

14. 发光顶棚一般是指灯具隐藏在（D）。

A. 发光板　　B. 灯具为不可见光源灯具

C. 灯槽内　　D. 吊顶之内

15. 仿真顶的基层龙骨同普通的轻钢龙骨平顶，其仿真的部分多为（C），根据设计特殊制作而成。

A. 木板　　B. 石膏板　　C. 玻璃钢　　D. 合成板

16. 软包墙面要求基层表面平整，结构牢固质密。如果是（A）基层，则应该在其表面做防水处理。

A. 水泥砂浆　　B. 木板　　C. 防潮层　　D. 所有的

17. 基层结构搁栅的做法基本同木墙裙的做法，搁栅层是起找平作用的，其间距一般为（C）。

A. 可任意分格　　　　B. 400～600mm

C. 200～400mm　　　　D. 600～800mm

18. （B）是在项目、产品方案设计阶段结束后的施工设计阶段绘制的图样，直接为施工服务，是生产、制作与施工的技术依据。

A. 测绘图样　　　　B. 施工设计图

C. 方案设计图　　D. 技术图样

19. 如果物体的长、宽、高三个方向都不和投影面平行，放射光线对物体在倾斜投影面上的投影就是（C）。

A. 成角透视图　B. 正视图　C. 斜透视图　D. 平行透视图

20. 将一件家具的所有零、部件之间按照一定的组合方式装配在一起的生产图样，简称（A）。

A. 装配图　　　B. 部件图　　　C. 零件图　　　D. 大样图

21. （A）是指在合理使用和节约材料的条件下，生产单位质量合格的建筑产品所必需消耗一定品种、规格的建筑材料、构配件、半成品、燃料及不可避免的损耗量等的数量标准。

A. 材料消耗定额　　　　B. 产量定额

C. 时间定额　　　　　　D. 劳动力定额

22. 一般说来，当扶手的厚度 $\delta \geqslant 300mm$ 时，扶手的翘曲较明显；扶手高度（D）时，扶手侧面的翘曲较为明显。

A. $b \leqslant 50mm$　B. $b \leqslant 80mm$　C. $b \geqslant 50mm$　D. $b \geqslant 80mm$

23. 古建筑按照屋面造型的不同，分为硬山建筑、歇山建筑、庑殿建筑和圆攒顶建筑五种类型。其中（C）常用于宫殿、坛庙一类的皇家建筑，是我国建筑的最高形式。

A. 硬山建筑　B. 歇山建筑　C. 庑殿建筑　D. 圆攒顶建筑

24. 庑殿建筑的内部构造主要由正身和山面转角两部分组成。（B）是由柱子支撑梁架、梁上面搁置桁条、桁条上铺钉椽子、望板而形成抬梁式结构。

A. 山面转角　B. 正身部分　C. 主要部分　D. 侧面部分

25. 位于建筑物最外围，承受屋檐载荷的柱子是（D）。

A. 角柱　　　B. 金柱　　　C. 雷公柱　　　D. 蟾柱

26. 位于建筑转角部位，承受梁、枋等构件的载荷的柱子是（A）。

A. 角柱　　　B. 金柱　　　C. 雷公柱　　　D. 蟾柱

27. 位于蟾柱以内（纵中线柱子除外），承受檐头以上的屋面载荷的柱子是（B）。

A. 角柱　　B. 金柱　　C. 雷公柱　　D. 蟾柱

28. （C）是位于庑殿建筑面支顶挑出的屋檩条下的构件。

A. 角柱　　B. 金柱　　C. 雷公柱　　D. 蟾柱

29. 位于檐柱与金柱之间，承担檐檩的梁是（B）。

A. 太平梁　B. 抱头梁　C. 顺梁　D. 趴梁　E. 角梁

30. （E）是位于矩形四坡屋顶的山面与檐面交角处最下一架的梁，前端与挑檐桁搭交，后尾与正心桁搭交，头部挑出于搭交檐桁之外。

A. 太平梁　B. 抱头梁　C. 顺梁　D. 趴梁　E. 角梁

31. （C）是在桁檩下面顺面宽方向的梁，梁下有柱头承接。

A. 太平梁　B. 抱头梁　C. 顺梁　D. 趴梁　E. 角梁

32. （D）是在桁檩上面顺面宽方向搭置的梁，梁下有柱子承接。

A. 太平梁　B. 抱头梁　C. 顺梁　D. 趴梁　E. 角梁

33. 直接承受屋面载荷的构件是（B）。

A. 板类构件　　B. 桁檩类构件　　C. 柱类构件

D. 梁类构件　　E. 枋类构件

34. 辅助稳定柱和梁的构件是（E）。

A. 板类构件　　B. 桁檩类构件　　C. 柱类构件

D. 梁类构件　　E. 枋类构件

35. 位于檐枋与脊枋之间的所有枋子称为（A）。

A. 金枋　　B. 檐枋　　C. 脊枋　　D. 檐檩

36. （B）是位于无斗栱建筑檐柱柱头间的横向联系构件，在斗栱建筑中称为额枋。

A. 金枋　　B. 檐枋　　C. 脊枋　　D. 檐檩

37. 位于正脊位置的枋子称为（C）。

A. 金枋　B. 檐枋　　C. 脊枋　　D. 檐檩

38. 承受檐头以上的屋面载荷的是（B）。

A. 角柱　　B. 金柱　　C. 柱类构件　　D. 梁类构件

39. 钉在屋面转角处，互成直角做榫相搭交的桁檩是（A）。

A. 正搭交桁檩　　B. 金檩　　C. 脊檩　　D. 檐檩

40. 位于檐柱上的正身檩子是（D）。

A. 正搭交桁檩　　B. 金檩　　C. 脊檩　　D. 檐檩

41. 位于正脊位置上的正身檩子是（C）。

A. 正搭交桁檩　　B. 金檩　　C. 脊檩　　D. 檐檩

42. （B）是位于檐檩和脊檩之间的所有正身檩子。

A. 正搭交桁檩　　B. 金檩　　C. 脊檩　　D. 檐檩

43. （B）是位于金檩与金枋之间的垫板。

A. 扶脊木　　B. 金垫板　　C. 脊垫板　　D. 檐垫板

44. 叠置在脊檩上面的构件是（A）。

A. 扶脊木　　B. 金垫板　　C. 脊垫板　　D. 檐垫板

45. 卅 表示（C）。

A. 中线　　B. 一般中线　　C. 老中线　　D. 正确线

46. 中卅 表示（B）。

A. 中线　　B. 一般中线　　C. 老中线　　D. 正确线

47. （C）表示正确线。

A. ╪　　B. ╪　　C. ✳　　D. 中卅

48. （A）表示错误线。

A. ╪　　B. ╪　　C. ✳　　D. 中卅

49. （C）表示升线。

A. ╪　　B. ╪　　C. ╪　　D. ✳

50. （B）表示截线。

A. ╪　　B. ╪　　C. ╪　　D. ✳

51. （A）表示断肩线。

A. ╪　　B. ╪　　C. ╪　　D. ✳

52. （B）表本枋子口。

244

A. ▨   B. ⌷   C. ▱   D. ▢

53.（A）表示大进小出卯眼。

A. ▨   B. ⌷   C. ▱   D. ▨

54.（D）表示透眼。

A. ▨   B. ⌷   C. ▱   D. ▨

55.（C）表示半眼。

A. ▨   B. ⌷   C. ▱   D. ▨

56.（C）是反映建筑物面阔、进深、柱高等总尺寸的丈杆，它是确定建筑物高宽大小的总根据。

　　A. 丈杆　　B. 分丈杆　　C. 总丈杆　　D. 标杆

57.（B）是反映建筑物具体构件部位尺寸的丈杆，如蟠柱丈杆、金柱丈杆、明间面宽丈杆、次间面宽丈杆等，是丈量记载各部具体尺寸和卯榫位置的分尺。

　　A. 丈杆　　B. 分丈杆　　C. 总丈杆　　D. 标杆

58. 大木制作之前首先排出总丈杆，方法是将四面刨光的木杆任意一面作为第一面，排（D）。

　　A. 檐平出尺寸　B. 柱高尺寸　C. 进深尺寸　D. 面宽尺寸

59. 大木制作之前首先排出总丈杆，方法是将四面刨光的木杆任意一面作为第一面，排面宽尺寸。第二面、第三面、第四面分别标画出（C）。

　　A. 檐平出尺寸、柱高尺寸、进深尺寸

　　B. 柱高尺寸、进深尺寸、檐平出尺寸

　　C. 进深尺寸、柱高尺寸、檐平出尺寸

　　D. 柱高尺寸、檐平出尺寸、进深尺寸

60. 总丈杆排完检验无误以后即可排分丈杆，为使用方便，分丈杆最好每类相同构件排（D）根，在丈杆上要写明同类构件的数量，分丈杆上的符号要标画齐全。

　　A. 3　　B. 2　　C. 8　　D. 1

61. 施工现场就是直接（A）的地点和为建筑工程提供生产

245

服务的场所。

A. 建造建筑工程　B. 建筑物　C. 建筑施工　D. 建设施工

62. 根据邱格纳斯公式，跨度（N）与工作接触关系数（C）的关系式为（C）。

A. $C = N (2^{n-2} + N - 2)$

B. $C = N (2^{1-n} + 1 - N)$

C. $C = N (2^{n-1} + N - 1)$

D. $C = N (2^{n-1} + N + 1)$

63. 现场醒目位置应设置（C）的标志。

A. 建设单位　B. 施工单位　C. 承包人　D. 设计单位

64. 在施工现场周边应设置临时围护设施。市区工地的周边围护设施高度不应低于（B）。

A. 2.0m　　B. 1.8m　　C. 2.2m　　D. 1.6m

65. 管网一般应沿道路布置，供电线路应避免与其他管道设在同一侧。主要供水管线宜采用环状布置，孤立点可设枝状。工地主要电力网一般为（D）高压线，沿主干道采用环形布置。

A. 5~10kV　　B. 4~10kV　　C. 6~10kV　　D. 3~10kV

66. 电线可架空布置，距路面或建筑物不少于（B）。

A. 5m　　B. 6m　　C. 7m　　D. 8m

67. 根据防火要求，现场应设置足够的消防站、消防栓。消防用水管线直径不得小于（D），消防栓间距不大于（D）。

A. φ100mm　100m　　B. φ100mm　150m

C. φ120mm　100m　　D. φ100mm　120m

68. 消防栓应布置在十字路口或道路转弯处的路边，距路不超过（A），与房屋的距离不大于（A），也不小于（A）。

A. 2m　25m　5m　　B. 3m　20m　5m

C. 2m　25m　4m　　D. 3m　25m　4m

69. 工人用的福利设施应设置在工人较集中的地方。各栋房屋之间应保留足够的防火间距，排房之间要留出不少（B）宽的消防车道。

A. 3m   B. 3. 5m   C. 2. 5m   D. 4m

70. （A）是材料的有效消耗，构成产品实体。

A. 净用童   B. 实际消耗量   C. 损耗量   D. 实际需用量

71. 施工现场外临时存放材料，材料要码放整齐、符合要求，不得妨碍交通和影响市容；堆放散料时应进行围挡，围挡高度不得低于（A）。

A. 0. 5m   B. 1m   C. 1. 5m   D. 2m

72. 施工现场各种料具应按施工平面布置图指定位置存放，并分规格码放整齐、稳固，做到一头齐、一条线。砖应成丁、成行，高度不得超过（C），砌块材码放高度不得超过（C）。

A. 1. 6m   1. 8m   B. 1. 8m   2m

C. 1. 5m   1. 8m   D. 1. 5m   2m

73. 物料堆放整齐，并坚持（A）的原则。

A. "先进先出"   B. "后进后出"

C. "先进先出"   D. "后进先出"

74. 在防护设施不完善或无防护设施的高处作业，必须系好（B）。

A. 安全帽   B. 安全带   C. 安全绳   D. 安全网

75. 所谓临边作业是高处作业中作业面的边沿没有围护设施或虽有围护设施，但作业面高度低于（C）时，这一类作业称为临边作业。

A. 850mm   B. 900mm   C. 800mm   D. 1000mm

76. 所谓高空作业，是指在（A）以上有可能坠落的高处进行的作业。

A. 2m   B. 2. 2m   C. 2. 5m   D. 3m

77. 施工现场要有道路指示标志，载重汽车的弯道半径，一般应该不小于（B），特殊情况不小于（B）。

A. 12m   10m   B. 15m   10m   C. 15m   12m   D. 16m   10m

78. 通过 PDCA 循环，就是由理论到实践，再由实践完善理论的一个过程，其本身呈（B）上升，使质量管理活动提高到一个新的高度。

A. 抛物线形　　B. 螺旋形　　C. 直线形　　D. 曲线形

79. 质量管理小组是开展群众性质量管理活动的一种组织形式，是全面质量管理的重要组成部分，简称（D）小组。

A. QE　　B. CQ　　C. QQ　　D. QC

80. 当地城建档案馆在受理验收申请后（A）内，派员对档案实体进行预验收。

A. 3 天　　B. 5 天　　C. 7 天　　D. 9 天

81. 预验收意见整改后，进行正式验收，验收合格的，在（C）内发给《建设工程竣工档案认可意见书》。

A. 3 天　　B. 5 天　　C. 7 天　　D. 9 天

82. 初步验收时，在验收主管单位组织下，档案部门着重抽查项目档案的归档情况。工程规模大，档案卷数量超过 1000 卷的，抽查（B）的项目档案。

A. 10%　　B. 15%　　C. 20%　　D. 25%

83. （B）一般位于图纸的右下角、有项目或产品的名称、图的名称、图的编号及设计人、绘图人、审批人的签名和日期，具体形式根据行业不同在形状上有所区别。

A. 图纸会签栏　B. 图纸标题栏　C. 图纸名称　D. 图幅

84. （D）是为各种工种负责人签字用的表格，放在图框线之外的左上方。

A. 图幅　B. 图纸标题栏　C. 图纸名称　D. 图纸会签栏

85. 在图样上，阿拉伯数字、拉丁字母及罗马数字都可以按需要写成直体或斜体，斜体字的倾斜角度为（C）。

A. 55°　　B. 45°　　C. 75°　　D. 90°

86. 可见的轮廓线用（B）。

A.．虚线　　B. 实线　　C. 点画线　　D. 拆断线

87. 不能用于表示轮廓线的是（D）。

A. 虚线　　B. 实线　　C. 点画线　　D. 拆断线

88. 用于表示对称线或中心线的是（A）。

A. 虚线　　B. 实线　　　C. 双点画线　　　D. 点画线

89. 制图中, 要有符合规范的线宽组比例, 下列比例中符合规范的是（C）。

A. 2. 0：10：0. 5　　　B. 1. 5：0. 7：0. 4

C. 2. 0：1. 0：0. 7　　　D. 0. 5：0. 25：0. 1

90. 尺寸标注时, 尺寸线和尺寸界线都要用（D）。

A. 虚线　　B. 实线　　　C. 中粗实线　　　D. 细实线

91. 尺寸标注时, 尺寸起止符一般采用中粗（B）短线绘制。

A. 30°　　B. 45°　　C. 60°　　D. 90°

92. 正等正轴测图 x 与 y 两根轴线彼此间的角度为（C）。

A. 135°　　B. 90°　　C. 120°　　D. 45°

93. 在家具生产中, 为了适应有些复杂而不规则的特殊造型、结构或零件的加工要求, 需要绘制（A）的分解大样尺寸图样, 简称大样图。

A. 1：1　1：2　1：5　　　B. 1：10　1：20　1：40

C. 1：50　1：100　1：150　　　D. 1：20　1：50　1：80

94. 时间定额与产量定额的关系描述不正确的是（D）。

A. 时间定额 X 产量定额 = 1

B. 时间定额与产量定额互为倒数

C. 时间定额 = 1/产量定额

D. 时间定额与产量定额成正比关系

95. 在锯解胶合板材时, 为了避免板边缘留下小的倒刺或撕裂, 正确的操作方法是（A）。

A. 先横截, 再纵向锯解　　B. 先纵向锯解, 再横截

C. 先径向切, 再旋转切　　D. 横截和纵向锯解顺序没有要求

96. 用于制作家具旁板的人造板材封边的步骤是（B）。

A. 先封两侧, 再封前面和后面

B. 先封前面和后面, 最后封两个侧面

C. 前面——左侧面——后面——右侧面

D. 前面——侧面——后面

97. 国家标准规定，各种设计图样上标注的尺寸，除标高和总平面图以 m 为单位外，其余一律以（C）为单位。

A. cm   B. km   C. mm   D. m

98. 木夹板工程应对人造板材的（C）含量进行复验。

A. 苯   B. 氡   C. 甲醛   D. 氨

99. 木楼梯段靠墙踢脚板，采用（C）的做法。

A. 踏步之间用三角板，上口用通长木板条

B. 都用三角形木板

C. 通长木板上挖去踏步形状

D. 工人根据习惯做法决定

100. 榫头的宽度，不宜小于构件宽度的（B），否则容易发生构件断裂的现象。

A. 1/5   B. 1/4   C. 1/3   D. 1/2

101. 古建筑木构架的柱根糟朽，例如柱根糟朽面大于 1/2 截面且柱心有糟朽，糟朽高度等于 1/5 ～ 1/3 柱径，采用的修缮方法为（B）。

A. 更换法   B. 墩接法   C. 包镶法

D. 轴换法   E. 归安法

102. 古建筑的柱子高位糟朽或折断时，采用的修缮方法为（D）。

A. 更换法   B. 墩接法   C. 包镶法

D. 轴换法   E. 归安法

103. 轻质隔墙的木龙骨采用圆钉固定时，钉距宜为（B）mm，钉帽应砸扁。

A. 80 ～ 100   B. 80 ～ 150   C. 80 ～ 120   D. 根据需要

104. 正等正轴测图三根轴线彼此间的角度分别是（C）。

A. 90°、135°、135°   B. 90°、45°、45°

C. 120°、120°、120°   D. 45°、60°、135°

105. 已知 C10 的混凝土强度值有以下四个，中（A）为抗

压强度标准值。

    A. 10N/mm^2 B. 5N/mm^2

    C. 5.5N/mm^2 D. 0.65N/mm^2

    106. 已知 C10 的混凝土强度值有以下四个，其中（B）为轴心抗压设计强度。

    A. 10N/mm^2 B. 5N/mm^2 C. 5.5N/mm^2 D. 0.65N/mm^2

    107. 已知 C10 的混凝土强度值有以下四个，其中（C）为弯曲抗压设计强度。

    A. 10N/mm^2 B. 5N/mm^2 C. 5.5N/mm^2 D. 0.65N/mm^2

    108. 已知 C10 的混凝土强度值有以下四个，其中（D）为抗拉设计强度。

    A. 10N/mm^2 B. 5N/mm^2 C. 5.5N/mm^2 D. 0.65N/mm^2

    109. 已知 C20 的混凝土强度值有以下四个，其中（A）为轴心抗压强度。

    A. 20N/mm^2 B. 15N/mm^2 C. 10N/mm^2 D. 5N/mm^2

    110. 为木工现场进行现浇框架结构模板施工用的翻样图，主要是（C）。

    A. 钢筋翻样图   B. 砌块排列翻样图

    C. 模板翻样图   D. 预制构件排列布置图

    111. 现浇楼层结构模板翻样图中，一般不反映该层的（D）。

    A. 砖墙和砖柱   B. 预制楼板

    C. 预埋件   D. 钢筋布置

    112. 木装修的翻样中，对于材料的统计，应该采用的方法为（C）。

    A. 套用材料定额计算   B. 按经验估算

    C. 根据图纸按实计算   D. 由操作人员提出

    113. 在楼梯模板的翻样中，对于平台梁的垂直位置，一般在剖面图中用（D）表示，以便工人阅图操作。

    A. 垂直标注尺寸   B. 建筑标高

C. 梁面结构标高　　　D. 梁底结构标高

114. 我国规范规定混凝土等级程度用边长为（B）的立方体抗压强度标准值确定。

A. 40mm×40mm×160mm　　　B. 150mm×150mm×150mm

C. 200mm×200mm×200mm　　　D. 53mm×115mm×240mm

115. 钢筋按其强度大小分为（B）钢筋等级数。

A. 1 至 4 级　　　B. Ⅰ至Ⅳ级

C. 一至四级　　　D. 光面与变形

116. 用符号"φ"表示（D）钢筋。

A. 一级　　B. 一级光面　　C. Ⅲ级光面　　D. Ⅰ级光面

117. 用符号"φ"表示（C）钢筋。

A. Ⅰ级光面　　B. Ⅱ级光面　　C. Ⅱ级肋纹　　D. Ⅲ级肋纹

118. 预制柱吊装校正后的固定，应该采用（B）固定。

A. 一次灌细石混凝土　　　B. 二次灌细石混凝土

C. 二次灌 C10 混凝土　　　D. 二次灌 1:2 水泥砂浆

119. 全面质量管理的工作程序是（C）。

A. 设计、施工、验收、评比

B. 布置任务、熟悉图纸、施工操作、结算验收

C. 计划、实施、检查、处理

D. 学习、订计划、做记录、评比

120. 全面质量管理的基本特点是（B）。

A. 全民性、全面性、严格性、服务性、开放性

B. 全员性、全面性、预防性、服务性、科学性

C. 全民性、社会性、严格性、强制生、科学性

D. 全民性、社会性、预防性、强制性、开放性

121. 全面质量管理的工作程序中，推动 PDCA 循环，关键在（D）。

A. P 阶段　　　B. D 阶段　　　C. C 阶段　　　D. A 阶段

122. 从某一个全面质量管理的排列图中，根据以下数据可确定产品质量的 A 类因素指标为（C）。

A. 累计百分比90%，因素有四个

B. 累计百分比为85%，因素有三个

C. 累计百分比为80%，因素有二个

D. 累计百分比为65%，因素有一个

123. 全面质量管理的基本核心是强调（A），来保证产品质量，达到全面提高企业和社会经济效益的目的。

A. 提高人的工作质量　　B. 加强科学管理

C. 采用先进技术　　　　D. 掌握潜力

124. 施工组织设计中，考虑施工顺序时的"四先四后"是指（A）。

A. 先地下后地上，先主体后围护，先结构后装饰，先土建后设备

B. 先上后下，先算后做，先进料后施工，先安全后生产

C. 先地上后地下，先围护后主体，先装饰后结构，先设备后土建

D. 先地下结构后地上围护，先土建主体后装饰设备

125. 单位工程施工进度计划主要是反映了（D）。

A. 各分项工程的具体工作内容和工程量

B. 各分项工程的计划工作天数

C. 各分项工程的施工工作日期

D. 各分项工程的内容和数量，整个工程的进度日程

126. 将工程分成若干施工段，每个施工段的工作量大致相等，工人可以先后安排在各个施工段上连续均衡地进行施工操作，这种施工方法叫（C）。

A. 顺序施工法　　B. 习惯施工法

C. 流水施工法　　D. 立体施工法

127. 施工工艺卡反映的是（D）。

A. 针对性的具体项目的施工方法

B. 一般的施工操作要求

C. 特定的工艺操作标准

D. 施工程度较科学，并劳动力、工具设备配备较为合理的条件下的规范化的标准施工操作方法

128. 施工工艺卡有时又叫做工法，其编制的主要依据是（A）。

A. 质量标准和操作规程

B. 劳动定额和材料定额水平

C. 工人的实际操作水平和能力

D. 领导的要求

129. 某墙模板的水平长度为 11100mm，其横向排列时的最佳钢模为（A）配备布置。

A. 7P3015 + P3006   B. 10P3009 + P3006

C. 5P3015 + 4P3009   D. 4P3015 + 5P3009 + P3006

130. 某墙模板的水平长度为 11250mm，其横向排列时的最佳钢模为（B）配备布置。

A. 7P3015 + P3004   B. 6P3015 + 2P3009 + P3004

C. 5P3012 + P3004   D. 12P3009 + 5P3004

131. 某墙模板的水平长度为 11400mm，其横向排列时的最佳钢模为（C）配备布置。

A. 9P3015 + P3006   B. 12P3009 + P3006

C. 7P3015 + P3009   D. 6P3015 + 3P3009

132. 某墙模板的水平长度为 11700mm，其横向排列时的最佳钢模为（D）配备布置。

A. 13P3009   B. 9P3012 + P3009

C. 9P3012 + 2P3004   D. 7P3015 + 2P3006

133. 某墙模板的水平长度为 11550mm 时，其横向排列时的最佳钢模为（D）配备布置。

A. 12P3009 + P3006   B. 9P3012 + P3009

C. 8P3012 + P3004 + P3015   D. 7P3015 + P3006 + P3004

134. 对于同一种木材，以下强度中（A）强度为最大。

A. 顺纹抗拉   B. 顺纹抗压   C. 顺纹抗剪   D. 横纹抗压

135. 对于同一种木材，以下强度中（D）强度为最大。

A. 横纹抗拉　B. 横纹抗压　C. 横纹抗剪　D. 顺纹抗压

136. 对于同一种木材，以下强度中（D）强度最大。

A. 横纹抗剪　B. 横纹抗拉　C. 顺纹抗剪　D. 顺纹抗拉

137. 对于同一种木材，以下强度中（C）强度最小。

A. 横纹抗剪　B. 横纹抗压　C. 顺纹抗剪　D. 横纹抗拉

138. 对于同一种木材，以下强度中（A）强度为最小。

A. 顺纹抗剪　B. 横纹抗剪　C. 顺纹抗压　D. 横纹抗压

139. 在木结构杆件的键结合中，键块木材的含水量应低于（B）。

A. 10%　　B. 15%　　C. 17%　　D. 2%

140. 在木结构杆件的键结合中，键块材料应采用（B）的做法。

A. 硬木做成、横纹受力　　B. 耐腐硬木制成、顺纹受力
C. 耐腐木制成、横纹受力　　D. 硬木制成、顺纹受力

141. 在木结构梁杆件的键结合中，键的相互距离应按（A）做法。

A. 中间比较大，两端就较小，但最小距离为键长

B. 中间比较小，两端就比较大，但最小距离为键长

C. 中间和两端比较大，其余比较小，但最小距离为键长

D. 都可以一样，但不应小于键长

142. 普通木屋架端点的双齿正榫结合中，其构造要求为（D）。

A. 承压面与上弦轴线相交，上弦轴线由两齿中间通过，下弦轴线通过截面中心，上、下弦轴线与墙身轴线交汇于一点

B. 承压面与上弦轴线相交，上弦轴线由第一齿中通过，下弦轴线通过截面中心，上下弦轴线与墙身轴线汇交于一点

C. 承压面与上弦轴线垂直相交，上弦轴线通过净面积中心，下弦轴线通过净截面中心，上下弦轴线与墙身轴线汇交于一点

D. 承压面与上弦轴线垂直，上弦轴线由两齿中通过，下弦轴线对于方木，则通过齿槽下净面积中心；对于原木，则通过下弦截面中心，上下弦轴线与墙身中心线汇交于一点

143. 在普通木屋架下弦中间节的单结合中，其构造要求为（D）做法。

A. （1）承压面与斜杆轴线垂直

（2）斜杆轴线通过承压面

（3）三轴线交汇于一点

B. （1）斜杆轴线与承压面相交

（2）斜杆轴线通过承压面

（3）三轴线交汇于一个三角形范围

C. （1）斜杆轴线与承压面相交

（2）斜杆轴线通过承压面中心

（3）三轴线最好汇交于一点

D. （1）斜杆轴线与承压面相垂直

（2）斜杆轴线通过承压面中心位置

（3）三轴线必须交汇于一点

144. 对于 9m 跨度以下的木屋盖，对（D）种情况应设置支撑。

A. 有密铺单层屋面板和山墙

B. 四坡顶屋面

C. 屋盖两端与刚度较大的建筑物相连

D. 楞摊瓦屋面和有山墙

145. 对于木屋架上天窗架的构造，（C）种做法是错误的。

A. 天窗架的跨度不宜大于屋架跨度的 1/3

B. 天窗架应设斜杆与屋架上弦连接

C. 天窗架的立柱应与屋架上弦、下弦直接牢固连接

D. 屋架上天窗架边柱处的檩条，应放在边柱的内侧

146. 木檩条悬臂接中，以下（A）的做法是不对的。

A. 接头位置可因木材长度而作调整

B. 搭接长度为檩条截面高度的两倍

C. 接头处两根檩条的斜面须平整严密

D. 矩形截面的悬臂接，应按截面高度垂直于水平面放置

147. 在六节间豪式木屋架中，（C）构件的内力〔拉力或压力的绝对值〕最大。

A. 下弦杆中间　　B. 上弦杆脊处

C. 上弦杆檐口处　　D. 下弦杆中间处

148. 在豪式木屋架中，腹杆的受力情况为（D）。

A. 拉力

B. 压力

C. 部分为压力部分为拉力

D. 斜腹杆为压力，垂直拉杆为拉力

149. 旋转楼梯的栏杆扶手是（D）形状，扶手应分段制作后再立体拼装。

A. 圆弧体　　B. 直线体

C. 曲面体　　D. 空间螺旋体

150. 旋转楼梯的扶手断面为矩形，则扶手标准段的上面形状与下面形状为（A）。

A. 相同　　B. 相似

C. 不同　　D. 部分相同，部分不同

151. 旋转楼梯的扶手断面为矩形，则扶手标准段的左右两侧弯曲为（B）。

A. 相同　B. 相似　C. 不同　D. 部分相同、部分不同

152. 旋转楼梯的木扶手其安装刨光的顺序为（A）正确。

A. 拼装→修正→刨光

B. 修正→粗刨光→拼装→细刨光

C. 刨光→拼装→修正

D. 修正→刨光→拼装

153. 圆形螺旋板式楼梯底模下的每根径向格栅，应该呈（D），以便于在其上直接铺 3mm 厚木质纤维板。

A. 水平状态　　　B. 部分倾斜状态

C. 里面比外面高　　　D. 里面比外面低

154. 采用滑模施工的工程，设计与施工应密切配合，使（A）。

A. 工程设计适合滑模施工的要求

B. 滑模施工适合工程设计的要求

C. 滑模施工服从工程设计的要求

D. 工程设计可以按一般的情况设计，施工跟上去进行

155. 在工程的结构设计中，因为考虑了滑模施工中模板内混凝土自重足以克服混凝土与模板之间的摩擦阻力，故规定了（B）设计要求。

A. 滑升最大速度　　　B. 构件截面最小尺寸

C. 混凝土的最小密度　　　D. 横板表面的光洁度

156. 在滑模的技术工艺设计中，为使平台保持一个整体，并减少角横的滑升阻力和混凝土的粘结、掉角现象，角部应作（C）处理。

A. 阴阳角模分块，角部为圆角

B. 阴阳角模为整体，角部为方角

C. 阴阳角模为整体，角部为圆角

D. 阴阳角模为整体，角部为方角

157. 在滑模施工中，为防止墙体混凝土被挖断和减少摩擦阻力，应先确定模板组装时的倾斜度，倾斜度可取模板高度的0.2%~0.5%，形成（D）。

A. 上口小、下口大，模板上口为构件截面尺寸

B. 上口大、下口小，模板上口为构件截面尺寸

C. 上口大、下口小，模板下口为构件截面尺寸

D. 上口大、下口小，模板高 1/2 处的间距为构件截面尺寸

158. 在滑升楼板中，门窗洞的留设宜采用活络装拆钢框模，钢框模的厚度应（C），以防止在滑升过程中发生位移、脱落和变形等现象的发生。

A. 和墙身的厚度一样大　　B. 比墙身的厚度大 5mm

C. 比墙身的厚度小 15mm　　D. 比墙身的厚度小 50mm

159. 在一层浇筑的墙、梁、柱混凝土达到一定强度后,拆开模板,再由电动升板机一次将模板提升到一层楼的位置,重新组装模板,然后浇筑混凝土,之后再拆开再提升,如此反复工作直至顶层,最后全部拆除,这种模板的施工方法叫(D)。

A. 大模板　B. 滑升模板　C. 爬升模板　D. 提升模板

160. 以建筑物的钢筋混凝土墙体为承力主体,通过依附在已浇筑完成并具有初步强度的钢筋混凝土墙体上的爬升支架或大模板和已联接爬升支架与大模板的爬升设备,两者作相对运动,交替爬升,所完成其爬升、下降、就位、校正等施工过程,这种模板的施工方法叫做(C)。

A. 大模板　B. 滑升模板　C. 爬升模板　D. 提升模板

161. 提升模板的整体施工过程中的受力结构为(B)。

A. 钢筋混凝土墙、柱　　B. 劲性钢柱

C. 顶杆　　　　　　　　D. 支撑杆

162. 爬升模板的整体施工过程中的受力结构为(A)。

A. 钢筋混凝土墙、柱　　B. 劲性钢柱

C. 爬架　　　　　　　　D. 支撑杆

163. 在提升模板施工中,对模板的配置是采用(A)做法。

A. 墙体模板均采用大模板,梁模用组合钢模拼成,柱模采用组合钢模现场散装散拆

B. 墙体、梁、柱的模板均采用大模板

C. 墙体、梁、柱的模板均采用钢模,现场散装散拆

D. 墙体、梁模采用大模板,柱模采用组合钢模拼成固定式

164. 中国古建筑木构架中,最外围的柱子,主要承受屋檐荷载,叫做(D)。

A. 雷公柱　　B. 金柱　　C. 瓜柱　　D. 檐柱

165. 中国古建筑木构架中,位于建筑物内部的柱子(纵中柱除外)承受檐头以上的屋面荷载,叫(B)。

A. 雷公柱　　B. 金柱　　C. 瓜柱　　D. 檐柱

166. 中国古建筑木构架中，位于矩形四坡顶的山与檐面交角处最下架的梁，叫做（C）。

A. 顺梁　　B. 趴梁　　C. 角梁　　D. 抱头梁

167. 在桁檩下顺面宽方向的梁，并在它下面有柱头承接，这梁叫做（A）。

A. 顺梁　　　　B. 趴梁　　　C. 角梁　　　D. 抱头梁

168. 辅助稳定柱和梁的构件称为枋，位于无斗栱建筑檐柱柱头间的纵向联系构件，这个构件叫（B）。

A. 脊枋　　B. 檐枋　　C. 金枋　　D. 额枋

169. 对于高层建筑或玻璃幕墙的立面垂直定位放线测施中，一般采用经纬仪，其测施时间应考虑在（A），就能得到比较好的精度水平。

A. 早上8点，风力在二级以下

B. 早上8点，风力在六级以下

C. 下午1点，风力在六级以下

D. 下午1点前，风力在二级以下

170. 玻璃幕墙的主次龙骨的一般安装程序为（A）。

A. 先竖向龙骨，再横向龙骨

B. 先横向龙骨，再竖向龙骨

C. 先次龙骨，再主龙骨

D. 先横向龙骨，再竖向次龙骨

171. 玻璃幕墙的玻璃应（C），表面不允许有泥土污物。

A. 安装前先擦干净，安装后再擦洗

B. 安装中擦干净

C. 安装一片，擦干净一片

D. 安装后集中时间擦干净

172. 玻璃幕墙的框架龙骨安装，是由下向上进行的，而玻璃安装则是（C）进行的。

A. 同时

B. 由上而下

C. 龙骨安装好后再由上而下

D. 龙骨安装部分后交叉安装

173. 无结构玻璃幕墙指的是（D）。

A. 无骨架结构

B. 有骨架框架结构而不外露

C. 有骨架框架结构而外露

D. 无骨架结构，依靠玻璃自身承重

174. 建筑物按耐火程度分为（C）级。

A. 2　　B. 3　　C. 4　　D. 5

175. 在钢筋混凝土梁中，混凝土主要承受（C）。

A. 拉力　　B. 拉力和压力

C. 压力　　D. 与钢筋的粘结力

176. 在一般的钢筋混凝土现浇柱中，钢筋主要承受（C）。

A. 拉力　　B. 拉力和压力

C. 压力　　D. 与钢筋的粘结力

177. 固定于墙身中的挑雨篷，它的支座形式一般作为（A）支座。

A. 固定铰　　B. 可动铰　　C. 固定口　　D. 刚性

178. 平屋顶一般是指坡度小于（C）的屋顶。

A. 2%　　B. 5%　　C. 10%　　D. 15%

179. 现浇钢筋混凝土梁的跨度大于 8m 时，当混凝土强度达到（D）的设计强度时才可拆底模板。

A. 5%　　B. 7. 5%　　C. 90%　　D. 100%

180. 在深基础、地下室施工时，其照明设备的电压不得超过（C）。

A. 220V　　B. 110V　　C. 36V　　D. 12V

181. 在砌筑砖墙时，上下皮之间应相互搭接，搭接长度不少于（D），否则会影响砌体质量。

A. 10mm　　B. 25mm　　C. 50mm　　D. 60mm

182. 在用标准砖砌筑实心砌体中，水平灰缝应在（D）mm之间。

A. 5~8　　B. 8~10　　C. 10~12　　D. 8~12

183. 为防止房屋在正常使用条件下，因温度而使墙体引起竖向裂缝，为此而在墙体中设置（C）。

A. 沉降缝　B. 抗震缝　C. 温度伸缩缝　D. 构造柱

184. 325 号普通水泥 28d 达到的抗压强度为（B）。

A. 25MPa　　B. 32.5MPa　　C. 3521MPa　　D. 400MPa

185. 按照国家规范规定，水泥初凝时间应是（B）。

A. 不早于 450min，不迟于 4h

B. 不早于 45min，不迟于 12h

C. 不早于 1h，不迟于 4h

D. 不早于 4h，不迟于 8h

186. 钢筋中，（D）元素为有害物质，应严格控制其最大含量。

A. 碳　　B. 硅　　C. 锰　　D. 硫

187. 钢筋和混凝土两种材料，它们的线膨胀系数是（A）。

A. 基本相同　　　　B. 钢筋大于混凝土

C. 混凝土大于钢筋　　D. 相差很大

188. 材料的强度，是指材料的（C）。

A. 强弱程度　　　　B. 软硬程度

C. 抵抗外力破坏的能力　　D. 耐磨耗的性能

189. 单层装配式工业厂房的柱间支撑，是为了加强厂房的（D）。

A. 稳定性　　　　B. 整体性

C. 横向刚度和稳定性　　D. 纵向刚度和稳定性

190. 钢筋混凝土的圈梁和构造柱的作用是（B）。

A. 装饰房屋　　　　B. 增加空间刚度和整体性

C. 增加水平方向整体性　　D. 增加垂直方向整体性

191. 在中国古建筑的斗栱中，斗和升的区别是（D）不同。

A. 外形　　B. 大小　　C. 设置位置　　D. 上口开槽数量

192. 在中国古建筑的斗栱中，栱和翘的区别是（C）不同。

A. 外形　　B. 大小　　C. 设置位置　　D. 用料厚度

193. 在预制装配单层工业厂房中，靠山墙处边柱的中心线，距轴线为（B）mm。

A. 450　　B. 500　　C. 550　　D. 600

194. 工程质量等级分为（C）个级别。

A. 合格、优良二个

B. 合格、良、优三个

C. 不合格、合格、优良三个

D. 不合格、合格、优、良四个

195. 质量检验评定分项工程一般按（B）划分。

A. 建筑的主要部位　　　B. 主要工种工程

C. 单位工程　　　　　　D. 操作岗位

196. 在连续 10d 平均气温在（D）的条件下施工时期，这期间叫做冬期施工。

A. −1℃　　B. 0℃　　C. 1℃　　D. 5℃

197. 施工准备中的三通一平是指（A）。

A. 水、电、道路通，场地平整

B. 电线、电话、自来水通，道路平整

C. 通知设计方、建设方、监理方，做到公平合理

198. 宽大混凝土地坪中的分仓缝设置，主要是为了（C）。

A. 方便于施工　　　　　　B. 美观、好看

C. 控制裂缝有组织产生　　D. 加强垫层的透气性

199. 建筑物上的保温构造层进行隔气防潮处理，其主要作用是（B）。

A. 加强保温性能，提高保温效果

B. 防止水、汽进入保温层因受潮而使保温性能下降

C. 改善视觉环境，增加美观效果

D. 防止表面结露

200. 外墙上出现冷桥现象，主要是由于（B）产生的。

A. 抹灰不严密

B. 墙体采用导热系数相差较大的材料

C. 砌筑施工质量不好

D. 其他原因

201. 保温隔热构造层中，应该采用（C）材料做成。

A. 比热大　B. 导热系数大　C. 导热系统小　D. 热容量大

202. 在采用石油油毡做屋面柔性防水层中，应该采用（A）粘贴。

A. 石油沥青　　　　　　　B. 煤沥青

C. 石油沥青和煤沥青混合　D. 使用什么沥青都可以

203. 蛭石与膨胀珍珠岩保温材料相比，它们（C）。

A. 都是有机天然保温材料，怕虫蛀

B. 都是无机天然矿物材料，但不耐高温

C. 都是无机矿物材料，经煅烧加工而成，不怕虫蛀，耐高温材料

D. 是不相同的材料，蛭石为有机材料，膨胀珍珠岩为无机材料

204. 地基承受的荷载为（D）。

A. 建筑物自重

B. 建筑物自重、每层屋中的使用荷载

C. 建筑物自重、每层屋中的使用荷载、基础上部的土重

D. 建筑物自重、每层屋中的使用荷载、基础上部的土重、地下水作用力

205. 影响基础埋置深度的因素是（D）。

A. 建筑的自重和使用荷载的大小

B. 建筑物的高度大小

C. 人们的习惯做法

D. 地质构造、地下水位线与冰冻线的位置、相邻建筑基础情况

206. 在同样的地质构造中，（D）基础的承载能力最大。

A. 独立基础　B. 条形基础　C. 筏形基础　D. 箱形基础

207. 基础的底面应该在（A）位置。

A. 最低地下水位线之下，冰冻线以下

B. 最高地下水位线之下，冰冻线以下

C. 最低地下水位线之下，冰冻线之上

D. 最高地下水位线之上，冰冻线之上

208. 钢筋混凝土基础是一种（C）基础。

A. 刚性

B. 受刚性角控制的

C. 不受刚性角控制的

D. 既是弹性基础，又受刚性角控制的

209. 劳动定额中时间定额和产量定额的关系是（B）。

A. 相加为1　B. 互为倒数　C. 相乘为零　D. 相互无关

210. 按（C）编制的文件，叫做施工预算。

A. 工程综合概算定额　　　B. 预算定额

C. 施工预算定额　　　　　D. 匡算定额

211. 按（B）编制的文件，叫做施工图预算。

A. 工程综合概算定额　　　B. 预算定额

C. 施工预算定额　　　　　D. 匡算定额

212. 按（A）编制的文件，叫做概算。

A. 工程综合概算定额　　　B. 预算定额

C. 施工预算定额　　　　　D. 匡算定额

213. 工程竣工后，根据（B）和施工实际情况编制的文件，叫做竣工结算。

A. 工程综合概算定额　　　B. 预算定额

C. 施工预算定额　　　　　D. 匡算定额

214. 施工图预算中的直接费，是指（B）。

A. 人工费与材料费

B. 直接耗用在建筑工程上的各项费用

C. 组织和管理施工中所发生的费用

D. 上交税金和法定利润

215. 施工图预算中，（A）划为直接费中。

A. 直接耗用在工程上的材料费　　B. 临时设计费

C. 企业管理人员的工资奖金　　　D. 法定利润

216. 施工图预算中，（B）划为独立费。

A. 直接耗用的材料费　　　　　　B. 临时设施费

C. 企业管理人员的工资奖金　　　D. 法定利润

217. 施工图预算中，（C）划为施工管理费。

A. 直接耗用的材料费　　　　　　B. 临时设施费

C. 企业管理人员的工资奖金　　　D. 法定利润

218. 因工程特殊必须在冬期施工，故增加了一笔冬期施工设施装配费。在竣工结算时此费应列入（D）。

A. 直接费　B. 其他直接费　C. 管理费　D. 独立费

219. 在浇捣杯形基础混凝土时，尽管安装正常，但杯芯模浮起，其主要原因可能是（D）。

A. 浇灌混凝土速度太快　　　B. 振捣混凝土的力过大

C. 杯芯模固定不牢　　　　　D. 杯芯模底不透气

220. 多层框架现浇梁的跨度为 5m，当上层要浇筑混凝土时，现浇梁模板支柱一般的拆除要求是（D）。

A. 下层可拆除部分主柱

B. 下层不可拆除，再下层可全部拆除主柱

C. 下层不可拆除，再下层可拆除部分主柱

D. 都不可拆除主柱

221. 模板上涂刷隔离剂，一般应在（D）进行。

A. 模板铺设前　　B. 模板铺设后

C. 钢筋绑扎后　　D. 模板铺设后钢筋入模前

222. 现浇结构模板的拆除时间，取决于（D）。

A. 结构的性质

B. 模板的用途

C. 混凝土硬化速度

D. 结构性质、模板的用途、混凝土硬化速度

223. 在现场采用重叠支模浇捣预制钢筋混凝土柱,其叠层不应超过 (B)。

A. 2 层　　B. 3 层　　C. 4 层　　D. 3~4 层

224. 按建筑工程的主要施工方法、不同的规格、不同的材料划分的项目,叫做 (D)。

A. 建设项目　B. 单项工程　C. 单位工程　D. 分项工程

225. 按建筑工程的结构部位来划分的,例如基础工程、结构工程、层面排水工程,这叫做 (D)。

A. 建设项目　B. 单项工程　C. 单位工程　D. 分部工程

226. 具有独立设计文件,可以独立组织施工的工程,如装配车间、宿舍楼,这叫做 (C)。

A. 建设项目　B. 单项工程　C. 单位工程　D. 分项工程

227. 具有独立的设计文件,竣工后可以独立发挥生产能力,能取得效益的工程,叫做 (B),它是建设项目的组成部分。

A. 建设项目　B. 单项工程　C. 单位工程　D. 分项工程

228. 具有计划任务书和总体设计,经济上实行独立核算,行政上具有独立组织形式的基本建设单位,如一个学校,一个工厂,这叫做 (A)。

A. 建设项目　B. 单项工程　C. 单位工程　D. 分部工程

229. 吊装预制钢筋混凝土柱时,若绑扎点、柱脚中心、柱基础杯芯三点共弧,则采用 (A) 安装。

A. 单机吊装旋转法　　B. 单机吊装滑行法
C. 双机抬吊旋转法　　D. 双机抬吊滑行法

230. 吊装预制钢筋混凝土柱时,若绑扎点、基础杯中心两点共弧在以起重半径 R 为半径的绑扎点,并靠近基础杯口,这采用 (B) 安装。

A. 单机吊装旋转法　　B. 单机单装滑行法
C. 双机抬吊旋转法　　D. 双机抬吊滑行法

231. 柱为两点绑扎，一台起重机抬上吊点，一台起重机抬下吊点，柱的平面布置要使绑扎点与基础杯口中心在相应的起重半径的圆弧上，这种吊法叫（C）。

A. 单机吊装旋转法　　B. 单机吊装滑行法

C. 双机抬吊旋转法　　D. 双机抬吊滑行法

232. 柱为一点绑扎，两台起重机吊钩在同一绑扎点抬吊，柱布置时绑扎点靠近基础，起重机在柱基两侧，这种叫（D）。

A. 单机吊装旋转法　　B. 单机吊装滑行法

C. 双机抬吊旋转法　　D. 双机抬吊滑行法

233. 正等正轴测图三要轴线彼此间的角度成（C）°。

A. 60　　B. 90　　C. 120　　D. 150

234. 由一个中心点发出的放射光线，使物体在另一个平面上形成的投影图形就是透视图，也称（D）。

A. 平行透视图　　B. 成角透视图

C. 中心透视图　　　D. 中心投影图

235. 根据光线、物体和投影面间相互关系的变化，有（A）种不同的透视图。

A. 三　　B. 四　　C. 五　　D. 六

236. 物体与投影面平行时，物体的（A）方向与投影面平行，而宽度方向与投影面垂直。

A. 长度和高度　　B. 长度和宽度

C. 宽度和高度　　D: 以上都是

237. 家具图识读要点中，首先应（C）。

A. 分开图形位置及表达意图

B. 看家具组装图中的立面图

C. 看标题栏

D. 看各视图和文字说明

238. 制造家具零件所需的生产图样，简称（B）。

A. 大样图　　B. 零件图　　C. 部件图　　D. 装配图

239. 工人的有效工作时间不包括（D）。

A. 准备与结束时间　　B. 基本工作时间

C. 辅助工作时间　　　D. 不可避免中断时间

240. 下面哪个不是材料的管理应抓好的环节（D）。

A. 进场　　B. 保管　　C. 使用核算　　D. 采购

241. 木墙裙施工顺序第一步为（C）。

A. 弹线定线　　B. 做防潮层　　C. 墙面清理　　D. 净面

242. 侧模板的厚度一般为（C）mm。

A. 20～30　　B. 25～35　　C. 25～30　　D. 20～35

243. 拼制模板的木板宽度不宜大于（C）mm。

A. 100　　B. 120　　C. 150　　D. 200

244. 模板所用木材的规格，应根据不同部位的（D）进行选择。

A. 大小　　B. 位置　　C. 功能　　D. 受力情况

245. 旋转楼梯不同的（D），可构成丰富多彩的圆弧旋转空间曲线。

A. 高度　　B. 弧度　　C. 曲线　　D. 半径

246. 木模渐近法定位放线通常包括三个项目，其中不是的为（A）。

A. 弹十字线　　　B. 基层找平

C. 平面定位　　　D. 设立水平标高

247. 搁栅的间距一般以不大于（C）cm为宜。

A. 30　　B. 35　　C. 40　　D. 45

248. 同一牵杠下的顶撑也是（C）的。

A. 相同　　B. 差不多　　C. 不同　　D. 以上都是

249. 旋转楼梯的踏步形式有（D）。

A. 两端挑檐　B. 两端上翻口　C. 直板式　D. 以上都是

250. 钉踏步板时，应逐块用水准尺校正，使（A）处于水平状态。

A. 上口　　B. 下口　　C. 左侧　　D. 右侧

251. 钢筋筏支模法的制作工艺流程一般有1定位放线2铺

设底板3、绑扎钢筋4、搭设钢支架5、制作安装侧板6、安装踏步板，正确的顺序是（A）。

A. 143256 　　B. 214356 　　C. 514326 　　D. 123456

252. 利用轻型定位三角架确定圆弧形楼梯的水平投影面范围，在此范围内将基土平整夯实，满铺3cm厚砂垫层，砂面上统一铺（C）cm垫木。

A. 3 　　B. 4 　　C. 5 　　D. 6

253. 旋转楼梯栏杆扶手的制作工艺流程第一步为（A）。

A. 放样 　　B. 画线 　　C. 落料 　　D. 绕锯

254. 扶手木料宜用硬木，木料要干燥，其含水率一般应控制在（B）%，以免收缩脱胶，产生裂纹。

A. 4 　　B. 5 　　C. 6 　　D. 7

255. 轻型活动地板承重量为（A）kg。

A. 303 　　B. 454 　　C. 567 　　D. 680

256. 中型活动地板承重量为（B）kg。

A. 303 　　B. 454 　　C. 567 　　D. 680

257. 重型活动地板承重量为（C）kg。

A. 303 　　B. 454 　　C. 567 　　D. 680

258. 超重型活动地板承重量为（D）kg。

A. 303 　　B. 454 　　C. 567 　　D. 680

259. 活动地板的安装工艺流程有1设立支架2定位弹线3基层清理4收边及校平5铺放面板，其正确的顺序为（A）。

A. 32154 　　B. 23145 　　C. 23154 　　D. 32154

260. 下面哪个不是活动地板的常见尺寸（C）。

A. 457mm×457mm 　　B. 600mm×600mm

C. 657mm×657mm 　　D. 762mm×762mm

261. 吊顶中工艺最难的一种是（B）。

A. 迭级顶 　　B. 弧面顶 　　C. 反光灯槽 　　D. 发光灯棚

262. （C）有一种立体的延伸感，在视觉上有拔高空间的感觉。

A. 迭级顶　B. 水平弧面顶　C. 垂直弧面顶　D. 曲面顶

263. 内藏灯槽顶棚的施工操作工序有 1 施工准备 2 弹标高线及龙骨分布线 3 安装主龙骨 4 安装次龙骨 5 安装吊筋 6 制作安装灯槽 7 安装面层，其正确的顺序为（B）。

A. 1234567　　B. 1253467　　C. 1235467　　D. 1245367

264. 主龙骨横向间距一般为（C）mm。

A. 800　　B. 900　　C. 1000　　D. 1100

265. 发光顶棚通常用（D）做龙骨。

A. 透光有机板　　B. PS 板　　C. 彩绘玻璃　　D. 矿棉板

266. 墙软包的施工步骤有 1 基层处理 2 基层结构搁栅及面板的制作 3 面层及填充料的固定 4 压边收口。第三步应为（C）。

A. 1　　B. 2　　C. 3　　D. 4

267. 关于软包墙面的施工要求，不正确的是（B）。

A. 软包墙面所用的填充材料、纺织面料和龙骨、木基层板等均应进行防火处理

B. 墙面防潮处理均应涂刷一层清油或满铺油纸或沥青油毡做防潮层

C. 龙骨宜采用凹槽榫工艺预制，可整体或分片安装，与墙体连接应紧密、牢固

D. 填充材料制作尺寸应正确，棱角应方正，应与木基层板粘接紧密。

268. 常用于宫殿、坛庙一类是皇家建筑的古建筑形式是（C）。

A. 硬山建筑　B. 歇山建筑　C. 庑殿建筑　D. 圆攒建筑

269. 我国古建筑最高形式是（C）。

A. 硬山建筑　B. 歇山建筑　C. 庑殿建筑　D. 圆攒建筑

270. 庑殿建筑的最大特征是庑面有（B）个大坡。

A. 2　　B. 4　　C. 6　　D. 8

271. 庑殿建筑的瓜柱位于（B）。

A. 位于建筑物最外围的柱子

271

B. 位于上下梁之间的搭置木块

C. 位于三架梁上，上支脊檩的瓜柱

D. 位于建筑面支顶挑出的屋檩条下的构件

272. 庑殿建筑的顺梁位于（C）。

A. 位于五架梁上的梁

B. 两端搭置在金柱上的梁，上承受七根檩

C. 在桁檩下面顺面宽方向的梁，梁下有柱头承接

D. 在桁檩上面顺面宽方向搭置的梁，梁下有柱子承接

273. 庑殿建筑的金檩位于（D）。

A. 位于檐柱上的正身檩子

B. 位于正脊位置上的正身檩子

C. 钉在屋面转角处，互成直角作榫相搭交的桁檩

D. 位于檐檩和脊檩之间的所有正身檩子。

274. 庑殿建筑的金枋的作用是（C）。

A. 承受屋檐载荷

B. 承受梁、枋等构件的载荷

C. 辅助稳定柱和梁

D. 直接承受屋面载荷

275. 大木制作的第一道工序是（A）。

A. 大木画线　　　　　B. 标写大木位置号

C. 制作大木卯榫　　　D. 大木定位

276. 总丈杆是（D）

A. 檐柱丈杆　　　　　B. 金柱丈杆

C. 次间面宽丈杆　　　D. 反映柱高总尺寸的丈杆

277. （D）是固定垂直构件的卯榫。

A. 馒头榫　　B. 透榫　　C. 半榫　　D. 管脚榫

278. （D）是水平与垂直构件拉结相交的卯榫。

A. 管脚榫　　B. 套顶榫　　C. 瓜柱柱角半榫　　D. 箍头榫

279. （B）是水平构件相交的卯榫。

A. 透榫　　B. 大头榫　　C. 半榫　　D. 管脚榫

280. （C）是水平与倾斜构件重叠稳固的卯榫。

A. 透榫　　B. 大头榫　　C. 穿销　　D. 管脚

281. （B）是水平与倾斜构件叠交或半叠交的卯榫。

A. 套顶榫　　B. 压掌榫　　C. 半榫　　D. 管脚榫

282. （A）是板缝拼接的卯榫。

A. 龙凤榫　　B. 压掌榫　　C. 趴梁阶梯榫　　D. 十字卡腰榫

283. （B）采用开关号编排位置号。

A. 多角亭　　B. 正南建筑物　　C. 圆亭　　D. 异形建筑物

284. （D）采用排关号编排位置号。

A. 正南建筑物　　　B. 正北建筑物

C. 正东建筑物　　　D. 多角亭

285. 下面说法错误的是（C）。

A. 丈杆要用质地优良，不易变形的木材制作。

B. 丈杆一般采用红白松或杉木制作。

C. 丈杆可直接用来画线

D. 丈杆是作为总的尺寸的依据

286. 格扇分上下两段，上下两段之比为（B）。

A. 7:3　　B. 6:4　　C. 4:6　　D. 3:7

287. 下面哪个不属于六角亭的屋面木基层（C）。

A. 檐椽　　B. 飞檐　　C. 檐檩　　D. 望板

288. 下面哪个是六角亭的翼角构件（D）。

A. 大边檐　　　B. 小连檐　　C. 飞檐　　D. 角云

289. 雷公柱下端不低于金檩下皮线，并在端部估垂莲柱头，其长为雷公柱径的（D）倍。

A. 1. 2　　B. 1. 3　　C. 1. 4　　D. 1. 5

290. 搭交箍头枋应是同一根枋子或全做盖口，或全做等口，安装时可使各根箍头枋两两搭交成（C）°。

A. 90　　B. 100　　C. 120　　D. 150

291. （C）是外檐斗栱。

A. 溜金花台科斗栱　　　B. 隔架科斗栱

C. 角科斗栱　　　　　D. 口字科斗栱

292. （B）是内檐斗栱。

A. 柱头科斗栱　　B. 口字科斗栱

C. 角科斗栱　　　　D. 品字科斗栱

293. 斗栱纵横构件刻半相交，节点处必须做包掩，包掩深度为（A）斗口。

A. 0.1　　B. 0.2　　　C. 0.3　　　D. 0.4

294. 如柱身表面糟朽大于等于1/2圆周，糟深度小于等于1/5柱径，修缮方法为（C）。

A. 墩接法　　B. 轴换法　　C. 包镶法　　D. 拆安法

295. 如柱根糟朽面大于1/2截面且柱心有糟朽，糟朽高度等于1/5～1/3柱径，修缮方法为（A）。

A. 墩接法　　B. 轴换法　　C. 包镶法　　D. 拆安法

296. 柱子高位糟朽或折断，修缮方法为（B）。

A. 墩接法　　B. 轴换法　　C. 包镶法　　D. 拆安法

297. 梁头糟朽，修缮方法为（C）。

A. 墩接法　　B. 轴换法　　C. 包镶法　　D. 拆安法

298. 旁板前边的封边凸出板面，要在封边前将旁板表面砂光，先用 A. 目砂纸砂光。

A. 180　　B. 220　　C. 280　　D. 320

299. 脚架是指桌柜类家具的底形式，（B）是又称亮脚式。

A. 包脚式　　B. 装脚式　　C. 塞角式　　D. 旁板落地式

300. 由脚与望板或横档采用卯榫接全而成的木框结构是（D）。

A. 塞脚式　　B. 包脚式　　C. 装脚式　　D. 框架式

301. 脚通过一定的接全方式单独直接与家具主体接合的结构形式是（C）。

A. 塞脚式　　B. 包脚式　　C. 装脚式　　D. 框架式

302. （B）其实是一种箱框结构，它与柜体底板一般采用连接件拆装式连接，也可用胶粘剂和圆榫或用螺钉进行固定式连接。

A. 塞脚式　　B. 包脚式　　C. 装脚式　　D. 框架式

303. 活动式搁板安装方法是（A）。

A. 搁板销法　　　B. 直角榫槽法

C. 插入圆榫法　　D. 金属夹具法

304. 目前建设单位办理工程开工程序错误的是（D）。

A. 向计委或发改委申请立项

B. 选择及办理建设项目用地并划定红线

C. 办理财政划拨或银行贷款，向建委报建

D. 正式立项后，向建委报建

305. 施工现场运输道路应有两个以上的进出口，道路末端应设置（B）的回车场地。

A. 10m×10m　B. 12m×12m　C. 15m×15m　D. 20m×20m

306. 根据防火要求，现场应设置足够的消防站、消防栓。消防用水管线直径不得小于 ϕ（B）mm。

A. 100　　B. 120　　C. 150　　D. 90

307. 消防栓间距应不大于（B）m

A. 100　　B. 120　　C. 150　　D. 180

308. 消防栓周围（B）m内不能有任何物料，并设置明显标志。

A. 2　　B. 3　　C. 4　　D. 5

309. （D）中的各种职位均按直线排列，项目经理直接进行单线垂直领导。

A. 矩阵式　B. 部门控制式　C. 项目团队式　D. 直线式

310. （C）是完全按照对象原则的管理机构，企业职能部门处于服务地位。

A. 矩阵式　B. 部门控制式　C. 项目团队式　D. 直线式

311. （B）是按照职能原则建立的项目组织。

A. 矩阵式　B. 部门控制式　C. 项目团队式　D. 直线式

312. （A）就是由企业成立的一个具有独立经营权的职能部

门对建筑装饰装修工程项目进行管理的一种组织形式。

A. 事业部式　B. 部门控制式　C. 项目团队式　D. 直线式

313. 当项目比较大的时候，各部门之间的协调十分困难，资源不能得到合理的使用时适合采用（D）。

A. 矩阵式　B. 部门控制式　C. 项目团队式　D. 直线式

314. （C）适用于大型项目，工期紧迫和要求多工种、多部门密切配合的项目。

A. 矩阵式　B. 部门控制式　C. 项目团队式　D. 直线式

315. （B）适用于小型、专业性强、不需要涉及众多部门的建筑装饰装修工程项目。

A. 矩阵式　B. 部门控制式　C. 项目团队式　D. 直线式

316. （A）适用于大型复杂的项目，或多个同时进行的项目。

A. 矩阵式　B. 部门控制式　C. 项目团队式　D. 直线式

317. （B）是指把需要的人、事、物加以定量、定位。

A. 整理　　B. 整顿　　C. 素养　　D. 清洁

318. 在施工现场周边应设置临时围护设施。市区工地的周边围护设施高度不应低于（B）m。

A. 1. 5　　B. 1. 8　　C. 2　　D. 2. 2

319. 施工现场堆放散料时应进行围挡，围挡高度不得低于（A）m。

A. 0. 5　　B. 0. 8　　C. 1　　D. 1. 2

320. 下面哪个不属于"五临边"（D）。

A. 楼层周边　B. 楼梯侧边　C. 阳台边　D. 电梯井边

321. 推动 PDCA 循环，关键在于（D）阶段。

A. 计划　　B. 控制　　C. 处理　　D. 总结

322. （C）质量管理小组是由管理人员、技术人员和工人"三结合"组成的小组。

A. 现场型　　B. 服务型　　C. 攻关型　　D. 管理型

323. （A）质量管理小组是以生产现场工人为主组成的

小组。

A. 现场型　　B. 服务型　　C. 攻关型　　D. 管理型

324.（B）质量管理小组一般是以服务行业的职工以及后勤部门的职工为主成立的小组。

A. 现场型　　　B. 服务型　　　C. 攻关型　　　D. 管理型

325.（D）质量管理小组一般是以职能科室管理人员为主组成的小组。

A. 现场型　　B. 服务型　　　C. 攻关型　　　D. 管理型

326. 属于来往文件的资料是（A）。

A. 会议纪要　　　B. 不合格报告

C. 施工月报　　　D. 图样会审记录

327. 属于质检及竣工验收计划的资料是（B）。

A. 会议纪要　　　B. 不合格报告

C. 施工月报　　　D. 图样会审记录

328. 属于计划统计资料的是（C）。

A. 会议纪要　　　B. 不合格报告

C. 施工月报　　　D. 图样会审记录

329. 属于设计资料的是（D）。

A. 会议纪要　　　B. 不合格报告

C. 施工月报　　　D. 图样会审记录

330. 建设单位向当地城建档案馆提出档案验收申请，并将申报材料送当地城建档案馆进行核查，在（B）个工作日内对不具备档案验收条件的，提出整改意见。

A. 5　　　B. 7　　　C. 10　　　D. 14

3.2　多项选择题

1. 活动地板有（C、D）。

A. PVC 面层型　　　B. 木质型　　　C. 复合型　　　D. 钢质型

2. 活动地板的防静电面层材料有（A、D）。

A. PVC　　B. 木制　　C. 复合型　　D. 三聚氰胺

3. 防静电活动地板按地板的面层用材分为（B、C、D）

A. PVC　　　B 铸铝　　C. 复合型　　　D. 全钢

4. 常见的活动地板的尺寸有（A、B、D）。

A. 600mm×600mm　　　B. 457mm×457mm

C. 500mm×500mm　　　D. 762mm×762mm

5. 活动地板用胶加固后，连接胶未及时清洁，可用（C、D）擦拭去污。

A. 清洁剂　　B. 乙醇　　C. 丙酮　　D. 香蕉水

6 造型顶采用的吊顶形式可以是多样的，如（A、B、C、D）、木纹顶等。

A. 迭级　　B. 发光灯棚　　　C. 曲面顶　　　D. 反光灯槽

7. 反光灯槽的结构形式有多种，常见的有（A、B、C、D）。

A. 直角　　B. 斜角　　C. 弧面　　D. 多层

8. 弧面的顶分为（B、D）。

A. 迭级　　　B 垂直弧面造型顶

C. 曲面顶　　　D. 水平弧面造型顶

9. 发光顶棚一般是指灯具隐藏在吊顶之内，顶的面材为一种透光的材料，如（B、C）。

A. PVC　　B. 彩绘玻璃　　C. 透光有机板　　　D. 玻璃

10. 软包墙面所用（A、B、C、D）的材料应进行防火处理。

A. 木基庋板　　　B. 填充材料　　　C. 纺织面料　　　D. 龙骨

11. 根据光线、物体和投影面间相互关系的变化，有以下几种不同的透视图，即（A、B、C）。

A. 平行透视图　　B. 成角透视图　　C. 斜透视图　　D. 左视图

12. 劳动定额，也称人工定额。它是在正常的施工技术组织条件下，完成单位合格产品所必需的劳动消耗量的标准。劳动定额根据表达方式分为（A、C）。

A. 时间定额　B. 消耗定额　C. 产量定额　D. 施工定额

13. 滑升模板（简称滑模）是由（B、C、D）组成的。

A. 安全系统　　　　B. 操作平台系统

C. 模板系统　　　　D. 提升系统

14. 以下属于材料消耗定额作用的有（A、B、C、D）。

A. 材料消耗定额是企业确定材料需要量和储备量的依据

B. 是企业签发限额领料单，考核、分析材料利用情况的依据

C. 是编制预算定额的依据

D. 是实行经济核算，推行经济责任制，保证合理使用和节约材料的有力措施

15. 施工项目现场管理就是运用科学的（A、C、D、E）。

A. 管理思想　　B 管理计划　　C. 管理办法

D. 管理手段　　E. 管理组织

16. 施工项目现场管理就是对施工现场的各种生产要素（A、B、C、D）、方法（施工工艺、检测手段）、资源、信息等，进行合理配置和优化组合。

A. 操作者、管理者　　　B. 施工设备

C. 施工材料　　　　　　D. 施工环境

E. 施工资金

17. 施工项目现场管理就是通过（A、B、D、E、F）的管理方法，以保证现场按计划目标顺利实施。

A. 计划　B. 组织　C. 检查　D. 控制　E. 激励　F. 协调

18. 施工现场管理任务主要是合理地组织施工现场的各种生产要素，并优化配置，达到（A、B、C、E）和文明施工的目的。

A. 优质　B. 低耗　C. 高效　D. 进度快　E. 安全

19. 工程项目管理组织是指为进行工程项目管理，实现组织职能而进行的组织系统的（A、C、D）

A. 建立　　B. 控制　　C. 运行　　D. 计划　　E. 协调

20. 通常所讲的文明施工，是指在施工现场管理中，要按照现代工业生产的客观要求，为施工现场保持良好的生产环境和施工秩序，以达到（B、C、E）的目的。

A. 保持现场卫生　　B. 提高劳动效率

C. 安全生产　　　　D. 降低成本

E. 保证质量

21. "5S"活动是在西方和日本等国家的一些企业中开展的文明生产活动。所谓"5S"，就是（A、B、D、E）及素养。

A. 整理　　B. 整顿　　C. 清理　　D. 清扫　　E. 清洁

22. 建筑装饰工程接近交工阶段，不可避免会存在一些（A、C、D、E）的未完成项目，这些项目的总和与竣工准备工作、善后工作共称为收尾工作。

A. 零星　　B. 零散　　C. 分散　　D. 量小　　E. 面广

23. 施工现场场容规范化应建立在施工平面图设计（A）和物料器具定位（D）的基础上。

A. 科学合理化　　B. 技术合理化

C. 经济合理化　　D. 管理标准化

24. 项目经理部必须结合施工条件，按照施工方案和施工进度的计划的要求，认真进行施工平面图（B、C、D、E）和管理。

A. 实施　　B. 规划　　C. 设计　　D. 布置　　E. 使用

25. 确定项目供料和用料目标，通常分为（A、D）两种。

A. 一次性需用计划用量　　B. 一次性需用量

C. 临时性需用量　　　　　D. 计划期需用量

26. 计划期材料需用量表编制方法有两种，分别是（B、D）。

A. 统计法　　B. 计算法　　C. 推理法

D. 分段法　　E. 归纳法

27. 使用过程的材料核算，主要包括（A、C、D、E）。它是整个工程项目成本核算的重要组成部分。

A. 工程材料费　　　　B. 运输费　　C. 二次搬运费

D. 暂设工程材料费　　E. 工费

28. 核算消耗定额的方法主要有以下四种：（A、C、D、E）。

A. 实际测定法　　B. 实际发生法　　C. 技术计算法

D. 经验估算法　　E. 统计分析法

29. 班组质量管理主要是建立严格的"三检制度"，即（A、D、E）。

A. 工检　B. 自检　C. 抽检　D. 互检　E. 专职检

30. 班组质量管理主要是建立严格的"三按"制度，即（A、C、E）。

A. 严格地按施工图　　B. 按业主要求

C. 按标准或章程　　　D. 按流水作业程序

E. 按工艺进行施工

31. 熟悉掌握"三宝"的正确使用方法，达到辅助预防的效果，"三宝"是指现场施工作业中必备的（B、C、E）

A. 安全绳　　B. 安全帽　　C. 安全带

D. 高空靴　　E. 安全网

32. 施工现场的"四口"是指（A、B、C、E）。

A. 楼梯口　　B. 预留洞口　　C. 电梯口

D. 出入口　　E. 通道口

33. 全面质量管理的特点是（B、C、E）。

A. 全方位　　B. 全面　C. 全员

D. 全质量　　E. 全过程

34. 全面质量管理的全过程划分为（A、C、D、E）四个阶段。

A. 计划　　B. 执行　　C. 实施　　D. 控制　　E. 处理

35. 建筑施工的质量信息可分为三种基本类型（B、C、E）。

A. 即时信息　B. 指令信息　C. 动态信息

D. 静态信息　　E. 反馈信息

36. 庑殿建筑的主要构件有（A、B、C、D、E）。

A. 柱类构件　　　　B. 梁类构件　　　C. 枋类构件

D. 桁檩类构件　　　E. 板类构件

37. 大木画线的符号可表示（A、B、C、D、E、F、G、H、I）。

A. 中线　　　　　　B. 升线　　　　C. 截线　　　D. 断肩线

E. 透眼线　　　　　F. 半眼线　　　G. 大进小出卯眼

H. 有用的线　　　　I. 废弃的线（错线）

38 下面的符号中，表示大木画线中线的符号是（D、E）。

A. 丰　　B. ⚹　　C. 丰　　D. 丰　　E. ⧻

39. 下面的符号中，表示大木画线中卯眼的符号是（B、C、D）。

A. ⬗　　B. ⊠　　C. ⬚　　D. ⊠　　E. 中

40. 大木制作之前首先排出总丈杆，方法是将四面刨光的木杆任意一面作为第一面，排（A）。第二面标画（B），第三面标画（C），第四面标画出（D）

A. 面宽尺寸　　　B. 檐平出尺寸

C. 进深尺寸　　　D. 柱高尺寸

41. 大木构造中，固定垂直构件的卯榫有（B、C、D）。

A. 馒头榫　　　　　　B. 管脚榫　　　　C. 套顶榫

D. 瓜柱柱角半榫　　　E. 箍头榫

42. 大木构造中，水平与垂直构件拉结相交的卯榫主要有（A、C、D、E、F）。

A. 馒头榫　　B. 管脚榫　　C. 燕尾榫

D. 透榫　　　E. 箍头榫　　F. 半榫

43. 大木构造中，水平构件相交的卯榫主要有（A、B、D）。

A. 大头榫　　　　B. 十字刻半榫　　　C. 燕尾榫

D. 十字卡腰榫　　E. 半榫

44. 大木构造中，水平与倾斜构件重叠稳固的卯榫主要有（A、D）。

　A. 穿销　　B. 十字刻半榫　　C. 管脚榫　　D. 暗销

45. 大木构造中，水平与倾斜构件叠交或半叠交的卯榫主要有（A、B、C）。

　A. 桁碗（檩碗）　　B. 趴梁阶梯榫　　C. 压掌榫　　D. 半榫

46. 大木构造中，板缝拼接的卯榫主要有（A、B、C、D、E）。

　A. 银锭扣　　B. 穿带　　C. 抄手带

　D. 裁口　　　E. 龙凤榫（企口）

47. 庑殿建筑大木操作的施工工艺步骤一般为（A、B、C、D、E）。

　A. 备料　　　B. 定位编号　　C. 构件制作

　D. 丈杆制作　E. 大木安装

48. 大木构件表面有劈裂、小型构件翘曲变形的原因是（A、B、C、D、E）。

　A. 构件加工时，木材的含水率过高

　B. 木材并没有经过干燥处理

　C. 小型构件制成后没有置于室内存放

　D. 构件在阳光照射下干燥过快产生变形

　E. 构件用木材的质量不符合要求

49. 大木安装时构件连结困难，尺寸难以控制的原因是（A、C、D、E）。

　A. 柱、梁构件的卯榫过于紧或过于松，使得梁与柱的连接与定位难以进行，轴线尺寸难于控制

　B. 立柱没有用线锤将升线挂垂直，导致安装错误

　C. 构件上的中心线在制作过程中刨去，使得安装无基准可依

　D. 制作卯榫时注意松紧不适度

　E. 卯眼内壁铲凿不平整，榫头表面没有锯平

50. 大木安装时构件连接困难，尺寸难以控制时，要采用一定的防治方法，主要有（A、B、C、D、E）。

A. 制作卯榫时注意松紧适度

B. 画线时，对应的卯榫宽窄一致

C. 制作时，凿眼要齐线，制榫可以当线或留线，使卯榫插入时左右有 1~2mm 的缝隙

D. 卯眼内壁铲凿要平整，榫头表面要锯平

E. 在卯眼的竖直方向，要凿的卯眼的尺寸比卯眼高 1/10，以便于大木安装

51. 花格拼装后其外皮尺寸与仔屉内皮尺寸不符，甚至过大或过小的原因是（A、B、C）。

A. 画线时墨线太粗

B. 花格元件较多，在画线和锯削断肩时，产生的错误误差形成积累，导致拼装尺寸不符

C. 断肩时使用粗齿锯

D. 卯眼内壁铲凿要平整，榫头表面要锯平

E. 构件用木材的质量不符合要求

52. 关于大木安装的基本原则，下面描述正确的是（A、B、C、D）。

A. 先内后外，先下后上

B. 下架装齐，验核丈量，吊直拨正，牢固支戗

C. 上架构件，顺序安装；中线对应，勤校勤量

D. 大木装齐，再装椽望；瓦做完工，方可撤戗

E. 安装过程中按照木构件上标写的位置号来进行安装，可以调换构件位置

53. 关于大木安装的基本原则，下面描述正确的是（A、B、C、E）。

A. 安装过程中必须按照木构件上标写的位置号来进行安装，不能调换构件位置

B. 先安装里面的构件，再安装外面的构件

C. 先安装下面的构件，后安装上面的构件，最后安装屋面的构件

D. 先安装外面的构件，再安装里面的构件

E. 当大木安装之下架构件齐全时，就停止安装，用丈杆认真核对各部面宽、进深尺寸，看看有无闯退中线的现象

F. 先安装上面的构件，后安装下面的构件，最后安装屋面的构件

54. 格扇、槛窗是由（A、C、D、E）这些基本构件组成。边梃的边和抹头采用卯榫接合，在抹头两端做榫，边梃上凿眼，卯榫相交部位做大割角、合角肩。

A. 边框　B. 边条　C. 格心　D. 绦环板　E. 裙板

55. 关于格扇构件基本规格及制作规范的描述，正确的（A、B、C、D、E、F）。

A. 边梃断面尺寸，按照清式营造法则，边梃的看面宽应为格扇宽的1/10或所在墙面柱径的1/5，边梃的厚（进深）为边梃宽的1.5倍

B. 格心的仔边看面宽为2/3边梃看面，进深则为7/10边梃进深；格心的棂条看面宽为4/5仔边看面，进深为9/10仔边进深

C. 绦环板的高为1/5格扇宽，裙板的高为4/5格扇宽

D. 格扇的自身尺寸应根据柱间框槛尺寸和每间安装格扇的数量来确定，数量一般取偶数

E. 格扇分上、下两段，上、下段之比为6∶4。格心的高度应为6/10的格扇高减去两根横抹头的看面宽

F. 边梃的边和抹头采用卯榫结合，在抹头两端做榫，边梃上凿眼，卯榫相交部位做大割角、合角肩

G. 花格与仔屉的连接采用多榫形式

56. 内檐斗栱的种类有（B、C、D）。

A. 角科斗栱　　　　　　B. 口字科斗栱　　C. 隔架科斗栱

D. 溜金花台科斗栱　　　E. 品字科斗栱

57. 外檐斗栱的种类有（A、C、D、E、F）。

A. 角科斗栱　　　B. 口字科斗栱　　C. 品字科斗栱

D. 平身科斗栱　　E. 柱头科斗栱

F. 下檐斗栱和上檐斗栱

58. 檐部柱头与额枋之上的斗栱是（B、C、E）。

A. 角科斗栱　　　B. 下檐斗栱　　C. 上檐斗栱

D. 平身科斗栱　　E. 外檐斗栱

59. 通常情况下，斗栱卯榫节点做法必须符合（A、B、C、D、E、F）规定。

A. 各类斗栱制作之前必须按照设计尺寸放实样、套样板；每件样板必须外形、尺寸准确，各层叠放在一起，总尺寸符合设计要求

B. 斗栱昂、翘、耍头、六分头等必须符合不同时期、不同地区的做法

C. 斗栱纵横构件刻半相交，要求翘、昂、耍头、撑头木等构件必须在腹面刻口，瓜栱、万栱、厢栱等构件在背面刻口

D. 斗栱纵横构件刻半相交，节点处必须做包掩，包掩深度为0.1斗口

E. 斗栱昂、翘、耍头等水平构件相叠，每层用于固定作用的暗销不少于两个，坐斗、二才升、十八斗等暗销每件1个

F. 斗栱分件制作完成后，在正式安装前须以攒为单位进行草验摆放，注明每攒的位置号，并以攒为单位进行保存，以备安装

60. 古建筑木构架的修缮处理方法一般有（A、B、C、D、E、F、G）。

A. 包镶法　　B. 墩接法　　C. 轴换法　　D. 打榫拨正法

E. 归安法　　F. 拆安法　　G. 更换法

61. 古建筑木构架的柱身表面糟朽大于等于1/2圆周，糟朽深度小于等于1/5柱径时，要进行修缮，方法是（C、E）。

A. 更换法　　B. 墩接法　　C. 包镶法　　D. 轴换法

E. 用锯、扁铲等工具将糟朽部分刻剔干净，并用木料包镶至原柱径，修整浑圆，用铁箍缠箍结实

62. 古建筑木构架的修缮方法中有一种是包镶法，可以用于（B、C）的修缮。

A. 柱根糟朽　　B. 柱身表面糟朽　　C. 梁头糟朽

D. 歪斜　　　　E. 柱子高位糟朽

63. 如果古建筑的檐步架屋面木构件发生糟朽和腐烂，要采用（B、E）进行修缮。

A. 轴换法　　B. 更换法　　C. 归安法　　D. 拆安法

E. 揭去檐步架瓦面、望板、飞椽和檐椽，更换新件

64 古建筑的部分构件严重拔榫弯曲、腐朽、劈裂或折断时，修缮方法有两种，分别是（C、D）。

A. 轴换法　　B. 更换法　　C. 归安法

D. 拆安法　　E. 包镶法

65. 图纸标题栏一般位于图纸的右下角，有（A、B、C、D、E），具体形式根据行业不同在形状上有所区别。

A. 项目或产品的名称　　B. 图的名称

C. 图的编号及设计人　　D. 绘图人

E. 审批人的签名和日期

66. 制作家具旁板的人造板材要进行封边处理，封边的步骤是（B、C、A）。

A. 两侧　　B. 前面　　C. 后面　　D. 上面　　E. 下面

67. 工种负责人要在设计图纸上签字，签字位置在（B、D）。

A. 标题栏　　　　B. A3 图纸的图框线左上方

C. 任何位置　　　D. 会签栏

E. A3 图纸的图框线左下方

68. 图样上表示轮廓线的线要用（A、B、C）。

A. 虚线　　　　B. 实线　　　　C. 双点画线

D. 折断线　　　E. 波浪线

69. 符合规范的线宽组比例是（B、C、D、E、F）。

A. 2.0∶1.0∶0.5　　　　B. 1.4∶0.7∶0.5

C. 2.0∶1.0∶0.7　　　　D. 0.5∶0.25∶0.18

E. 1.0∶0.5∶0.35　　　F. 0.7∶0.35∶0.25

70. 绘制设计图样时，（A、C、E）要用细实线表示。

A. 尺寸界线　　　　B. 尺寸起止符号　　　C. 尺寸线

D. 物体外轮廓线　　E. 图例线

71. 时间定额与产量定额的关系描述正确的是（A、B、C、E）。

A. 时间定额与产量定额互为倒数

B. 时间定额 X 产量定额 = 1

C. 时间定额 = 1/产量定额

D. 时间定额与产量定额成正比例关系

E. 产量定额 = 1/时间定额

72. 时间定额与产量定额的关系描述正确的是（B、C）。

A. 当时间定额减少时，产量定额就相应的增加，它们增加的百分比相同

B. 当时间定额减少时，产量定额就相应的增加，但它们增加的百分比并不相同

C. 当时间定额增加时，产量定额就相应的减少，但它们减少的百分比并不相同

D. 当时间定额增加时，产量定额就相应的减少，它们减少的百分比相同

E. 当时间定额增加时，产量定额不发生变化

73. 木模渐近法的操作工艺步骤一般为（D、E、A、C、B）。

A. 底板铺设　　B. 安踏步板　　C. 侧板制作安装

D. 定位放线　　E. 组合支架

74. 钢筋筏支模法的操作工艺顺序一般为（D、E、B、A、C、F）。

A. 底板铺设　　B. 绑扎钢筋　　　C. 侧板制作安装

D. 定位放线　　E. 钢支架搭设　　F. 安踏步板

75. 旋转楼梯栏杆扶手的制作工艺步骤一般为（B、A、D、G、C、F、E）。

A. 落料　　B. 放样　　C. 做榫　　D. 画线

E. 刨光　　F. 修正　　G. 绕锯

76. 关于旋转楼梯栏杆扶手的质量标准，下列描述正确的是（A、B、C、D、E、F）。

A. 扶手木料宜用硬木

B. 木料要干燥，其含水率一般应控制在5%，以免收缩脱胶，产生裂纹

C. 木材表面采用油溶性防腐剂，进行必要的防腐处理

D. 以外形尺寸正确，表面平直光滑，棱角倒圆，线条通顺，不露钉帽，无斜槎、刨痕、毛刺、锤印等缺陷

E. 各段落接头应用暗雌雄榫或指形接头加胶连接

F. 安装位置正确，割角整齐，接缝严密，平直通顺

77. 正轴测投影图分为（A、B、D）。

A. 正等正轴测图　　B. 二等正轴测图

C. 三等正轴测图　　D. 不等正轴测图

78. 透视图分为（A、C、D）。

A. 平行透视图　　B. 不平行透视图

C. 成角透视图　　D. 斜透视图

79. 在家具生产中，为了适应有些复杂而不规则的特殊造型、结构或零件的加工要求，需要绘制（A、B、C）的分解大样尺寸图样，简称大样图。

A. 1:1　　B. 1:2　　C. 1:5　　D. 1:10

80. 在社会生产中，为了生产某一合格产品，要消耗一定数量的（A、B、C、D、E），但是这种消耗不可能是无限的。

A. 人工　B. 材料　C. 机具　D. 机械台班　E. 资金

81. 劳动定额是建筑安装工人劳动生产率的一个先进合理的

指标，反映建筑安装工人劳动生产率的社会平均先进水平。它分为（A、C）。

A. 时间定额　B. 人工定额　C. 产量定额　D. 生产定额

82. 时间定额的工作时间包括（B、C、D）。

A. 准备与结束时间　　　　B. 有效工作时间

C. 不可避免的中断时间　　D. 工人必需的休息时间

83. 工人的有效工作时间包括（A、B、C）。

A. 准备与结束时间　　　B. 基本工作时间

C. 辅助工作时间　　　　D. 不可避免的中断时间

E. 工人必需的休息时间

84. 从时间定额和产量定额的关系表达式中可知（A、C）。

A. 当时间定额减少时，产量定额就相应地增加；

B. 当时间定额减少时，产量定额就相应地减少；

C. 当时间定额增加时，产量定额就相应地减少；

D. 当时间定额增加时，产量定额就相应地增加；

85. 施工工艺卡是将合理的（A、B、C、D）等用卡片的形式规定下来，作为施工中执行和检查的依据。

A. 施工程序　　B. 劳动力　　C. 工具设备

D. 材料　　　　E. 施工时间

86. 关于材料消耗定额，下面哪些说法是正确的（B、D）。

A. 材料消耗定额是企业确定材料使用量和采购量的依据

B. 材料消耗定客是企业签发限额领料单，考核、分析材料利用情况的依据

C. 材料消耗定额是编制劳动定额的依据

D. 材料消耗定额是实行经济核算，推行经济责任制，保证合理使用和节约材料的有力措施

87. 旋转楼梯占地面积小，能有机地实现（A、B、C）三者的统一。

A. 功能　　B. 经济　　C. 艺术　　D. 环境　　E. 美观

88. 组合支架一般指（A、B、D）的定位组合。

A. 搁栅　　B. 牵杠　　C. 支架顶撑　　D. 牵杠顶撑

89. 侧板面用纤维板较为经济，板肋采用圆弧木带，木带板厚为（A、B、C、D）mm 是合适的。

A. 20　　B. 21　　C. 23　　D. 25　　E. 27

90. 旋转楼梯踏步的外边缘有多种形式的处理方法，包括（B、D、E）。

A. 单端挑檐式　　B. 两端挑檐式　　C. 单端上翻式

D. 两端下翻式　　E. 直板式

91. 木模渐近法的定位放线通常包括（A、B、D）。

A. 基层找平　　B. 平面定位

C. 确定坐标　　D. 设立水平标高

92. 以下关于搁栅的说法（A、D）是正确的。

A. 搁栅的间距一般以不大于 40cm 为宜

B. 搁栅的间距一般以不大于 40cm 且不小于 20cm 为宜

C. 搁栅的长度可以在牵杠设置前直接量取

D. 搁栅的长度可以在牵杠设置后直接量取

93. 钢筋筏支模法定位放线说法正确的是（A、B、C）。

A. 按设计图确定旋转楼梯的圆心及楼梯起步线的位置

B. 在圆心处先挖深约 80cm、面积 $100cm^2$ 的基坑，然后浇筑混凝土，抹平上口

C. 在圆心点上预埋一块预埋件，待混凝土硬结后，在预埋件上精确定出圆心"十"字标志，并用水准仪测定其水准标高

D. 用一根事先准备好的校直支模钢管对准圆心，并用定位焊焊牢，下端用钢拉杆与楼层平台的钢架相连，经经纬仪校正后，上端用定位焊焊牢，下端用扣件固定

94. 活动地板又称为装配式地板，其主要的性能是（A、B、D、E）。

A. 易加工　　B. 几何尺寸精确　　C. 冬暖夏凉

D. 互换性能好　　E. 铺装效果佳

95. 活动地板主要用于有下送风、下布线要求或有管道等需

要将地板架空的环境，主要有（B、D）几种。

A. 单一型　　B. 复合型　　C. 木质型

D. 钢质型　　E. 竹木型

96. 活动地板的防静电面层材料主要有（A、B）。

A. 三聚氰胺　　B. PVC　　C. 聚丙乙烯

D. PDE　　　　E. PVE

97. 活动地板按地板的面层用材分为（A、C、E）。

A. 全钢活动地板　　B. 全木活动地板

C. 复合活动地板　　D. OB 架空活动地板

E. 铸铝活动地板　　F. 全铝活动地板

98. 常见的活动地板尺寸有（A、B、D）。

A. 457mm×457mm　　B. 600mm×600mm

C. 652mm×652mm　　D. 762mm×762mm

99. 造型顶采用的顶棚形式有（B、D、E）。

A. 弧面顶　　B. 迭级　　C. 反射灯槽

D. 发光灯槽　　E. 木纹顶

100. 反光灯槽的结构形式有多种，常见的有（B、D、E）。

A. 曲面　　B. 弧面　　C. 锐角

D. 直角　　E. 钝角　　F. 斜角

101. 吊筋安装完毕并基本校平后，即可安装主龙骨，主龙骨的安装要求同一般的平顶，可分为（A、C）。

A. 载人主龙骨　　B. 载物主龙骨

C. 非载人主龙骨　　D. 非载物主龙骨

102. 主龙骨安装完毕后，就可分层安装迭级吊顶的次龙骨，常见的平顶次龙骨间距有（A、D）。

A. 常见的大面积的平顶次龙骨间距为 400mm×400mm

B. 常见的大面积的平顶次龙骨间距为 600mm×600mm

C. 常见的小面积的平顶次龙骨间距为 400mm×400mm

D. 常见的小面积的平顶次龙骨间距为 600mm×600mm

103. 关于轻钢龙骨石膏板吊顶，下面说法正确的是(A、D)。

A. 纸面石膏板表面需再次装饰处理

B. 复合板面板不需再次装饰处理

C. 装饰石膏板需再次装饰处理

D. 不锈钢板是不需再次装饰处理的面板

104. 反光灯槽顶棚也是迭级顶棚的一种，所以在高低项交接处，要用加强龙骨，且（A、E）的顶必须有主龙骨，挂落处的龙骨一定要用角方尺靠准后才能上板。

A. 最高位处   B. 3/4 位处   C. 中间位处

D. 1/4 位处   E. 最低位处

105. 我国古建筑的单体房屋，一般由（B、C、E）组成。

A. 基层   B. 台基   C. 柱墙身

D. 梁架   E. 屋面

106. 我国古建筑的主要构造形式是木结构，主要由（A、C）组成木框架。

A. 木柱   B. 木板   C. 木梁架   D. 木桁架

107. 我国古建筑按照屋面造型的不同，分为（A、B、C、D）。

A. 硬山建筑   B. 歇山建筑

C. 庑殿建筑   D. 圆攒顶建筑

108. 庑殿建筑的内部构造主要由（B、C）组成。

A. 背身   B. 正身   C. 山面转角   D. 歇山转角

109. 关于庑殿建筑的柱类构件，下面说法正确的是（D、E）。

A. 蟾柱位于建筑转角部位的柱子

B. 角柱位于建筑物最外围的柱子

C. 雷公柱位于角梁与顺梁间，与金檩搭接

D. 背瓜柱位于三架梁上，上支脊檩的瓜柱

E. 角背辅助脊瓜柱的构件，又称为脊角背

110. 关于庑殿建筑的梁类构件，下面说法正确的是（A、C）。

A. 五架梁两端搭置在金柱上的梁，上承受七根檩

B. 顺梁位于矩形四坡屋顶的山面与檐面交角处最下一架的梁，前端与挑檐桁搭交，后尾与正心桁搭交

C. 趴梁在桁檩上面顺面宽方向搭置的梁，梁下在柱子连接

D. 抱头梁位于山面上

E. 太平梁位于檐柱与金柱之间

111. 关于庑殿建筑的桁檩类构件，正确的是（C、D、E）。

A. 正身桁位于檐柱上的正身檩子

B. 檐檩位于搭置于正身梁架的桁架

C. 脊檩位于正脊位置上的正身檩子

D. 金檩位于檐檩和脊檩之间的所有正身檩子

E. 正搭交桁檩钉在屋面转角处，互成直角作榫相搭交的桁檩

112. 大木制作的第一道工序就是大木画线，大木画线是在已经加工好的料上把构件的（A、C、E）等用墨线表示出来。

A. 尺寸　　B. 边线　　C. 中线

D. 正脚　　E. 大小

113. 分丈杆是反映建筑物具体构件部位尺寸的丈杆，如（B、C、D、E）。

A. 角柱丈杆　　　　B. 檐柱丈杆　　　　C. 金柱丈杆

D. 明间面宽丈杆　　E. 次间面宽丈杆

114. 固定垂直构件的卯榫有（A、B、C）。

A. 管脚榫　　B. 套顶榫　　C. 瓜柱柱角半榫

D. 馒头榫　　E. 透榫

115. 水平与垂直构件拉结相交的卯榫有（C、D、E）。

A. 套顶榫　　B. 管脚榫　　C. 燕尾榫

D. 箍头榫　　E. 馒头榫

116. 水平构件相交的卯榫有（B、C、D）。

A. 半榫　　　B. 大头榫　　C. 十字刻半榫

D. 十字卡腰榫　　E. 燕尾榫

117. 水平与倾斜构件重叠稳固的卯榫有（A、D）。

A. 暗销　　B. 明销　　C. 卡销　　D. 穿销　　E. 卡销

118. 水平与倾斜构件叠交或半叠交的卯榫有（A、B、C）。

A. 桁碗　　B. 趴梁阶梯榫　　C. 压掌榫

D. 直榫　　E. 半榫

119. 板缝拼接的卯榫有（A、B、C、D、E）。

A. 银锭扣　　B. 穿带　　C. 抄手带

D. 裁口　　E. 龙凤榫

120. 根据庑殿建筑设计的要求，计算工程单项的用材量和实际用材量，并列出（A、B、D、E）的各种长短尺寸、规格和数量，列出详细材料单，以备配料时使用。

A. 柱　　B. 梁　　C. 榫　　D. 椽　　E. 板

121. 关于柱类的制作要点，下列说法正确的是（A、D、E）。

A. 按照设计图给定的尺寸总丈杆，排出标高分丈杆，并在分丈杆上标明各面卯榫位置、尺寸，作为柱子的制作依据，按丈杆画线

B. 檐柱或最外圈柱子必须按照设计要求做出背脚，背脚大小要符合各朝代有关营造法则或设计要求的规定

C. 柱身上面半眼的深度不应小于柱径的 1/2，应大于柱径的 1/3

D. 柱身卯眼上端应留胀眼，胀眼尺寸一般为卯眼高度的1/10

E. 柱身透眼要一律采用大进小出做法，大进小出卯眼的半眼部分，其深度要求同半眼

122. 大木画线步骤为（A、B、C）。

A. 画迎关十字中线，在柱长身弹出四面中线

B. 点卯榫位置线

C. 画卯眼线

D. 在柱子内侧下端标写大木位置号

E. 制作人员按画线进行制作

123. （B、C）梁等，其梁头檩碗的深度不得大于 1/2 檩径，不得小于 1/3 檩径。

A. 趴梁 B. 三架梁 C. 递角梁 D. 顺梁 E. 角梁

124. 大木安装的基本原则是（A、D、E）。

A. 先内后外，先下后上

B. 上架装齐，验核丈量，吊直拨正，牢固支戗

C. 下架构件，顺序安装

D. 中线对应，勤校勤量

E. 大木装齐，再装椽望

125. 格扇、槛窗是由（A、D、E）组成。

A. 边框   B. 边梃   C. 抹头   D. 格心   E. 裙板

126. 挂落的名称以其棂条花格的式样命名，主要有（C、D）两种。

A. 宫式   B. 葵式   C. 腾葵   D. 万川

127. 花格的棂条画线应按具体式样而定，一般来说（B、C、E）。

A. 丁字相关，采用丁字半榫

B. 十字相交，采用十字刻半榫

C. 斜相交，按图形角度做斜半榫

D. 单直角相交，采用直半榫

E. 由于花格棂条断面较小，除刻半榫外，一律采用单榫双肩

128. 六角亭的翼角构件有（A、C、D）。

A. 角云 B. 檐椽 C. 翘飞椽 D. 仔角梁 E. 趴角梁

129. 属于外檐斗栱的有（B、E）。

A. 隔架科斗栱   B. 柱头科斗栱

C. 溜金花台科斗栱   D. 口字科斗栱

E. 品字科斗栱

130. 斗栱是由很多各种形状的小木件组装起来的，在柱檐

缝以内的栱子叫"里拽栱子"。由正面自下而上看，分为（A、D）。

A. 大斗　B. 小斗　C. 五斗　D. 十八斗　E. 三才斗

131. 斗栱纵横构件刻半相交，要求在背面刻口的构件有（A、B、C）。

A. 瓜栱　　B. 万栱　　C. 厢栱　　D. 撑头　　E. 要头

132. 斗栱纵横构件刻半相交，要求在腹面刻口的构件有（D、E）。

A. 瓜栱　　B. 万栱　　C. 厢栱　　D. 撑头　　E. 要头

133. 承受屋面载荷的木构架，年长日久后会发生倾斜和损坏，必须进行修缮。木构架的修缮处理方法一般有（A、D、E）。

A. 拨正法　　B. 安归法　　C. 安拆法

D. 更换法　　E. 轴换法

134. 覆面板的封边种类有（B、C、E）。

A. 厚木封边　　B. 薄木封边　　C. 实木封边

D. 木条封边　　E. 没漆封边

135. 脚架是指桌、柜类家具的底座形式，常见的有（A、C）。

A. 框架式　　B. 侧脚式　　C. 装脚式

D. 开放式　　E. 封闭式

136. 脚架是指桌、柜类家具的底座形式，其中亮脚式包括（D、E）。

A. 包脚式　　B. 旁板落地式　　C. 塞角式

D. 框架式　　E. 装脚式

137. 关于脚架的种类，下面说法正确的是（C、D、E）。

A. 框架式脚架其实是一种箱框结构，它与柜体底板一般采用连接件折装式连接

B. 包脚式脚架大多是由脚与望板或横档采用卯榫接而成的木框结构

C. 装脚式脚架是指脚通过一定的接合方式单独直接与家具主体接合的形式

D. 旁板落地式脚架是以向下延伸的旁板代替柜脚

E. 塞脚式脚架是在底板四角装设上塞角脚,构成小包脚

138. 活动式搁板的安装主要有（A、D、E）。

A. 木节法　　　B. 金属夹具法　　C. 插入圆榫法

D. 搁板销法　　E. 木条法

139. 抽屉是一种典型的箱框结构,标准的抽屉由（A、C、D、E）组成。

A. 屉面板　　B. 屉侧板　　C. 屉旁板

D. 屉底板　　E. 屉背板

140. 柜门的种类很多,按照不同的使用功能可分为（B、C）。

A. 推拉门　B. 开门　C. 折叠门　D. 盖门　E. 嵌门

141. 施工现场管理就是运用科学的方法对施工现场各种生产要素进行合理配置和优化组合,通过（A、B、C、D）的管理方法,以保证现场按计划目标顺利实施。

A. 计划　　B. 组织　　C. 控制　　D. 协调　　E. 纠偏

142. 施工现场出现的各种（A、B、D、E）等问题,有关施工人员在现场必须及时解决。

A. 生产　　B. 技术　　C. 投资　　D. 质量　　E. 安全

143. 企业现代化大生产的特点是（C、D、E）大生产。

A. 标准化　　B. 规范化　　C. 专业化

D. 协作化　　E. 社会化

144. 企业现代化大生产要求整个生产过程和生产环境实现（A、C、D）管理。

A. 标准化　　B. 协作化　　C. 规范化

D. 专业化　　E. 科学化

145. 施工现场管理具有（B、C、E）。

A. 计划性　　B. 基础性　　C. 群众性

D. 专业性　　E. 系统性

146. 建筑装饰装修工程项目管理组织的职能包括（A、B、C、D）。

A. 组织设计　　B. 组织建立　　C. 组织运行

D. 组织调整　　E. 组织架构

147. 建筑装饰装修工程项目管理组织的特点有（B、C、E）。

A. 多次性的特点

B. 明确的目标和任务的责任性

C. 各种关系的复杂性

D. 形式的单一性

E. 高度的弹性和可变性

148. 建筑装饰装修工程项目管理组织机构设置的原则有（A、C、D、E）。

A. 目的性明确　　B. 管理跨度大　　C. 分工协作

D. 分层统一　　E. 精干高效

149. 建筑装饰装修工程项目管理的主要组织机构设置形式有（A、B、E）。

A. 工程指挥部形式　　B. 工程监理代理制

C. 部门组织式　　D. 事业部式

E. 总承包责任制

150. 建筑装饰装修工程项目组织形式有（A、B、C、D、E）。

A. 直线式组织形式　　B. 项目团队式　　C. 部门控制式

D. 矩阵式　　E. 事业部式

151. （A、C）项目应采用部门控制式项目组织形式。

A. 简单项目　　B. 复杂项目　　C. 小型项目

D. 中型项目　　E. 大型项目

152. 项目团队组织形式适用于（A、C、E）项目。

A. 大型　　B. 小型　　C. 工期紧

D. 部门少　　E. 要求多

153. 部门控制式组织形式适用于（A、C、D）项目。

A. 小型　　　　B. 大型　　　　C. 专业性强

D. 涉及部门少　　E. 涉及部门多

154. 对于人员素质好，管理基础强，业务综合性强，可以承担大型任务的大型综合企业，宜采用（B、D、E）。

A. 直线式　　B. 项目团队式　　C. 部门控制式

D. 矩阵式　　E. 事业部式

155. 下面哪些属于"5S"活动内容（A、B、D、E）。

A. 整理　　B. 整顿　　C. 清理　　D. 清扫　　E. 清洁

156. 整理的目的是通过整理活动可以达到如下目的（B、C、D、E）。

A. 减少和改善施工作业面积

B. 现场清洁无杂物，行道通畅，提高工作效率

C. 减少磕碰的机会，提高质量，保障安全

D. 消除管理上的混放、混料等差错事故

E. 有利于减少库存量，节约资金

157. 整顿的目的是通过整顿活动达到如下目的（A、D、E）。

A. 物料摆放要有固定的地点和区域，以便于寻找和消除因混放而造成的差错

B. 有利于减少库存量，节约资金

C. 改变拖拉作风，振奋人的精神，提高工作情绪

D. 物品摆放目视化，使定量装载的物品做到过目知数，不同物品摆放区域采用不同的色彩标记，便于识别和确认

E. 施工现场的物料在施工平面图布置的基础上进一步合理摆放，既有利于提高工作效率，又可提高工程质量并保障生产安全

158. 建筑装饰材料的堆放方式有（C、D、E）。

A. 柜形堆放　　　B. 矩形堆放　　　C. 三角形堆放

D. 阶梯形堆放　　　E. 梅花形堆放

159. 核算消耗定额的方法主要有（A、B、C、D）。

A. 实际测定法　　　B. 技术计算法　　　C. 经验估算法

D. 统计分析法　　　E. 代表试验法

160. 建立严格的三检制度，即（C、D、E）。

A. 见证送检　　　B. 监督抽检　　　C. 自检

D. 互检　　　E. 专职检

161. 建立严格的三按制度是指（A、C、D）。

A. 严格按施工图　　　　　B. 严格按施工程序

C. 严格按标准或章程　　　D. 按工艺

E. 按建设单位要求

162. 四板一图的四板指（A、B、D、E）。

A. 工程概况板　　　　　B. 安全生产管理制度板

C. 施工管理制度板　　　D. 消防保卫管理制度板

E. 场容卫生环保制度板

163. 全面质量管理的特点是（A、B、C）。

A. 全员　B. 全面　C. 全过程　D. 全方位　E. 全专业

164. 质量管理的历史发展分为（A、D、E）。

A. 原始阶段　　　B. 初始阶段　　　C. 积累阶段

D. 发展阶段　　　E. 成熟阶段

165. 全面质量管理的基础工作包括（A、B、C、D）。

A. 质量教育工作　　　B. 质量责任制　　　C. 计量工作

D. 质量信息工作　　　E. 质量控制工作

166. 质量管理小组的类型有（C、D、E）。

A. 指导型　　　B. 研究型　　　C. 管理型

D. 服务型　　　E. 现场型

167. 工程技术档案的作用有（A、C、D、E）。

A. 系统性　　　B. 多样性　　　C. 依据性

D. 凭证性　　　E. 参考性

168. 工程技术档案的计划统计资料包括（A、B、E）。

A. 项目质量计划　　　　　B. 施工月报

C. 供应商名册及评价资料　　D. 材料验收入库单

E. 其他各类统计报表

169. 质量管理小组建立后，关键是要开展活动，课题的选题依据有（A、B、C）。

A. 根据施工企业的方针目标、发展规划和施工项目的质量目标选题

B. 根据生产中的关键或薄弱环节选题

C. 根据用户的需要选题

D. 根据现场作业人员发映的情况选题

E. 参考同类工程项目情况选题

170. 全面质量管理的工作步骤就是（A、B、D、E）。

A. 计划　　B. 实施　　C. 协调　　D. 控制　　E. 处理

171. 下面哪些属于全面质量管理的计划阶段步骤（A、B、C）。

A. 分析现状　　　　　　　B. 找出产生问题的各种因素

C. 找出影响质量的主要因素　　D. 按既定的计划措施执行

E. 根据计划措施，对照执行情况进行检查和控制

172. 为了充分发挥质量信息的作用，必须对所取得的各种质量信息做好（A、B、C、D）工作。

A. 整理　　B. 分类　　C. 归纳　　D. 立档　　E. 反馈

173. 施工日志和施工记录应包括如下内容（A、B、C、D、E）。

A. 当日气候实况　　B. 当日工程进展　　C. 工人调动情况

D. 资源供应情况　　E. 经验教训

174. 特种作业人员包括（A、B、D、E）。

A. 电工　　B. 测量员　　C. 爆破工

D. 司炉工　　E. 起重工

175. 施工现场四口指（A、C、D、E）。

A. 楼梯口　　B. 通风口　　C. 通道口

D. 预留洞口　　E. 电梯口

176. 限额领料的程序有（A、B、C、D、E）。

A. 签发　　B. 下达　　C. 应用　　D. 检查　　E. 验收

3.3　判断题

1. 轴测图是平行光线对物体的投影图形。轴测投影图有两种：正轴测投影图和斜轴测投影图。（√）

2. 如三根轴线和投影面的夹角皆不相等，称为不等正轴测图。不等正轴测图形长、宽、高三个方向相互间的比例都和实际尺寸的比例相同。（×）

3. 当物体和投影面平行时，放射光线在投影面上的投影就是平行透视图。它是我们正对着某物体观察时所得到的视觉印象。（√）

4. 斜透视图和我们仰视或俯视高耸的建筑物所得的视觉印象一致。其长、宽、高三个方向的平行线不会变形，并且它只有一个灭点。（×）

5. 劳动定额，也称人工定额。它是在正常的施工技术组织条件下，完成单位合格产品所必需的劳动消耗量的标准。（√）

6. 从时间定额和产量定额的关系表达式中可知：当时间定额减少时，产量定额就相应的减少；当时间定额增加时，产量定额就相应地增加。（×）

7. 重要结构的模板、特殊形式的模板或超出适用范围的模板，应进行设计或验算，以确保安全，保证质量，防止浪费。（√）

8. 制作楼梯模板、钉踏步时，应逐块用水准尺校正，使上口为水平状态，踏步板面如有弯曲，应使凹面向上。（×）

9. 承重结构中的受弯构件，可以使用部分有木节的木材。（√）

10. 施工设计图样是直接为施工服务的图样，是生产、制作

与施工的技术依据。(√)

11. 图框线是控制图样布置的范围，一般图样不可超越图框线之外。(√)

12. 绘图时，实线主要用于表示物体的可见的轮廓线，如果是不可见的轮廓线，要用虚线表示。(√)

13. 物体假想的轮廓线，要用双点画线表示。(√)

14. 尺寸标注时，轮廓线、对称线、中心线均不能用作尺寸线，对称线、中心线也不能作为尺寸界线。但是，轮廓线有时可以作为尺寸界线。(×)

15. 尺寸起止符一般采用45°，中粗短线绘制。(√)

16. 正等正轴测图三根轴线彼此间的角度为120°。(√)

17. 正面斜等测图的 X、Z 轴夹角为90°，Y 轴与 X、Z 轴的夹角都为135°。(√)

18. 时间定额和产量定额的关系：当时间定额减少或增加时，产量定额都相应的减少。(√)

19. 材料定额是企业核算材料消耗、考核材料节约或浪费的指标。(√)

20. 模板所用木材的规格，应根据不同部位的受力情况进行选择。一般来说，厚20～50mm 的木板作侧板和混凝土板类的底板；厚40～50mm 的木板作梁类的底板和板类的侧板。(√)

21. 活动地板主要应用于大型的计算机机房、通信中心机房、各种电气控制机房、邮电枢纽及指挥中心等的地面装饰产品。(√)

22. 施工人员在最后安装活动地板面板时，要穿软底的胶鞋。(√)

23. 地板面的清洁可用软布蘸弱碱性的洗涤剂擦洗，随后用干的软布擦干，也可以用带水的拖布擦洗，或用吸尘器做日常的清洁保养。(×)

24. 软包墙面是一种以乳胶海绵外覆防火布、皮革等面材，主要用于室内墙面的装饰工艺，其装饰外观效果较为高贵华丽，

触感柔软、温暖且具有吸声及防震的功能。（√）

25. 墙面做软包装时，墙面防潮处理应均匀涂刷一层清油或满铺油纸，也可以用沥青油毡做防潮层。（×）

26. 中┼┼是大木画线的符号，表示中线。中线是大木制作的最重要的线，是大木制作与安装的重要依据。（√）

27. ╪是专门用来表示柱子侧角的线，只用在外檐柱上，弹在柱子中线里侧。（√）

28. ╫表示该线错误，废弃不用；在同时有两条线，其中一条错误时标注。（√）

29. 制作半榫时，一端榫上半部长 1/3 柱径，下半部长 2/3 柱径，另一端榫上半部长 2/3 柱径，下半部长 1/3 柱径。（√）

30. 断料配料时，配料人员应先配断大料、长料，后配小料、短料；先配大梁、长的直径大的柱子、直径大的长的桁。（√）

31. 柱身透眼要采用大进小出做法，其深度要求大于半眼。（×）

32. 凡是正身部位的梁，其梁头两侧檩碗之间不做鼻子榫。（×）

33. 枋类构件制作，四角须做滚棱，滚棱尺寸为各面自身宽的 1/10，滚棱形状为浑圆。（√）

34. 桁檩延续连接，接头处可以采用燕尾榫，也可以采用直角榫。（×）

35. 里口木是小连檐和闸挡板的结合体，里口木长随通面阔，高为小连檐厚加飞檐高，宽同椽径。（√）

36. 大木安装的基本原则是："先内后外，先下后上；下架装齐，验核丈量，吊直拨正，牢固支戗；上架构件，顺序安装；中线对应，勤校勤量；大木装齐，再装椽望；瓦做完工，方可撤戗"。（√）

37. 大木安装时，"先内后外"是指先安装里面的构件，在

安装外面的构件。"先下后上"是指先安装下面的构件，后安装上面的构件，最后安装屋面的构件。（√）

38. "下架装齐，验核丈量"是指当大木安装之下架构件齐全时，就停止安装，用丈杆认真核对各部面宽、进深尺寸，看看有无闯退中线的现象。（√）

39. 大木构件表面有劈裂、小型构件翘曲变形的原因是：构件制成后没有置于室内存放，在阳光照射下干燥过快产生变形。（√）

40. 构件上的中心线在制作过程中如果被刨去，使得安装无基准可依时，会造成大木安装时构件连接困难，尺寸难以控制。（√）

41. 在画线时墨线太粗，断肩时使用粗齿锯，产生的错误误差会形成积累，导致拼装尺寸不符。花格拼装后其外皮尺寸与仔屉内皮尺寸会不符，过大或过小。（√）

42. 斗栱是古代建筑的一项技术成就，它属于梁架结构的一个组成部分，又是构造完善、制作精密的一组构件。其原始作用是用来支撑屋檐和柱子的前力及承托挑檐桁。（√）

43. 斗栱安装时注意，草验过的斗栱拆开后，要按原来的组合程序重新组装，不得调换构件的位置；安装每层斗栱时，要挂线，以保证各攒、各层构件平齐，发现问题要及时修整。（√）

44. 柱身糟朽的修缮方法为包镶法，即用锯、扁铲等工具将糟朽部分刻剔干净，并用木料包镶至原柱径，修整浑圆，用铁箍缠箍结实。（√）

45. 梁头糟朽的修缮方法为包镶法。将糟朽部分剔除，用木料按原样包镶粘贴加钉，钉帽不外露。如梁头糟朽至桁碗和梁鼻，则应更换梁，梁头的修缮宜在屋面翻修时进行。（√）

46. 柱根糟朽的修缮方法为包镶法。（×）

47. 柱子高位糟朽或折断时，要采用轴换法进行修缮。用临时支撑将梁、枋撑牢、支起，抽出原柱，换上新柱，在将梁枋

复位，本法适用于各种柱。（×）

48. 由于木材资源的匮乏，木材价格猛涨，目前市场上大部分实木家具都是以人造板为芯材，采用实木腿、实木饰面的胶合板贴面和实木封边，只要接缝细心，同样可以创造一种实木效果。（√）

49. 木框嵌板结构是指在木框中间采用槽口法将各种人造板、玻璃、镜子等嵌在木框中间所构成的结构形式。（√）

50. 柜门的种类很多，按照不同的使用功能可分为开门、翻门、移门、卷门、折叠门、盖门和嵌门等。（×）

51. 折叠门的优点是可将柜子全部打开，取放物品非常方便。（√）

52. 抽屉的接合方式是箱框结构，可采用半隐燕尾榫、全隐燕尾榫、直角多榫、圆榫、圆钉或螺钉等接合。（√）

53. 施工现场就是直接建造建筑工程的地点和为建筑工程提供生产服务的场所，即劳动者运用劳动手段，作用于劳动对象，完成一定生产作业任务的场所。（√）

54. 施工现场包括生产前方的作业场所——工地，又包括生产后方各辅助生产的作业场所，如为工地服务的各类加工厂（混凝土构件、木制品、铁件和水、电加工等成品或半成品的加工厂）试验室、库房、锅炉房等。（√）

55. 根据防火要求，施工现场应设置足够的消防站、消防栓。消防栓应布置在十字路口或道路转弯处的路边，距路应不超过3m，与房屋的距离应不大于25m，也不应小于5m。（×）

56. 施工现场的临时总变电站应设在高压线引入工地处，避免高压线穿越工地。需自行解决电源时，应将发电设备设在现场中心。（√）

57. 施工现场的临时供水管线要经过设计计算，其中包括用水量计算（根据生产用水、机械用水、生活用水、消防用水）、配水布置、管径的计算等，然后进行布置。（√）

58. 施工组织管理中，直线式组织形式仅适用于中小型项

目。(√)

59. 直线式组织形式中，项目管理班子成员是项目经理从职能部门招来的专业人才，他们在项目管理中互相配合、协同工作，有利于培养一专多能的人才并充分发挥其作用。(×)

60. 部门控制式组织形式适用于小型、专业性较强、不需要涉及众多部门的装饰装修工程项目。(√)

61. 事业部式项目组织形式适用于大型复杂的项目或多个同时进行的项目。(×)

62. "5S"活动是在西方和日本等国家的一些企业中开展的文明生产活动。所谓"5S"，就是整理(SEIRI)、整顿(SEITON)、清扫（SEISO）、清洁（SEIKEETSU）、素养（SHITSUKE）这五个词的日用语中罗马拼音的第一个字母都是"S"，即简称为"5S"。(√)

63. 班组管理要建立严格的"三按"制度，即：严格地按施工图、按标准或章程、按工艺进行施工。(√)

64. 施工现场的任何人，都可以进入挂有"禁止出入"或设有危险警示标志的区域（如有高空作业的下方）等。(×)

65. 如果需要，施工人员可以攀登起重臂、绳索、脚手架、井字架、龙门架和随同运料的吊盘和吊篮及吊装物上下。(×)

66. 当发现有伤亡事故发生时，要采取必要措施抢救人员和财产，使伤员脱离危险区，防止事故扩大。(√)

67. 全面质量管理就是以质量为中心，以全员参与为基础，让建设单位满意和本组织所有成员及社会受益为目的，而达到长期成功的管理途径。(√)

68. 工程技术档案是工程建设活动全过程，在记录、收集、整理过程中，要求必须依据行政和技术的法律、法规，准确、真实的记录。(√)

69. 建设单位向当地城建档案馆提出档案验收申请，并将申报材料送当地城建档案馆进行核查，在 7 个工作日内对不具备档案验收条件的提出整改意见。(√)

70. 凡原施工图无变更的，可在新的原施工图上加盖"竣工图"标志后作为竣工图；无大变更的可在原图上改绘，有重大变更的应重新绘制竣工图。（√）

71. 复合防静电活动地板主要应用于大型的计算机机房、通信中心机房、各种电气控制机房、邮电枢纽及指挥中心等的地面装饰。（√）

72. 活动地板有复合型和钢质型两种。复合型的力学性能优于钢质型。（×）

73. 活动地板按照所需承载能力一般分为：轻型、中型、重型和任意型地板。（×）

74. 活动地板在安装及布线前，应对基层进行清理、找平及静电处理。（×）

75. 活动地板遇到荷载过大的设备时，应对槽钢及支架进行局部的加固及调整。（√）

76. 艺术造型顶是采用特殊的材质来体现一种别样的效果。（×）

77. 带反光灯槽的造型顶其特点是：除在顶本身的立面效果外，还具有光的立体效果，又因为其光源不可见，也具有很强的装饰效果。（√）

78. 水平弧面顶适用于顶部空间较小的吊顶，有一种立体的延伸感，可以在视觉上有"拔高"空间的感觉，但是对顶的空间高度有一定的要求。（×）

79. 反光灯槽吊顶的施工，其灯槽处的线可在地面画出，然后从墙边引出。（√）

80. 反光灯槽的内部因为要安装荧光灯，所以必须要涂刷防火涂料两遍以上。（√）

81. 反光灯槽顶的迭级处，在高低顶交接处，要用加强龙骨，且最高位和最低位处的顶都必须有主龙骨，挂落处的龙骨一定要用方角尺靠准后才能上板。（√）

82. 发光灯槽的吊顶通常用木质板顶的龙骨。（×）

83. 仿真顶棚是一种较为特殊的艺术化顶棚，其顶部的材料均用的是特殊的吊顶材料。（×）

84. 软包墙面所用的木基层板材进行防火处理。（×）

85. 软包墙面的织物面料裁剪时经纬应顺直。安装应紧贴墙面接缝应严密，花纹应吻合。无波纹起伏、翘边和褶皱，表面应清洁。（√）

86. 制作木楼梯的三角木时，木纹应垂直或平行于三角木的直角边。（×）

87. 制作木踢脚板时，通常在板上穿小孔，以便于潮气流出，防止踢脚板受潮腐朽。（√）

88. 制作木踢脚板时，在踢脚板的背面开槽，是为了减少木材受潮变形的程度，以防止上口脱开墙面形成裂口。（×）

89. 门窗贴脸板主要是为了加大门的立面尺寸，起到较好的装饰效果。（×）

90. 要预防木制品变形，首先要将木材干燥处理，合理码放，垫木平整，通风良好使之收缩均匀。（√）

91. 制成品如门窗框、门窗扇等要堆放在成品库，分层垫木上堆，垫木要上下错开，防止变形。（×）

92. 木墙裙的高度如无设计要求时，一般是 900mm、1200mm、1500mm、1800mm。（√）

93. 木门窗的结合处和安装配件处不得有木节或已填补的木节。（√）

94. 窗帘盒的长度除通长窗帘盒外，一般窗帘盒长度比窗洞口垂直边长大 200mm 以上。（×）

95. 活动地板是经原木去皮、粉碎、蒸煮、复合压制而成的。（×）

96. 定位轴线用细点画线绘制。（√）

97. 班组核心主要有安全员、质检员、核算员、材料员。（√）

98. 安全帽、安全带、安全网是安全生产的"三宝"。（√）

99. 班组管理的主要内容由班组成员决定。(×)

100. 除了活动地板，复合木地板也适合于防尘和静电的专业用房地面。(×)

101. 房屋中围护结构不作承重结构，因为围护结构的材料力学性能差。(×)

102. 房屋中的伸缩缝和沉降缝都是为了适应房屋变形而设置的构造措施，因而可以相互代替。(×)

103. 水泥砂浆不宜与铝合金门框直接接触，是因为水泥砂浆容易开裂。(×)

104. 雨篷板在雨篷梁的下口比上口好，是因为前者的墙身不容易渗水。(√)

105. 高层建筑除了考虑垂直的荷载外，还要考虑水平方向的受力情况，因而它受力情况复杂，强度也要求高。(√)

106. 古建筑木装饰中，格扇一般是由边框、抹头、格芯、裙板、绦环板所组成。(√)

107. 格扇根据抹头的数量来命名，有一抹、二抹、三抹、四抹到七抹。(×)

108. 挂落悬装于廊柱间的枋子下，作为中国古建筑外檐装饰的一部分。(√)

109. 单檐六角亭的雷公柱，底下竖立于梁架上，并上顶角梁。(×)

110. 六角亭的檐柱安装时，应该挂线吊直，严格控制垂直度，使檐柱呈垂直状态，其允许偏差不应超过2mm。(×)

111. 中国古建筑的檐柱一般都垂直于地坪，故建筑物显得很整齐、美观及庄重。(×)

112. 古建筑中，木构架上相邻两檩的中心水平距离（梁距），称为步架。(√)

113. 古建筑的檐柱都有侧脚和升起，可以使水平与垂直构件结合得更加牢固，使得房屋的重心更加稳定。(√)

114. 古建筑中，木构架中相邻两檩中心垂直距离（举高）

除以对应梁距长度所得的系数（坡度），称为举架。(√)

115. 中国古建筑中，各种柱身，其直径都是相同的，并且上下粗细均匀一致，故施工非常方便。(×)

116. 古建筑物中，东西方向常称为"宽"，南北方向称为"深"，单体建筑以"间"为基本组成单元。(√)

117. 某一古建筑物为五间宽，则正中一间常称明建，两端两间叫梢间，其余两间叫次间。(√)

118. 斗口，即平身科斗栱坐斗垂直于面宽方向的刻口，这个刻口宽度即为中国古建筑的基本模数。(√)

119. 对于小式无斗栱的中国古建筑物，是以檐柱柱径为基本模数。(√)

120. 带斗栱的中国古建筑物，叫做大式建筑，无斗栱的中国古建筑物叫小式建筑。(√)

121. 材料不管是自然状态还是绝对密实状态，其体积总是相同的。(×)

122. 木材的体积是由固体部分和构造孔隙部分所组成。(√)

123. 材料的硬度是指能抵抗其他较硬物体压入的能力。(√)

124. 对于同种木材，影响其强度的主要原因就是含水率。(×)

125. 钢筋经冷加工后，所有的强度和性能都得到了提高和改善，因而是节约钢材的一种好方法。(×)

126. 采用高标号的水泥制成的混凝土强度也高。(×)

127. 采用高标号的砖砌筑而成的砖砌体，其强度也高。(×)

128. 基础墙的砌筑中，为了操作方便，应该使用石灰水泥砂浆。(×)

129. 采用高标号的砌筑砂浆砌筑而成的砌体，其强度也高。(√)

130. 高强度的钢筋，其硬度一般也较高。（√）

131. 圈梁宜连续地设置在同水平标高上，并形成封闭状，这样整体性好。（√）

132. 钢筋混凝土过梁的搁置长度不宜小于240mm。（√）

133. 阳台和雨篷一般作用着倾覆和抗倾覆这两种荷载。（×）

134. 建筑施工中所用的图纸，都叫施工图。（×）

135. 全面质量管理就是对全行业的全体人员进行质量管理。（×）

136. 按电焊焊渣特性来分类，焊条有酸性和碱性两种。（√）

137. 钢筋的标准强度（出厂规定的强度限值）就是钢筋的设计强度。（×）

138. 混凝土是一种抗压和抗拉性能都很好的材料。（×）

139. 水泥砂浆是混合砂浆中的一种。（×）

140. 预应力钢筋混凝土屋架应一次浇捣完成，不得留施工缝。（√）

141. 施工方法就是施工方案。（×）

142. 建筑中的变形缝就是指伸缩缝、沉降缝、抗震缝。（√）

143. 在砖墙砌筑中，日砌高度不应超过1.8m。（√）

144. 工人在外脚架上操作时，材料、工具等物不可斜靠在墙上，应该直接放置在脚手架上。（√）

145. 滑模施工中浇捣混凝土的顺序，应该先直墙后墙角、墙垛。（×）

146. 因果图是反映质量与原因之间的质量关系，排列图是反映质量与原因之间的数量关系。（√）

147. 影响工序质量的因素是：人、设备、材料、方法、环境五个方面。（√）

148. 因果图中的质量部分由大质量、中质量、小质量、细

质量等组成，故又称大技、中技、小技、细技。（×）

149. 因果图由原因和结果两部分组成，结果指存在的质量问题，写在左边，原因指影响质量的因素，写在右边。（×）

150. 因果图中用方框框起来的原因，是表示影响质量问题的主要原因，作为制定质量改进措施的重点考虑对象。（√）

151. 砌体结构的受力性能是抗压强度高而抗拉强度低，因此，砌体结构只适用于轴心受压或偏心受压构件。（√）

152. 砌体的强度就是指抗压强度。（×）

153. 砌体的设计强度是由砖、砂浆的强度等级与施工操作因素所决定。（×）

154. 层高大于 6m 的砖墙，所用砖和砂浆的最低强度等级为 MU10 与 M2.5。（√）

155. 空斗承重墙中，钢筋混凝土构件的支承面下，宜用不低于 M2.5 的砂浆实砌二至三皮砖。（√）

156. 正常配筋的钢筋混凝土梁的破坏是随着荷载的增大，钢筋先屈服，继而混凝土受压区不断缩小，混凝土应力达到弯曲抗压极限强度而破坏。（√）

157. 轴心受压的钢筋混凝土构件，总压力是由截面中的钢筋和混凝土共同承担的。（√）

158. 偏心受压的钢筋混凝土构件中，受拉区先出现裂缝的破坏，叫做受压破坏，习惯上称为小偏心受压破坏。（×）

159. 偏心受压的钢筋混凝土构件中，受压区先出现裂缝的破坏，叫做受拉破坏，习惯上称为大偏心破坏。（×）

160. 偏心受压的钢筋混凝土构件，常采用双称配筋的方法，以方便于施工。（√）

161. 审核图纸主要是为了发现图纸上的错误。（×）

162. 审核图纸主要是为了熟悉图纸，便于施工。（×）

163. 审核图纸主要是为了向设计人员提意见。（×）

164. 审核图纸主要是为了提出方便于自己施工的意见。（×）

165. 施工前的图纸会审,一般由甲方召集,建设单位、设计、施工等单位有关人员参加,会后形成由甲方起草共同签字的"会审备忘录"。(√)

166. 在独立杯形基础的底板中,如果 1 号钢筋 $\phi12@150mm$ 为顺着短边方向,2 号钢筋 $\phi12@200mm$ 顺着长边方向,则可看出 1 号钢筋在 2 号钢筋的上面。(√)

167. 在现浇楼板中,如果 1 号钢筋 $\phi12@150mm$ 为顺着短边方向,2 号钢筋 $\phi12@200mm$ 顺着长边方向,则可看出 1 号钢筋在 2 号钢筋的上面。(×)

168. 在简支梁的中部,弓形钢筋的位置在下部。(√)

169. 在简支地梁的端部,弓形钢筋的位置在下部。(×)

170. 在基础地板中,分布钢筋一般都在受力钢筋的下面。(√)

171. 针对一个建筑物的施工组织设计叫做单位工程施工组织设计。(√)

172. 针对一个分项工程一个工艺步骤的施工组织设计,叫做施工组织总设计。(×)

173. 施工组织设计中的施工平面图,是进行施工现场布置的依据。(√)

174. 施工方案是施工组织设计中带有决策性的重要环节,它主要包括施工顺序和施工方法。(√)

175. 单位工程施工组织设计中的施工进度计划,实际上就是各班组的作业计划。(×)

176. 高标号的混凝土,一定要用高标号的水泥制得。(√)

177. 同一种钢材,其抗拉强度比抗压强度低。(×)

178. 同样高度、相同截面尺寸的混凝土柱子,其承受的轴心压力和偏心压力也相同。(×)

179. 钢材经过冷拉或冷拔之后,其化学成分没有发生变化,但机械性能却发生了变化,因而抗拉强度得到了提高。(√)

180. 标准砖的强度越高,则其质量也越好。(×)

181. 斗栱结构中的栱、翘、昂三种构件，其作用基本相同，且都是置于斗与斗之间，仅外形或方向上有所区别。（√）

182. 斗栱结构中斗类构件，细分为坐斗与升。只承受一面的栱或枋，只开一面口（顺身上）叫做升；承受相交的栱、昂，开十字口，叫做斗。（√）

183. 在中国古典木结构中，由开间方向的柱、梁结合成的构体，叫做梁柱式；按柱与桁（檩）的数量配对形式分为抬梁式与穿斗式两种。（√）

184. 瓜柱实际上是一种矮柱，它下部位于梁上。有瓜柱的梁柱构件，叫做抬梁式。（√）

185. 活动地板上的荷载由支座传给楼地面，因此建筑结构应符合支座集中荷载在某些部位的过大要求。（√）

186. 活动地板面板的安装，应该在支座处固定牢固，并在地板下面电缆管线铺设完毕、搁栅龙骨上口标高校正后，才可进行安装。（√）

187. 保温吊顶与音响吊顶的结构做法相似，都要求有隔绝热传递或声传递的性能。（×）

188. 在艺术吊顶中，反光灯槽平顶与发光平顶的构造做法不同之处，是发光源是否直接与间接地照明整个室内空间。（×）

189. 采用钢管排架支承空中异形构件（例如曲线箱梁）的横板工程中，其技术难点是空中定位和排架承载力计算控制。（√）

190. 圆柱螺旋线可以看作一条贴于圆柱表面的直角三角形的斜边，该直角三角形的底边长等于底圆的周长，高等于螺距。（√）

191. 同一旋转楼梯的踏步，其内外踏步三角是相似的。（×）

192. 同一旋转楼梯的踏步，高是相同的，但宽则外圆大，内圆小。（√）

193. 当采用板式圆柱螺旋形楼梯的结构时，同一径向的板底标高是相同的。（×）

194. 当采用板式圆柱螺旋形楼梯的结构时，同一径向的板底标高是不同的，即外侧比内侧高。（√）

195. 爬升模板与滑升模板相比，其主要区别是模板与混凝土不作相对的滑行，并一次能浇灌立面高度大的混凝土。（√）

196. 爬升模板是综合了滑升模板与大模板的工艺原理而形成的一种新的模板体系。（√）

197. 爬升模板外模上的爬架宜设在建筑物的阴角，这样可以充分发挥爬架的作用，并方便于安装脚手架。（√）

198. 爬升模板中穿墙螺栓是否紧固，是确保模板爬升是否安全的重要一环，每爬升一层，要全部检查一次。（√）

199. 爬升模板中的穿墙螺栓，常凭经验估测其扭矩的大小，以确保承载力。（×）

200. 钢模板端头齐平布置时，一般每块钢模板应有两个支承点。钢模板端缝错开布置时，支承跨度一般不应大于主规格模板长途的80%，计算荷载应增加一倍。（√）

201. 内钢楞的配置方向应与钢模板的长度方向相平行，直接承受钢模板传递来的荷载。（×）

202. 为了安装方便，荷载在 $50kN/m^2$ 内，钢楞间距常采用 750mm 的固定尺寸。（√）

203. 钢楞铺设时，其端部应伸出钢模板边肋以上，以防钢模板的边肋脱空。（√）

204. 在模板支承系统中，对连续形式和排架形式的支柱，应配置水平撑，水平撑在柱高方向的间距一般不应大于 2m。（×）

205. 施工中的脚手架，可以作为支撑模板的支承点。（×）

206. 脚手架的系墙加固连结点，不可因影响操作而随意私自拆去。（√）

207. 脚手架上允许堆料荷载不得超过 $2700N/m^2$。（√）

208. 脚手架的每步高度，一般为2m。（×）

209. 外墙脚手架的操作高度超过三层时，应加设安全网。（×）

210. 连续梁的整体性和连贯都较好，用料比简支梁省。（√）

211. 悬挑板和悬挑梁的受力钢筋在构件的下部，故在施工过程中要注意其位置，以防发生错位而产生工程事故。（√）

212. 砖结构和木结构混合形成的结构承重体系叫做砖混结构。（×）

213. 日常用砖墙承重和钢筋混凝土梁板形成组成的结构承重体系，叫做砖混结构。（√）

214. 建筑物中承重结构和围护结构可以任意相互代替，以节约材料，降低造价。（×）

215. 桩基础一定要通过承桩台来传递承受荷载。（√）

216. 摩擦桩是靠桩身与土层间摩擦挤压力来承受荷载的。（√）

217. 端承桩主要是靠桩尖端与坚实土层之间的作用力来承受荷载的。（√）

218. 打入桩、压入桩、灌注桩是按桩的受力性能来分类的。（×）

219. 打入桩的受力能力，在施工中是通过贯入度和桩顶标高值来控制的。（√）

220. 混凝土的强度等级与水泥的强度等级实质是同一回事，都是在压力机上压出来的，仅仅是数值不同而已。（×）

221. 砖强度等级和砖砌体强度实质是同一回事，都是在压力机上试验得来的，仅仅是数值不同而已。（×）

222. 石灰岩经烧制而成熟石灰，熟石灰经水化而变成生石灰，生石灰经碳化而变硬。（×）

223. 石灰一般是生石灰和熟石灰的通称，属于水硬性无机胶混材料。（√）

224. 生石灰淋水化解成白色粉状或胶泥状材料，叫做熟石灰，又把胶泥状石灰叫做石灰膏。(√)

225. 工艺卡就是班组作业方案和作业计划。(×)

226. 对于所有的分项工程，都要做好隐蔽工程验收工作，只有这样，才能确保施工质量。(×)

227. 施工平面布置图是建设单位或由设计单位编制绘成的。(×)

228. 施工现场预制构件布置图是由土建施工单位单独编制绘成的。(×)

229. 施工平面布置图中应该包括三通一平情况的布置。(√)

230. 预应力钢筋混凝土构件比一般的钢筋混凝土构件用料省，承载能力强。(√)

231. 基本构件做好后再张拉预应力钢筋，这种做法叫后张法。(√)

232. 预应力钢筋在张拉时，既控制张拉应力，又控制延伸率，这种方法叫做"双控"张拉，能确保应力正确。(√)

233. 一般的预应力钢筋混凝土构件，在未受荷载时，都呈"上拱"现象。(√)

234. 张拉预应力钢筋后应静置 24h 后才可灌浆，以保证构件质量。(√)

235. 斗栱是我国一种特殊的木结构形式，基本上由斗和栱组成，是将屋顶与柱过渡连接部分。(√)

236. 轴测图的真实感比透视图好，但也是一种具有立体感的图形。(×)

237. 轴测图为了作图方便一般多用正等正轴测图。(√)

238. 斜轴测投影图在平行光线投射下，和投影面平行的两要轴线间的角度和尺寸比例会产生变化。(×)

239. 由一个中心点发出的放射光线，使物体在另一个平面上形成的投影图形就是透视图，也称中心透视图。(×)

240. 标准的家具设计过程除了三视图和效果图之外，还需要装配图、部件图和大样图等较复杂图样的配合。（√）

241. 劳动定额是建筑安装工人劳动生产率的一个先进合理的指标，反映建筑安装工人劳动生产率的社会平均水平。（×）

242. 从时间定额和产量定额的关系表达式中可知，当时间定额减少时，产量定额就相应地减少。（×）

243. 在施工过程中，出现不可避免的废料和损耗，不能直接构成工程实体的材料消耗量。（√）

244. 木墙裙有钉槽、拼缝、拼槽的做法，应根据图样做出实样，预制好进行安装。（√）

245. 模板配置、组装时，钉子长度应为木板厚度的 2~3 倍，每块木板与木棱相叠处至少有两个钉子。（×）

246. 楼梯可体现动态空间的静感，体现空间变化的节奏。（×）

247. 人们在平地上行走时的自然跨步跟离是不变的，比在坡地上行走步距要大，随着坡度的提高步距相应缩小，直到垂直攀登时步距仅有水平步距的 1/2。（√）

248. 旋转楼梯的水平投影为圆形，其平台常用角度制表示。（√）

249. 木模渐近法定位放线时在楼梯起步位置下挖好基槽，并按设计要求做好基层。（×）

250. 牵杠可使用与搁栅相同断面规格的木料，宜平放。（×）

251. 各踏步下的牵杠顶撑的长度是不同的，并且同一牵杠下的顶撑也是不同的。（√）

252. 钢筋筏支模法定位放线时在圆心点上预埋一块预埋件，待混凝土硬结后，在预埋件上精确定出圆心十字标志，并用水准仪测定其水准标高。（√）

253. 钢支架的每根钢管牵杠在每条踏步线的位置上，可隔条计算好牵杠两端的高度。（×）

254. 一般来说，旋转楼梯的单侧都应设置连续不中断的扶手，当梯段过宽时，中间也应设有扶手。（×）

255. 旋转楼梯的栏杆扶手是空间螺旋体，应整体制作后再立体拼接。所以只能在分段后的各侧面上进行放样分析。（×）

256. 在两个相邻侧面刨光成直角后，即可根据放样的数据分别进行内、外扶手的画线，由于曲线是错位的，所以必须四个侧面同时画上细线。（√）

257. 各段扶手在栏杆上由下而上拼接时，如榫肩有误差应及时修正。（√）

258. 圆柱螺旋线同时可看做是一条贴于圆柱表面的直角三角形的斜边，该直角三角形的底边等于圆柱底圆的直径，高等于螺距。（×）

259. 木模渐近法通常包括基层找平、平面定位、设立水平标高。（√）

260. 确定达标位置，一般以 2~4 个踏步间隔为宜。（×）

261. 排架就位时必须根据牵杠木桩上的水平标高来控制牵杠两端的面标高，并且用线锤挂准，使牵杠中心线落在相应的已弹好的踏步线上。（√）

262. 钉踏步板时，应逐块用水准尺校正，使上口处于水平状态，如踏步板面有弯曲，应使凹面向上。（×）

263. 活动地板有复合型和钢质型两种，钢质型地板的力学性能优于复合型。（√）

264. 活动地板的安装步骤首先应进行定位弹线。（×）

265. 面板安装完毕后，需对靠墙处的地板进行收边，收边多用 L 型的铝料固定在基层框架上。（×）

266. 内藏灯槽顶棚的施工操作工序与迭级顶棚的操作步骤基本相同。（√）

267. 顶棚的标高线一定是从结构上的标高水平线开始上弹的，按设计图样要求的高度沿墙面或柱面用墨线弹出吊顶的四周标高水平线。（√）

268. 主龙骨安装完毕并校平后，就可分层安装迭级吊顶的次龙骨，一般次龙骨安装从较低一级面的标高装起。（×）

269. 吊筋的间距一般为 900 ~ 1500mm，最常用为 900mm。（×）

270. 反光灯槽应根据设计图样的尺寸预先分节做好，灯槽一般是在安装完大面积的次龙骨并校正平整后才开始安装。（√）

271. 迭级处的面板安装前，要提前对板的断面进行处理，一般为 45°。（√）

272. 仿真顶的基层龙骨用普通的轻钢龙骨平顶，其仿真的部分为玻璃钢，根据设计特殊制作而成。（√）

273. 软包墙面要求基层表面平整，结构牢固质密，如果是水泥砂浆基层，则不需在其表面另做防水处理。（×）

274. 软包墙面防潮处理应均匀涂刷一层清油或满铺油纸，宜用沥青油毡做防潮层。（×）

275. 软包墙面基层的防水处理不能直接满刷防水涂料。（×）

276. 水平弧面顶是在水平面上以迭级的形式曲线造型，该顶适用顶部空间较大的顶棚。（×）

277. 造型顶棚施工工艺和技术要求与一般的木结构吊顶、轻钢龙骨石膏板吊顶及铝合金吊顶基本相同。（√）

278. 活动地板安装时先将活动地板的支架安放在网格线的交接点，然后用配套的轻型槽钢连接各点的支架，形成活动地板的基础框架结构。（√）

279. 小面积的次龙骨间距可以为 400mm×400mm。（×）

280. 结构搁栅校平并固定好后，即可铺面板，面板一般采用硬芯木工板，以保证面层的平整。（×）

281. 我国古建筑台基通常由石块砌筑而成，上铺砖块。（×）

282. 庑殿建筑的檐柱位于建筑物最外围的柱子。（√）

283. 庑殿建筑的五架梁位于矩形四坡屋顶的山面与檐面交角处最下一架的梁，前端与挑檐桁搭交，后尾与正心桁搭交，头部挑出于搭交檐桁之外。（×）

284. 标写大木位置号，应在平面上排出柱子的位置，然后按照柱子的编号写出制作构件的朝向及其所在的位置。（√）

285. 明间面宽丈杆属于总丈杆。（×）

286. 瓜柱柱角半榫适用于各种落地柱的根部，柱与梁架或墩斗相交处。（×）

287. 馒头榫用于直接与梁相交的柱头顶部。（√）

288. 开关号编排方法是从建筑的两边向明间排起，写明这根柱子是哪一幢房子的。（×）

289. 排关号编排方法是由一端向另一端编排。（√）

290. 明清建筑的格扇，有六抹、五抹、四抹、三抹、二抹等数种，依功能和体量大小而异。（√）

291. 在古建筑中，与格扇门共用的窗称为槛窗，槛窗相当于将格扇裙板以上部分去掉，安装在槛墙下，槛墙的高矮由格扇裙板的高度定。（×）

292. 挂落是由棂条花牙子镶搭成流空花纹，同边框一起悬挂于廊柱间的枋子下部件。（√）

293. 格扇分上、下两段，上、下段之比为 7:3。（×）

294. 园林建筑中较为常见的亭类是单檐六角亭，单檐六角亭有六根檐柱，平面上呈正六边形。（√）

295. 六角亭下层柱架安装时先将檐柱按照顺时针方向竖起，同时将搭交箍头枋与檐柱搭接。（√）

296. 六角亭的外檐装修主要指挂落和坐凳楣子，坐凳楣子主要由坐凳面、边框和棂条组成，边框及棂条的制作方法同挂落。（√）

297. 一组斗栱的繁简，常以踩数的多少为标志。（√）

298. 斗栱的安装工艺步骤是草验、存放、逐层安装。（√）

299. 胶合板材将板件按照要求涂胶后组合，可用乳白胶再加压，注意胶要涂均匀，两块互相胶合的板面，两面均需涂胶。（×）

300. 胶合板材的表面修整与砂光，先用 220 目的砂纸砂光，

用刷子或吸尘器清理表面后，再用 180 目砂纸砂光并清理，然后用虫胶清漆涂刷表面即可。（×）

301. 门板内外分别采用枫木、樱桃木饰面胶合板胶合而成，尺寸比门框尺寸小 8mm，进行封边处理。（×）

302. 注意锯削双榫肩时，要先锯削两端，再锯中间，将侧望板与腿上方的卯眼位置对比一下，标注侧望板上的榫头的相应位置再锯削。（√）

303. 边柱由内外两块木板组成，内部木板边缘加工成 1/4 多一点圆弧，外部木板加工成 1/2 多圆柱，锯削成所需长度后安装到上柜体。（√）

304. 木框镶板结构是指在木框中间采用裁口法将各种人造板、玻璃、镜子等镶在木框中间所构成的结构形式。（×）

305. 木框嵌板结构是指在木框内侧用槽口法将各种人造板、玻璃、镜子等嵌在木框中间所构成的结构形式。（×）

306. 无论是木框嵌板结构，还是木框镶板结构，榫槽内部不应施胶，同时需预先留有拼板自由收缩和膨胀的空隙。（√）

307. 框架式脚架大多是由脚架与望板或横挡采用卯榫接合而成的木框结构。（√）

308. 装脚式脚架其实是一种箱框结构，它与柜体底板一般采用连接件拆装式连接，也可用胶粘剂和圆榫或用螺钉进行固定式连接。（×）

309. 旁板落地式脚架是以向上延伸的旁板代替柜脚，两脚间常设望板连接。（×）

310. 高于视平线且位于柜体最上端的水平板件为顶板，低于视平线且位于柜体最上端的水平板件为面板。（√）

311. 背板可封闭柜体，但不能用于加固柜体，对柜体的刚度和稳定性有着不可忽视的作用，当柜体板件之间用连接件接合时，更是如此。（×）

312. 槽口嵌板结构的背板较稳定，但省工省料，一般需在安装柜体的同时装入，多用于中档家具中。（×）

313. 桌面一般常通过望板内侧用木螺钉或加金属片、小木片等固定在望板上。（√）

314. 柜门按不同的安装方式可分为开门、翻门、移门、卷门和折叠门等。（×）

315. 移门启闭时只能敞开柜体的一半，因此不能充分利用室内空间。（×）

316. 建筑施工现场是建筑工人直接从事施工活动、创造使用价值和社会价值的场所，是生产力的直接载体。（√）

317. 施工现场管理按市场需求规律生产、优化生产要素配置，尽可能采用新工艺、新技术，开展技术革新和合理化建议活动，消除施工现场人员的思想和技术业务素质。（×）

318. 施工现场管理是直接从事建筑产品的管理活动，必须以生产合格的建筑产品为目标，表现出施工现场管理具有基础性。（×）

319. 施工现场所有的施工活动和管理工作都是由现场的人去完成的，因此，施工现场管理的核心是人，表明施工现场管理具有群众性。（√）

320. 施工总平面图设计时要求运输道路应有两个以上的进出口，道路末端应设置适宜的回车场地，尽量避免临时道路与铁路或塔轨交叉。（√）

321. 老乡、同学等非正式组织对工程管理组织只会产生负面的影响，工程项目管理组织机构的领导应当正确对待这些非正式组织，使其能够为实现项目管理目标服务。（×）

322. 部门控制式组织形式的人事关系易于协调，人才作用发挥充分，因此适用于大型、专业性较强、需要涉及众多部门的建筑装饰装修工程项目。（×）

323. 事业部式项目组织形式适用于大型经营性企业的工程承包，特别适用于远离公司本部的工程承包。（√）

324. 施工现场布置合理，物料堆放有序，可以临时堆放在场内道路及安全防护措施。（×）

325. 经过施工现场的地下管线，应由发包人在施工前通知承包人，标出位置，加以保护。（√）

326. 全面质量管理的管理对象不仅包括产品质量，还包括工序质量和工作质量，并着重于产品质量的管理。（×）

327. 推动 PDCA 循环，关键在于"总结"阶段。所谓总结，就是指总结经验，肯定成绩，纠正错误。（√）

328. 现场型质量管理小组一般是由管理人员、技术人员和工人"三结合"组成的小组。（×）

329. 服务型质量管理小组一般是以服务行业的职工以及后勤部门的职工为主成立的小组。（√）

330. 工程技术档案是工程建设全过程，在记录、收集、整理过程中，要求必须依据行政和技术的法律、法规，准确、真实地记录。（√）

331. 归档的全部材料都必须是原件，但个别情况除外。（√）

332. 现场应准备必要的医务设施，在施工现场显著位置应张贴急救和有关医院电话号码。（×）

333. 建筑垃圾、渣土应在指定地点堆放，至少三天要清理一次。（×）

334. 每个班组所使用的工具和设备等，要由专门的清洁工清扫。（×）

335. "4S"活动是在西方和日本等国家的一些企业中开展的文明生产活动，就是整理、整顿、清扫和清洁。（×）

336. 凡原施工图无变更的，可在新的原施工图上加盖"竣工图"标志后作为竣工图，无大变更的可在原图上改绘，有重大变更的应重新绘制竣工图。（√）

3.4 填空题

1. 轴测图的真实感不如透视图，但也是一种具有<u>立体感</u>的图形。

2. 正等正轴测图的三根轴线彼此间的角度为120°。

3. 斜轴测投影图是倾斜于投影面的平行光线，对平行于投影面的物体的投影。

4. 轴测投影图的优点是具有立体感和可测性。

5. 透视图是由一个中心点发出的放射光线，使物体在另一个平面上形成的投影图形。

6. 当物体和投影面平行时，放射光线在投影面上的投影就是平行透视图。

7. 当物体和投影面成一定的角度时，即在物体的斜侧观察时，所得的图形为成角透视图。

8. 如果物体的长、宽、高三个方向都不和投影面平行，放射光线对物体在倾斜投影面上的投影称为斜透视图。

9. 标准的家具设计过程除了三视图和效果图之外，还需要装配图、部件图、零件图和大样图等较复杂图样的配合。

10. 家具组装图中的立面图表示家具的主体形状、柜门、抽屉的位置和数量。

11. 劳动定额是在正常的施工技术组织条件下，完成单位合格产品所必需的劳动消耗量的标准。

12. 时间定额是指在一定的生产技术和生产组织条件下，某工种、某种技术等级的工人班组或个人，完成符合质量要求的产品所必需的工作时间。

13. 产量定额是指在一定的生产技术和生产组织条件下，某工程、某种技术等级的班组或个人，在单位时间内应完成合格产品的数量。

14. 材料消耗定额是企业核算材料消耗、考核材料节约或浪费的指标。

15. 单位合格产品所必需消耗的材料数量由材料净用量和材料的损耗量组成。

16. 材料消耗定额是企业签发限额领料单，考核、分析材料利用情况的依据。

17. 施工工艺是将合理的施工程序及劳动力、工具设备、材料等用卡片的形式规定下来，作为施工中执行和检查的依据。

18. 编制工艺卡的总体原则是要有利于施工，且便于管理。

19. 侧模板的厚度一般为 25 ~ 30mm，梁底模板的厚度一般为30 ~ 40mm。

20. 配制好的模板应在反面标明构件名称、编号、规格，分别堆放保管以免运入现场错用。

21. 木模板及其支撑结构所用的木材，应根据当地情况选用，但扭曲严重和脆性的木材不能使用。

22. 旋转楼梯的内外两侧是由同一圆心的两条不同半径的圆柱螺旋线组成的螺旋面分级而成的。

23. 定位放线通常包括基层找平、平面定位、设立水平标高。

24. 搁栅的间距一般以不大于40cm 为宜。

25. 搁栅的长度可以在牵杠设置后直接量取，也可以通过放样或计算得到。

26. 牵杠可使用与搁栅相同断面规格的木料，宜侧放。

27. 螺旋楼梯铺设底板前应先对底板进行加工，底板宜采用同一厚度的木板，以采用底板向心扇形方案。

28. 旋转楼梯的踏步形式有两端挑檐、两端上翻口、直板式三种。

29. 钉踏步板时，应逐步用水准尺校正，使上口处于水平状态。

30. 旋转楼梯的栏杆扶手是空间螺旋体，应分段制作后再立体拼接，所以只能在分段后的各侧面上进行放样分析。

31. 曲面绕锯成单块扶手后，两端按细线锯成拼接斜面，然后两端按拼缝顺序各做雌雄榫。

32. 扶手木料宜用硬木，木料要干燥，含水率一般应控制在5%，以免收缩脱胶，产生裂纹。

33. 旋转楼梯扶手安装栏杆垂直允许偏差为2mm。

34. 旋转楼梯扶手安装间距垂直允许偏差为3mm。

35. 旋转楼梯扶手安装扶手纵向弯曲允许偏差为4mm。

36. 安装扶手栏杆时，如使用电动木工工具进行修正、刨光及照明时，照明应采用36V 低压电源和采用接地保护等其他安全措施。

37. 活动地板也叫复合防静电活动地板，主要应用于大型的计算机机主、通信中心机房、各种电气控制机房、邮电枢纽及指挥中心等的地面装饰。

38. 活动地板又称为装配式地板，其主要的性能是易加工、几何尺寸精确、互换性能好、铺装效果佳。

39. 活动地板主要用于有下送风、下布线要求或有管道等需要将地板架空的环境。

40. 活动地板有复合型和钢质型两种。

41. 弹线一般是从中间弹十字轴线，以避免建筑空间的不方正而产生的不利影响，然后按所定活动地板的规格尺寸弹网格线。

42. 活动地板的面板铺放也是先从中心十字轴线开始，对于边部不足整块的面板，则要根据实际的结构边框进行裁切后安放。

43. 面板安装完毕后，需对不靠墙处的地板进行收边，收边多用L 型的铝料固定在基层框架上。

44. 活动地板的支架及结构连接件质量和硬度必须符合设计要求及施工规范。整体构架无变形、支架与建筑结构基层连接牢固。

45. 活动地板面的清洁可用软布蘸弱碱性的洗涤剂擦洗，随后用干的软布擦干，也可用吸尘器做日常的清洁保养。

46. 反光灯槽是指灯源设置在不可视的位置，从外观仅能看到发出的光带。

47. 反光灯槽的结构形式有多种，常见的有直角、斜角及弧面。

48. 弧面的顶棚是吊顶中工艺最难的一种，但因为其曲面的独特效果，也在很多的家庭装修及公共空间的装修中运用。

49. 顶棚的标高线一定是从结构上的标高水平线开始上弹的，按设计图样要求的高度沿墙面或柱面用墨线弹出吊顶的四周标高水平线。

50. 常见的大面积的平顶次龙骨间距为 $400\text{mm} \times 400\text{mm}$，以便于材料的最有效利用和机电设施的装配。

51. 反光灯槽应根据设计图样的尺寸预先做好，灯槽一般是在安装完大面积的次龙骨并校正平整后才开始安装。

52. 发光顶棚通常用矿棉板顶做龙骨，透光板可方便拆卸式，以便于灯具的更换和维修。

53. 仿真顶棚是一种较为特殊的艺术化顶棚，主要表现出一种模仿现实的山洞顶、大树顶等，以达到一种回归自然的室内装饰效果，当然这也应该是和周围的室内环境相协调。

54. 仿真顶的基层龙骨用普通的轻钢龙骨平顶，其仿真的部分为玻璃钢，根据设计特殊制作而成。

55. 软包墙面是一种以乳胶海绵外覆防火布、皮革等面材的装饰工艺，主要用于室内墙面。

56. 软包墙面所用填充材料、纺织面料和龙骨、木基层板等均应进行防火处理。

57. 软包墙面的防潮处理应均匀涂刷一层清油或满铺油纸，不得用沥青油毡做防潮层。

58. 软包墙面要求基层表面平整，结构牢固质密。如果是水泥砂浆基层，则应该在基表面做防水处理，以防止软包墙面受潮而出现基层翘曲变形或发霉。

59. 我国古建筑的单体房屋，一般由台基、柱墙身和屋面三大部分组成。

60. 我国古建筑主要构造形式是木结构。

61. 古建筑按照屋面造型的不同，分为硬山建筑、歇山建筑、庑殿建筑和圆攒建筑等类型。

62. 庑殿建筑常用于宫殿、坛庙一类的皇家建筑，是我国建筑的最高形式。

63. 庑殿建筑的内部构造主要由正身和山面转角两部分组成。

64. 庑殿建筑的主要构件有柱类构件、梁类构件、枋类构件、桁檩类构件、板类构件，这些构件共同组成古建筑的框架。

65. 古建筑大木制作的第一道工序就是大木画线。

66. 丈杆是古建筑大木制作和安装时使用的一种特殊工具。

67. 馒头榫用于直接与梁相交的柱头顶部。

68. 燕尾榫用于各种需拉结且可用上起下落法安装的部位，还可用于各种枋类水平构件与柱头相交拉结部位。

69. 箍头榫用于枋与柱在建筑物尽端或转角接合部位。

70. 透榫用于穿插枋两端，抱头枋与金柱相交的部位，以及各种需要拉结，但又无法用上起下落法安装的部位。

71. 半榫用于排山梁架后尾与山柱相交处，雷公柱瓜柱与梁背相交处。

72. 十字刻半榫最常用于平板枋十字相交，也用于方形构件的十字搭交。

73. 圆形或带有线条的构件十字相交时，非十字的多角形建筑檩枋，采用十字卡腰榫。

74. 木框嵌板结构是指在木框中间采用槽口法将各种人造板、玻璃、镜子等嵌在木框中间所构成的结构形式。

75. 木框镶板结构是指在木框内侧采用裁口法将各种人造板、玻璃、镜子等嵌在木框中间所构成的结构形式。

76. 无论是木框嵌板结构还是木框镶板结构，榫槽内部不应施胶。

77. 脚架是指桌、柜类家具的底座形式，是支撑家具主体的部件。

78. 搁板是分隔柜体内部空间的水平板件，用于分层陈放物品，以充分利用空间。

79. 抽屉是一种典型的箱框结构。

80. 翻门可分为上翻、下翻和侧翻。

81. 施工现场就是直接建造建筑工程的地点和为建筑工程提供生产服务的场所。

82. 施工现场管理和企业管理是管理的两个层次，前者是局部，后者是整体，两者相辅相成、相互促进。

83. 施工现场管理是直接从事建筑产品生产的管理活动，必须以生产合格的建筑产品为目标。

84. 矩阵式项目组织形式把职能部门的纵向优势和项目组织的横向优势结合起来，形成一种互相交叉的项目组织形式。

85. 事业部式项目组织形式就是由企业成立的一个具有独立经营权的职能部门对建筑装饰装修工程项目进行管理的一种组织形式。

86. 5S活动的整理是指把要与不要的人、事、物分开，再将不需要的人、事、物加以处理。

87. 5S活动的整顿是指把需要的人、事、物加以定量、定位。

88. 工程概况牌包括工程规模、性质、用途，发包人、设计人、承包人和监理单位的名称，施工起止年月等。

89. 项目经理部应根据《环境管理系列标准》建立项目环境监控体系，不断反馈监控信息，采取整改措施。

90. 班组安全生产管理要认真贯彻安全第一、预防为主的方针，加强安全管理，做到安全生产。

91. 全面质量管理就是一个以质量为中心，以全员参与为基础，通过实现让建设单位满意和本组织所有成员及社会受益的目的，而达到长期成功的管理途径。

92. 全面质量管理的工作步骤就是计划、实施、控制、处理，简称PDCA循环。

93. 质量责任制是要明确企业中每个人在质量工作中具体的责任和权力。

94. 计量就是指一个量与作为标准的量进行比较的过程。

95. 质量管理小组的类型有现场型、服务型、攻关型和管理型。

96. 工程技术档案是指对作为信息载体的所有技术资料进行有序地收集、加工、分解、编目、存档，并为项目各参加者提供专用的和常用的信息的过程。

97. 竣工工程项目一览表包括竣工工程名称、位置、结构、层数、面积和附有设备、装置等。

98. 技术交底包括设计交底、施工组织设计交底、主要分项工程施工技术交底、合同要点交底等。

99. 工程质量事故的发生和处理记录包括事故报告、处理方案和实施记录。

100. 分包工程有关设计变更和洽商记录应通过装饰总承包单位办理。

3.5 简答题

1. 在工程现场，劳动管理工作主要包括哪些主要内容？

答：合理使用和调配劳动力、改善劳动组织、提高劳动生产率。建立健全劳动定额，做好劳动定额管理工作。采取适当的有利于调动施工人员生产积极性的工资形式和奖励办法，正确处理国家、集体和职工个人三者间的利益关系，维护劳动纪律，进行劳动纪律教育，提高出勤率和工时利用率。

2. 试述大模板的操作工艺顺序。

答：大模板的操作工艺顺序一般为：找平放线—外墙砌砖—敷设钢筋—固定门窗框—安装模板—安装外墙板—墙板接缝防水—浇筑混凝土—拆除模板—整修混凝土墙面—养护混凝土—安装预制构件—板缝施工—内外墙装修。

3. 旋转楼梯栏杆扶手的施工注意事项有哪些？

答：（1）扶手各段接头不严密，线条不通畅，有戗槎：放样计算错误，特别是分段圆弧半径和螺旋曲线坡度有误时，导致圆弧曲面的先天隐患，使安装对接时发生曲线不通顺流畅，接头角不严密，因此放样必须正确。

各段接头处，最后一道工序是用凸形圆底刨刨光，圆底的曲率，最好按内、外扶手放样所得圆弧改制，先刨外扶手，完毕后再用修正内扶手的专用刨，以彻底避免戗槎和毛刺等缺陷。

（2）扶手接头松动、开裂：木材含水率超过标准，导致木材收缩过大而引起榫头松动。因此，扶手木料必须用符合干燥标准的硬木；榫头制作不精确，以彻底避免戗槎和毛刺等缺陷。

（3）应注意的安全事项：安装扶手栏杆时，应几人为一工作小组，配合施工，防止扶手栏杆和工具下落伤人；雪、霜、雨后应先清扫楼梯，略干不滑时再进行安装工作；楼梯上不应堆放过多未装的扶手栏杆，以免意外下落；如使用电动木工工具进行修正、刨光及照明时，照明应采用 36V 低压电源和采用接地保护等其他安全措施。

4. 简述活动地板的性能及主要应用的场所。

答：活动地板又称为装配式地板，其主要的性能是易加工、几何尺寸精确，互换性能好，铺装效果佳。主要用于有下送风、下布线要求或有管道等需要将地板架空的环境。如大型的计算机机房、通信中心机房、各种电气控制机房、邮电枢纽及指挥中心等。

5. 试述活动地板的主要两种类型及各自的特点。

答：活动地板有复合型和钢质型两种。钢质型的力学性能优于复合型；活动地板的防静电面层材料有三聚氰胺和 PVC 等。后者的力学性能和电性能均优于前者。

6. 试述发光顶棚的施工技术与要求。

答：发光顶棚一般是指灯具隐藏在吊顶之内，顶的面材为一种透光的材料（如透光有机板、PS 板、彩绘玻璃等），以使整个顶部发亮，同时像彩绘玻璃的发光顶还具有较强的顶部装饰效果，此类的吊顶通常用矿棉板顶的龙骨，透光板是可方便拆卸式，以便于灯具的更换和维修。

7. 旋转楼梯的扶手制作完成后，出现各段接头不严密、线条不通畅、有戗槎的现象，请分析原因并指出预防办法。

答：产生这种现象的原因是：放样计算错误，特别是分段圆弧半径和螺旋曲线坡度有误时，导致圆弧曲面的先天隐患，使安装对接时发生曲线不通顺流畅，接头角不严密，因此放样必须正确。

防治方法是：各段接头处，最后一道工序是用凸形圆底刨刨光，圆底的曲率，最好按内、外扶手放样所得圆弧改制，先刨外扶手，完毕后再用修正内扶手的专用刨，以彻底避免戗槎和毛刺等缺陷。

8. 旋转楼梯的扶手制作完成后，出现扶手接头松动、开裂的现象，请分析原因并指出预防办法。

答：出现这种现象的原因是：木材含水率超过标准，导致木材收缩过大而引起榫头松动。

防治方法有：扶手木料必须用符合干燥标准的硬木；榫头制作精确，以彻底避免戗槎和毛刺等缺陷。

9. 举例说明大木画线的操作方法。

答：制作檐柱，首先要进行大木画线的操作，方法是：

（1）在已经砍好的柱料两端画上迎头十字中线。

（2）把迎头中线弹在柱子长身上。

（3）用柱高丈杆在一个侧面的中线上点出柱头、柱脚、馒头榫、管脚榫的位置线和枋子口线。

（4）根据柱头、柱脚位置线，弹出柱子的升线。

（5）以升线为准，用方尺画出扦围柱头和柱根线。

（6）画柱子的卯眼线。小式檐柱两侧有檐枋枋子口，进深方向有穿枋眼，画枋子口时为了保证枋子口与地面垂直，要以垂直地面的升线为口子中来画线。

10. 简述大木安装的基本原则。

答：大木安装的基本原则是："先内后外，先下后上；下架装齐，验核丈量，吊直拨正，牢固支戗；上架构件，顺序安装；中线对应，勤校勤量；大木装齐，再装橡望；瓦做完工，方可撤戗"。"先内后外"是指先安装里面的构件，再安装外面的构件。"先下后上"是指先安装下面的构件，后安装上面的构件，最后安装屋面的构件。"下架装齐，验核丈量"是指当大木安装之下架构件齐全时，就停止安装，用丈杆认真核对各部面宽、进深尺寸，看看有无闯退中线的现象。安装过程中必须按照木构件上标写的位置号来进行安装，不能调换构件位置。

11. 简述大木安装时可能出现的问题及防治办法。

答：（1）构件表面有劈裂、小型构件翘曲变形。

原因：构件加工时，木材的含水率过高，并没有经过干燥处理。小型构件制成后没有置于室内存放，在阳光照射下干燥过快产生变形。

防治方法：在加工之前把握好木材的干燥程度，在加工成成品以后注意成品的存放与保护，防止日晒雨淋；木材的品种和质量要符合设计要求。

（2）廊架的穿插枋、箍头枋和抱头梁等构件在立柱安装后不水平。

原因：立柱没有用线锤将升线挂垂直，导致安装错误。

防治方法：在檐柱制作时一定要以升线为准线凿卯眼，立柱时以升线为准挂垂线。

（3）大木安装时构件连结困难，尺寸难以控制。

原因：柱、梁构件的卯榫过于紧或过于松，使得梁与柱的连接与定位难以进行，轴线尺寸难于控制；构件上的中心线在制作过程中刨去，使得安装无基准可依。

防治方法：制作卯榫时注意松紧适度。画线时，对应的卯榫宽窄一致。制作时，凿眼要齐线，制榫可以当线或留线，使卯榫插入时左右有 1～2mm 的缝隙。卯眼内壁铲凿要平整，榫头表面要锯平。在卯眼的竖直方向，要凿的卯眼的尺寸比卯眼高 1/10，以便于大木安装。

12. 简述六角亭的操作工艺步骤。

答：六角亭的操作工艺步骤一般为：定位编号—备料—丈杆制备—构件制作—大木安装—外檐装修。

13. 古建筑的柱类构件年久后容易出现哪些问题？如何修缮？

答：（1）柱身糟朽如柱身表面糟朽大于等于1/2圆周，糟朽深度小于等于1/5柱径。修缮方法为包镶法，即用锯、扁铲等工具将糟朽部分刻剔干净，并用木料包镶至原柱径，修整浑圆，用铁箍缠箍结实。

（2）柱根糟朽如柱根糟朽面大于1/2截面且柱心有糟朽，糟朽高度等于1/5～1/3柱径。修缮方法为墩按法。将梁、枋临时支撑，截掉糟朽部分，用刻半榫或抄手榫法，换上新料。接槎部分用铁箍2～3道箍牢。露明柱的墩接高度小于等于1/5柱高，墙内柱的墩接高度小于等于1/3柱高。

（3）柱子高位糟朽或折断修缮方法为轴换法。用临时支撑将梁、枋撑牢，支起，抽出原柱，换上新柱，在将梁枋复位。本法只适用于檐柱与之穿插件较少的柱。

14. 古建筑的木构架年久后容易出现哪些问题？如何修缮？

答：（1）歪斜：修缮方法为打榫拨正法。首先将歪斜严重的部件用支撑撑牢，防止进一步歪斜，然后揭去屋面，拆去山墙，露出木构架，并将木构架中的卯榫木榫、卡口、铁件拆去。再次在柱面复上中线、升线，向木构架反方向支顶，使歪斜拨正。最后重新固定木构架卯榫，复砌山墙，盖上屋面，拆除支撑。

（2）部分构件严重拨榫弯曲、腐朽、劈裂或折断：修缮方法有两种：一种是归安法，对拨榫构件重新归位，并用铁件加固，塞好胀眼、卡口；另一种方法是拆安法，首先将原有构件拆下，做好编号，其次对其损坏轻微的构件进行整修，损坏严重的需要进行更换，最后按照木构架的安装顺序进行安装。

15. 古建筑的檐步架屋面木构件年久后容易出现哪些问题？如何修缮？

答：糟朽、腐烂。修缮方法为更换法。揭去檐步架瓦面、望板、飞椽和檐椽，更换新件。翼闪、翘飞和老角梁、仔角梁腐朽也应一起更换，最后重新覆盖瓦面。

16. 古建筑的斗拱年久后容易出现哪些问题？如何修缮？

答：斗拱一般可采取添配修补进行修缮。添配制作时一定要遵循建筑所处时代的风格和样式，不得随意更换。对于劈裂、断纹能对齐的斗拱，可以用粘胶的方法修缮。

17. 古建筑的修缮方法有哪些？请举例说明。

答：承受屋面荷载的木构架，年长日久后会发生倾斜和损坏，必须进行修缮。木构架的修缮处理方法一般有包镶法、墩按法、轴换法、打槫拨正法、归安法、拆安法、更换法等。例如：柱身表面糟朽大于等于1/2圆周，糟朽深度小于等于1/5柱径。修缮方法为包镶法，即用锯、扁铲等工具将糟朽部分刻剔干净，并用木料包镶至原柱径，修整浑圆，用铁箍缠箍结实。如果柱根糟朽面大于1/2截面且柱心有糟朽，糟朽高度等于1/5~1/3柱径。修缮方法为墩按法。将梁、枋临时支撑，截掉糟朽部分，用刻半榫或抄手榫法，换上新料。接槎部分用铁箍2~3道箍牢。露明柱的墩接高度小于等于1/5柱高，墙内柱的墩接高度小于等于1/3柱高。

18. 施工现场管理有哪些特点？

答：（1）施工现场管理具有基础性。

（2）施工现场管理具有系统性。

（3）施工现场管理具有群众性。

（4）施工现场管理具有开放性。

（5）施工现场管理具有动态性。

19. 施工现场总平面图设计时，临时水电管网和其他动力设施的布置的要求有哪些？

答：建筑装饰阶段的水、电用量一般不会超过结构施工期间的流量或负荷。应尽量利用已有的或永久性线路与设备，减少临时设施费用。当其不能满足要求时，可考虑铺设临时线路和设施，要求如下：

（1）需自行解决水源时，应设置抽水设备和加压设备，临时水池、水塔应设在用水中心和地势较高处。临时供水管线要经过设计计算，其中包括用水量计算（根据生产用水、机械用水、生活用水、消防用水）、配水布置、管径的计算等，然后进行布置。

（2）临时供电设计，包括用电量计算，电源选择，电力系统选择和配置。用电量包括施工用电（电动机、电焊机、电热器等）和照明用电。临时总变电站应设在高压线引入工地处，避免高压线穿越工地。需自行解决电源时，应将发电设备设在现场中心。

（3）管网一般应沿道路布置，供电线路应避免与其他管道设在同一侧。主要供水管线宜采用环状布置，孤立点可设枝状。工地主要电力网一般为 3～10kV 高压线，沿主干道采用环形布置；380/220V 低压线采用枝状布置。水管宜暗埋，电线可架空布置，距路面或建筑物不少于 6m。

（4）根据防火要求，现场应设置足够的消防站、消防栓。消防用水管线直径不得小于 D100mm。消防栓间距不大于 120m。消防栓应布置在十字路口或道路转弯处的路边，距路不超过 2m，与房屋的距离不大于 25m，也不小于 5m；消防栓周围 3m 以内不能有任何物料，并设置明显标志。

20. 施工现场总平面图设计时，仓库及材料堆场的布置有哪些注意事项？

答：建筑装饰工程施工组织总设计所考虑的仓库按其用途分为中心仓库和现场仓库。中心仓库用以储存整个项目、大型施工现场材料；而现场仓库则为具体的某项建筑装饰项目服务。通常在布置仓库时，应尽量利用永久性仓库或延用结构施工阶段的仓库。若需新增或重新布置仓库时，中心仓库应布置在工地中央或靠近使用的地方，也可以靠近内外交通连接处布置。水泥、砂、木材等需要加工的材料应布置在加工点附近；能够直接使用的材料、构配件或加工品，其仓库和材料堆应接近使用地点或垂直运输设备附近，以减少运距和避免二次搬运。仓库应位于平坦、宽敞、交通方便之处，且应符合安全和防火规定。

21. 简述总平面图设计时，场外交通道路的引入及场内道路布置的方法及注意事项。

答：场外运输可采用铁路、水路、公路等运输方式。在建筑装饰阶段可继续延用基础、结构施工阶段交通运输的引入形式，改造或新建场内运输道路，以满足建筑装饰阶段的运输要求。当大批材料从公路运进现场时，应考虑城市有关建筑现场占道的管理规定，将仓库及生产加工场所布置在最经济、合理的地方，然后再来布置通向场外的公路线。在布置场内运输道路时，应根据加工厂、仓库及各施工对象的相对位置，研究货物转运图，区分主要道路和次要道路，进行道路的规划。规划场区道路时，应考虑以下几点。

（1）尽量利用永久性道路和已有临时道路，合理规划临时道路与地下管网的施工程序。当已有的临时道路不能满足建筑装饰施工要求时，应首先考虑能否提前修筑拟建的永久性道路或先修筑路基和简易路面，为施工所用，以达到节约费用的目的。若地下管网图样尚未出全，必须采取先修筑道路、后施工管网的顺序时，临时道路就不能完全布置在永久性道路的位置，以免开挖管沟时破坏路面。

（2）临时道路要将加工厂、仓库、堆场和施工点连接贯穿起来，并尽量减少其长度。

（3）保证运输道路畅通。道路应有两个以上进出口，道路末端应设置 12m×12m 的回车场地，尽量避免临时道路与铁路或塔轨交叉，若必须交叉，宜为正交场内道路干线应采用环形布置，主要道路宜采用双车道，路面宽度不小于 6m；次要道路宜采用单车道，宽度不小于 3.5m。转弯处要满足所进车辆对转弯半径的要求。

（4）选择合理的路面结构。对于永久性道路应按设计要求施工；场区内外的临时干线和施工机械行驶路线宜采用碎石路面，以利于修补；场内支线可为土路、砂石路或炉渣路。

22. 施工现场总平面图设计要遵循哪些原则？

答：为了保证施工总平面图的可行性与合理性，设计时应遵循以下几条原则：

（1）充分利用现有场地，使整体布局紧凑、合理。

（2）合理组织运输，保证运输方便、道路畅通，减少运输费用。

（3）合理划分施工区域和存放场地，减少各工程之间和各专业工种之间的相互干扰。

（4）充分利用各种永久性建筑物和已有设施为施工服务，降低临时设施的费用。

（5）生产区与生活区适当分开，各种生产生活设施应便于使用。

（6）应满足劳动保护、安全防火及文明施工等要求。

23. 列举建筑装饰装修工程项目管理组织机构设置的原则。

答：建筑装饰装修工程项目管理组织机构设置的原则有：目的性明确，管理跨度适中，分工协作，分层统一，精干高效，集权与分权相结合，稳定与变化相结合，责、权、利相对应，执行与监督分设，正确对待非正式组织等。

24. 建筑装饰装修工程项目组织的形式有哪几种？应当遵循什么原则？

答：建筑装饰装修工程项目组织的形式有以下几种：直线式组织形式、项目团队式组织形式、部门控制式组织形式、矩阵式项目组织形式、事业部式项目组织形式。一般情况下，应遵循以下原则：

（1）适应建筑装饰装修工程项目的一次性的特点，使项目的资源配置需求可以进行动态的优化组合，能够连续、均衡地完成装饰装修工程项目管理的任务。

（2）有利于建筑装饰装修工程项目管理依靠企业的正确战略决策及决策的实施能力，适应复杂多变的市场竞争环境和社会环境，以便加强建筑装饰装修工程项目的管理，取得综合效益。

（3）有利于强化对内和对外的合同管理，有效地处理合同纠纷，提高企业的信誉。

（4）组织形式要为项目经理的指挥和企业对项目经理部的管理提供有利的条件，要有利于提高管理效率。

（5）要根据建筑装饰装修工程项目的规模、项目与企业本部的距离及项目经理的管理能力确定建筑装饰装修工程项目管理的组织形式，使层次简化，分权明确，指挥灵便。

25. 中小型建筑装饰项目适合于哪种项目组织形式？这种组织形式有什么优点和缺点？

答：中小型项目一般采用直线式组织形式。因为，当项目比较大的时候，各部门之间的协调十分困难，资源不能得到合理的使用。

直线式组织中的各种职位均按直线排列，项目经理直接进行单线垂直领导。其优点是：责任、权力、利益关系明确；等级明显，命令统一，不会出现接受任务中的矛盾；管理人员能够直接掌握工程信息，信息传递的速度快；上级管理部门可以对下属充分授权而不引起混乱，不需要更多的协调意见。缺点是：组织的可变性和适应性不强；各专业部门之间的横向联系困难；过于集权，项目经理的责任重大；项目的中间控制比较困难。

26. 简述建筑装饰装修工程中项目团队式组织形式的优缺点及适用范围。

答：项目团队式组织形式是完全按照对象原则的管理机构，企业职能部门处于服务地位。

优点：项目管理班子成员是项目经理从职能部门招来的专业人才，他们在项目管理中互相配合、协同工作，有利于培养一专多能的人才并充分发挥其作用；各专业人才集中到现场办公，减少了等待时间，办事效率高，解决问题快；项目经理权力集中，决策及时，指挥灵活；减少了项目与职能部门的结合部，弱化了项目与企业的结合部关系，减少了行政干预，易于协调关系，使管理工作易于开展；保留了企业的原有建制。

缺点：各类人员在同一时期内所担负的管理工作任务可能有很大差别，容易产生忙闲不均，可能导致人员浪费；项目管理班子成员由于来自不同的部门，具有不同的专业背景，会出现配合不利的情况，人员配合工作需要一段时间的磨合；项目管理班子成员由于离开了自己熟悉的工作环境和配合对象，容易影响其工作能力的发挥；职能部门的优势作用无法发挥。由于同一部门人员分散，交流困难，难以进行有效的培养和指导，削弱了职能部门的工作。这种组织形式适用于大型项目、工期紧迫的项目和要求多工种、多部门密切配合的项目。当人才紧缺而同时又有多个项目需要按这一组织形式进行时，或者对管理效率有很高要求的时候，不宜采用这种组织形式。

27. 简述建筑装饰装修工程中部门控制式组织形式的特征及适用范围。

答：部门控制式组织形式是按照职能原则建立的项目组织，是在不打乱企业现行建制的条件下，把建筑装饰装修工程项目委托给某一专业部门或施工队，由单一部门的领导负责组织项目实施的项目组织形式。它的特征是：按照职能原则建立的项目组织，没有打破企业现行的建制；把项目委托给专业部门或施工队，由被委托单位的领导，在本单位选人组成负责实施项目组织；项目组织机构成员在项目结束后恢复原职。适用于小型、专业性较强、不需要涉及众多部门的装饰装修工程项目。

28. 简述建筑装饰装修工程中事业部式项目组织形式的优缺点。

答：事业部式项目组织形式就是由企业成立的一个具有独立经营权的职能部门对装饰装修工程项目进行管理的一种组织形式。

特征：事业部是企业的一个职能部门，相对于企业外部具有独立的经营权，是一个独立的单位；事业部可以按地区设置，也可以按工程类型或经营类型设置；事业部下设项目经理部，项目经理由事业部选派，一般对事业部负责，有时也可以对建设单位负责。

优点：能够迅速适应环境变化，提高企业的应变能力，调动部门积极性；有利于延伸企业和项目的经营职能，扩大业务范围，开拓业务领域；既可以加强经营战略管理，又可以加强项目管理。当企业向大型化、智能化发展并实行作业层和经营管理层分离时，事业部式项目组织形式是一种很受欢迎的组织形式。

缺点：企业对项目经理部的约束减弱，协调指导机会减少，有时会造成企业结构的松散；要求企业有较强的制度约束机制，企业经理有较强的综合管理能力。适用范围适用于大型经营性企业的工程承包，特别适用于远离公司本部的工程承包，也适用于在一个地区内有长期市场或一个企业有多种专业化施工时采用。

29. 选择建筑装饰装修工程项目管理的组织形式要从哪些方面考虑？

答：一般来说，可以按以下思路来选择建筑装饰装修工程项目管理的组织形式：

（1）对于人员素质好、管理基础强、业务综合性强、可以承担大型任务的大型综合企业，宜采用矩阵式、项目团队式、事业部式的项目组织形式。

（2）简单项目、小型项目、承包内容单一的项目，应采用部门控制式项目组织形式。

（3）在同一企业内可以根据项目的具体情况采用几种项目组织形式，如将事业部式与矩阵式的项目组织形式结合使用，将项目团队式项目组织与事业部式结合使用等。但不能同时采用矩阵式和项目团队式，以免造成管理渠道和管理秩序的混乱。

30. 施工现场文明施工中，要坚持开展"5S"活动，请简述"5S"活动的含义。

答："5S"活动是在西方和日本等国家的一些企业中开展的文明生产活动。所谓"5S"，就是整理（SEIRI）、整顿（SEITON）、清扫（SEISO）、清洁（SEIKEETSU）、素养（SHITSUKE）这五个词的日语中罗马拼音的第一个字母都是"S"，即将其简称为"5S"。"5S"活动是指对生产现场各生产要素（主要是物的要素）所处的状态不断地进行整理、整顿、清洁、清扫和提高素养的活动。企业通过开展"5S"活动，达到文明生产的目的。

31. 装饰工程接近交工阶段要进行收尾工作，收尾工作的主要内容有哪些？

答：装饰工程接近交工阶段，不可避免会存在一些零星、分散、量小、面广的未完成项目，这些项目的总和与竣工准备工作、善后工作共称为收尾工作。收尾工作主要有：

（1）组织有关人员逐层、逐段、逐部位、逐房间地进行查项，检查施工中有无丢项、漏项。一旦发现丢项、漏项，必须立即确定专人定期解决，并在事后按期进行检查。

（2）保护成品和进行封闭。对已经全部完成的部位或查项后修补完成的部位，要立即组织清理，保护好成品，依可能和需要，按房间或层段锁门封闭，严禁无关人员进入，防止损坏成品或丢失零件，这项工作实际上从装修工程完毕之时即应进行尤其是高标准、高级装修的建筑工程（如高级宾馆、饭店、医院、使馆、公共建筑等），每一个房间的装修和设备安装一旦完毕，就要立即加以封闭，甚至派专人按层段加以看管。

（3）修补工作。建筑装饰工程在频繁交叉施工的过程中，必然会造成一些成品损坏或污染；在不同工程施工中，它们各自工作之间的"结合部"也会出现一些不完善的缝隙。在工程收尾时，必须进行修补。

（4）清理工作。建筑装饰工程的目的之一，就是给建设单位以美的感观，清洁、整齐就是美感的要素，因此清理工作也是建筑装饰工程项目收尾工作的重要内容之一。

32. 装饰工程接近交工阶段要组织施工人员进行工程的收尾工作，收尾工作的组织要注意哪些问题？

答：收尾工程量小、面广，易被忽视，结果交工日期一再拖延。为了保证按时交工，在组织收尾工程时应注意：加强计划的预见性，提前安排"结合部"工作；接近竣工时，提前对照设计图样和预算项目核对已完成工程，列出未完成项目；交工前组织预检，逐个房间查明所有未完成项目，并用"即时贴"在现场标明其部位；争取得到建设单位和设计单位的配合，避免因建设单位供料延误引起"甩项"，工程变更早做决定，不临时追加；组织若干专业班组，按收尾项目不同类型分别扫尾。

33. 建筑施工现场材料的堆放方法有哪些？

答：建筑装饰材料的堆放方式如下：

（1）箱形堆放。凡呈箱形立方体的物品，宜用此种方式。

（2）三角形堆放。凡呈圆形或管状的物品，可采用此种方式。

（3）阶梯形堆放。凡呈方形物体，宜采用此种方式。

（4）梅花形堆放。凡呈桶形物体，可选用此种方式。

（5）纵横交叠式。凡呈长方形，且需保持物品干燥时，宜采用此种方式。

（6）交错叠式。凡为便于计数，且呈平板形物体，可采用此种方式。

（7）平面堆放式。凡平板型物件，常采用此种方式。

（8）箱内存放式。凡呈圆球等形的小单件物品，可采用此种方式。

（9）多层台架式。凡需利用空间，增加堆放高度，可选用此种方式。

（10）各类货架式。凡规格繁多的小件物品，宜采用此种方式。

34. 简述班组质量管理的"三检"和"三按"制度。

答：班组质量管理的"三检制度"：即自检、互检、专职检。自检：自我检查、自己区分合格与不合格、自做标识、严格控制自检正确率；互检：在一起工作的工友互相检查，互相督促，共把质量关；专职检：即专职人员检查，对完成的施工工序或部位，及时通知工地技术员、质量检查员，按质量标准进行检验验收，合格产品须填写表格，进行签字，不合格产品要立即组织原施工人员进行维修和返工。"三按"制度，即：严格地按施工图、按标准或章程、按工艺进行施工。

35. 全面质量管理的特点是什么？

答：全面质量管理的特点是：全面、全员、全过程。

全面：全面质量管理的管理对象不仅包括产品质量，还包括工序质量和工作质量，并着重于工作质量的管理。要求以提高工作质量水平来保证工序质量，以控制工序质量来保证产品质量。

全员：产品质量是企业各项管理的综合反映，关系到企业的每个部门和人员。因此，加强质量管理必须由企业领导亲自抓，才能推动和协调各部门的工作；另一方面，必须动员和教育企业的全体人员共同参与质量管理工作，特别是不断提高本岗位的工作质量。

全过程：要对影响产品质量的所有环节，如研究设计、生产制造、售后服务等进行管理，将不合格的产品消灭在生产的过程中，必须将质量管理从单纯的事后检查、管"结果"的方式，转为事先控制、管理影响质量的"因素"的方式。

36. 什么是全面质量管理的质量责任制？举例说明。

答：质量责任制是要明确企业中每个人的质量工作中具体的责任和权力。在项目管理中，要把保证质量的各项职能分别落实到项目经理、项目工程师、技术员、材料员等管理人员、工长、工人班组长和操作工人等施工作业人员的身上。使大家尽职尽责，共同努力，提高质量。项目经理是工程质量管理工作的领导者和组织者，对保证工程质量起决定性作用。

例如，某重点工程在建设过程中，总是出现一些质量问题，如吊顶轻钢龙骨骨架不平整、木龙骨开裂、变形等，使建设单位和监理单位很伤脑筋，经过调查发现，施工单位项目经理为了控制成本，在材料上做了手脚，审级审规，用非标件和假烘干料来代替合格材料。后来对该项目经理进行撤换，令不合格材料全部退场，并对该单位进行处罚，才使该重点工程的质量走上正轨。

37. 在工程技术档案积累时应注意哪些？

答：（1）工程技术档案是工程建设活动中的第一手材料，要如实的反映活动真实情况，不能伪造，应具有准确性和原始性。

（2）对工程质量评价、各职能部门对工程的鉴定意见应客观公正。

（3）城市工程建设活动形成的文字材料、图样、音像等应根据实际有选择的收集归档，特别重要的建设项目，隐蔽工程不单是为工程项目利用，而是要为后人研究分析历史，经济提供有价值的工程档案材料，要力争收齐完整。

（4）工程技术档案的内容应系统、完整，整理规范，便于保存，查找利用方便。

（5）工程技术档案管理人员工作应及时到位，加强监督检查，主动深入工程施工现场跟踪提供业务指导，保证工程竣工后的竣工图和竣工验收材料以及施工期间的工程技术材料和管理文件材料，能够及时、真实、准确、完整的收集归档移交。

38. 建筑装饰工程竣工验收时，除了必须符合国家规定的竣工标准之外，还应整理出哪些文件？

答：建筑装饰工程竣工验收的依据，除了必须符合国家规定的竣工标准之外，在进行工程竣工验收和办理工程移交手续时，还应整理出下列文件：

（1）建设单位同施工单位签订的工程承包合同。

（2）工程设计文件（包括：建筑装饰工程施工图样、设计文件、图样会审记录、设计变更洽商记录、各种设备说明书、技术核定单、设计施工要求等）。

（3）国家现行的建筑装饰工程施工及验收规范。

（4）相关的国家现行施工验收规范。

（5）甲、乙双方特别约定的建筑装饰施工守则或质量手册。

（6）分部分项工程的质量检验评定表。

（7）有关施工记录和构件、材料合格证明文件。

（8）引进技术或进口成套设备的项目还应按照签订的合同和国外提供的设计文件等资料进行验收。

（9）上级主管部门的有关工程竣工的文件和规定。

（10）凡属施工新技术，还应按照双方签订的合同书和提供的设计文件进行验收。

39. 工程竣工验收资料主要内容有哪些？

答：工程竣工验收资料的主要内容有：

（1）竣工工程项目一览表：包括竣工工程名称、位置、结构、层次、面积和附有设备、装置等。

（2）图样会审记录。

（3）材料代用核定单。

（4）施工组织方案和技术交底资料。

（5）材料、构配件、成品出厂证明和检验报告。

（6）施工记录。

（7）建筑装饰施工试验报告。

（8）预检记录。

（9）隐检记录。

（10）建筑装饰工程质量检验评定资料。

（11）交竣工验收书。

（12）设计变更、洽商记录。

（13）竣工图。

（14）施工日记。

（15）其他（封面、总目录）。

40. 简述建设工程项目档案归档的程序。

答：建设工程项目档案归档的程序是：

（1）建设单位向当地城建档案馆提出档案验收申请，并将申报材料送当地城建档案馆进行核查，在 7 个工作日内对不具备档案验收条件的，提出整改意见。

（2）当地城建档案馆在受理验收申请后 3 天内，派人员对档案实体进行预验收。

（3）预验收意见整改后，进行正式验收，验收合格的，在 7 个工作日内发给《建设工程竣工档案认可意见书》，不合格的，建设单位在 7 个工作日内完成整改，当地城建档案馆重新组织验收。

（4）完成归档后，当地城建档案馆应出具《建设工程竣工档案接收清单》。

41. 对某一大面积的框架结构的模板工程经验收合格后，从一个角开始浇捣混凝土。试分析这种混凝土浇筑方案对模板的影响，并提示较好的混凝土浇捣路线。

答：这种混凝土的浇捣路线，对模板产生一种侧向推力。由于整个模板在浇筑混凝土中受力不平衡，浇筑处的模板往下沉，未浇混凝土的模板有向外倾斜的趋势，因而有可能造成模板倾斜，直至倒塌。为了防止这种情况的出现，混凝土的浇捣路线应从中间向两边（四边）进行，或由两边（四边）向中间进行，以使模板受力平衡。

42. 某一框架柱高 4m，当混凝土浇捣时从柱顶直接灌入。试分析这种做法的不利影响，并提出较好的措施。

答：这种施工方法使混凝土产生离析现象，严重地影响了混凝土的质量，应尽量避免此做法。一般在柱模中设置门子板，使混凝土分段灌入柱中。或者采用泵送混凝土的施工方法，把泵喷送混凝土的头部伸入柱中，以减少混凝土自由落距。

43. 说明混凝土构件蜂窝麻面的产生原因，并指出预防措施。

答：混凝土构件中出现蜂窝麻面，主要是由浇筑混凝土时漏振或模板漏浆而形成的。应该按规定振实混凝土，并在模板的安装中，认真进行缝隙处理以防漏浆。

44. 说出拆模时发现雨篷断裂的原因，并指出预防措施。

答：雨篷断裂原因有以下几个：

（1）钢筋的方向放反，即负钢筋放在板底，造成受力不适；

（2）混凝土的实际施工标号低于设计标号；

（3）混凝土的养护期不到或混凝土施工工艺不对。为了防止雨篷断裂，应按设计要求绑扎钢筋和按设计标号控制混凝土的配合比，在浇捣混凝土时应使钢筋保持良好的架立位置，并振实混凝土。在雨篷的混凝土没有达到设计标号前，不得拆除模板。

45. 说出浇筑混凝土时发生爆模板壳子的原因，并指出预防措施。

答：发生爆模板壳子的原因有以下几点：

（1）模板没有安装好、固定牢；

（2）浇捣振实混凝土时，振动器直接靠在模板上，振动过大；

（3）倾倒混凝土时的冲击力过大，施工荷载过分集中。

为防止发生爆模板壳子的现象发生，应该：

（1）模板安装牢固好，在浇筑混凝土前应全面检查两次，浇捣混凝土过程中应派木工值班"君壳子"；

（2）施工中应不过分集中堆放物件，避免施工荷载过分集中；

（3）振动器不应直接靠在模板上振实混凝土。

46. 说明窗口与窗边泛水渗水的原因。

答：（1）窗的制作质量问题，造成从窗口中被风吹进雨水；

（2）窗安装中，因固定位置不对，造成窗樘发生变形而出现渗水；

（3）窗樘与墙之间的缝隙所用嵌缝材料不对或没有嵌密实而使水渗入；

（4）外窗台的抹灰装饰做得不对，即抹灰层没有从樘子底出面，而是从樘子侧面抹出，形成抹灰裂缝而渗水。

47. 说明木门窗发生翘曲、变形的原因及防治措施。

答：木门窗发生翘曲、变形，是由于以下原因所造成的：

（1）制成木门窗的材料不好，或含水量过大；

（2）制作木门窗中没有按要求生产，造成本身产品质量低劣；

（3）在运输中，随便放置，受到人为的损坏而使之变形；

（4）在堆放中，放置于不平之处，没有按要求放置平整，没有采取遮阳防雨的措施；

（5）在安装时，其垂直度与平整度的误差过大，尤其是安装樘子时没有使樘子推在同一垂直平面中；

（6）在日常的使用中，由于房屋不均匀沉降、开裂，也会使木门窗发生翘曲和变形。

为了不使木门窗出现翘曲变形的现象出现，应在木材的选材、木门窗的制作、运输、堆放、安装时按相应的施工要求进行，并应设计合理。

48. 一般分析出现质量问题时，应该从哪几个方面去思考原因？

答：一般应该从以下几个方面去找原因：

（1）从原材料或构件的质量、规格上找原因；

（2）从基层或前道工艺中找原因；

（3）从半成品的制作质量找原因；

（4）从本工种工艺的操作质量中找原因；

（5）从产品保护及相应后一道工艺操作中找原因；

（6）从设计的科学性及合理性中找原因。

49. 一般现场预制构件拆模后发生断裂原因有哪些？

答：（1）模板过早拆除，由于混凝土的强度没有达到要求；

（2）拆模时方法不对，从而损坏了构件，使之断裂；

（3）混凝土的配合比不对，之后混凝土的强度没有达到设计要求；

（4）由于地基没有夯实或构件底面支点太少或现场排水措施没有做好，使地面沉降而造成构件断裂。

50. 分析现浇框架结构在浇捣混凝土时，模板发生倒塌的原因。

答：发生倒塌的原因可能有以下几个：

（1）模板支撑不牢固，强度与稳定性不够；

（2）模板支撑在地面上，由于排水不良，因集水而使土质软化而使模板支顶发生沉降而形成模板倒塌；

（3）模板支撑好后，没有进行检查和保护，可以受到他人的破坏；

（4）浇捣混凝土的工艺方案错误，使模板支架位移而发生倒塌。

51. 一个单位工程按其构成可分为哪六个分项工程？一般的施工顺序如何安排？

答：一个单位工程可分为基础工程、主体工程、围护结构、屋面防水、内外装修、水暖、电安装六个主要的分部工程。

一般的施工顺序为：由基础到屋顶；从下而上的施工主体结构；再从上往下施工内外装修工程；电、水暖交叉穿插进行。

52. 单层厂房预制构件平面布置要考虑哪些问题？

答：（1）布置柱、层架浇捣的平面位置；

（2）留出抽管芯和张拉钢筋的地方；

（3）留出吊车的行走路线和吊装停机点地位；

（4）考虑吊车的进出场路线。

53. 班组核算有哪些主要内容？

答：（1）施工前算：审阅图纸，讨论任务，研究措施，做好施工准备。

（2）施工中算：认真落实措施，保证工程质量，注意施工安全，降低工料消耗。

（3）完工后算：认真清理施工现场，办理退料、退库或转移手续，防止料具丢失，核算工料用量，分析节超原因，提出改进方法。

54. 什么叫施工预算？它的内容主要有哪些？

答：根据施工图的工程量、施工组织设计、施工定额、施工单位编制的用工、用料的文件，叫做施工预算，故又叫做工料分析。

施工预算的内容一般包括：

（1）按施工定额规定计算的分项分部工程量；

（2）材料耗用量；

（3）分工种的用工数；

（4）大型机械的施工台班数；

（5）主要机具的型号与数量；

（6）其他设备、构件的用量。

55. 什么叫做平行流水作业和主体交叉作业？有什么意义？

答：按照工程的各个工程之间及各工序之间的逻辑关系而进行的生产组织形式叫做平衡流水作业。

按照工程的楼层或垂直空间分层次的穿插交叉作业，称为主体交叉作业。

平衡流水作业和主体交叉作业，对于合理组织劳力、充分利用空间和工作面，相互配合、争取时间具有很大的意义。

56. 什么叫做简支梁？简支梁在均布荷载的作用下，有什么力学特点？

答：一端为铰接支座，另一端为辊轴支座，这种梁叫做简支梁。

简支梁是最简单的受弯构件，在均布荷载的作用下，弯矩图形成抛物线，跨中最大，支座处为零，剪刀图形呈斜线，支座处最大，跨中为零。

57. 什么叫做连续梁？连续梁均布荷载作用下有什么力学性质？

答：不但两端有支座，而且中间也有支座的梁，叫做连续梁。在均布荷载的作用下，弯矩图呈多个抛物线状组合，两端支座处为零，中间支座处为负弯矩，跨中为正弯矩，整弯矩图呈波浪形曲线，剪力图呈锯齿状折线。

58. 悬挑梁（板）的力学特点是什么？

答：悬挑梁（板）的受力与普通简支梁（板）相反，拉力在构件的上部，压力在构件的下部，而且最大的力矩和最大的剪力均在板的根部。

59. 什么叫做排架结构？举例说明。

答：排架结构的基础和柱为刚性连接，可以抵抗弯矩；柱子和屋架或屋面梁为铰接，可以抵抗剪力，不能抵抗弯矩，这种结构叫做排架结构，例如一般的单层装配或钢筋混凝土工业厂房属于排架结构，由现浇杯形基础、称制柱、屋架（屋面深）、屋面板，支撑体系等部件组成排架结构。

60. 什么是框架结构？举例说明

答：框架结构的力学性征是梁和柱之间为刚性连接，其结合点既可以抵抗剪力，又可以承受弯矩，例如多层厂房和高层建筑，常用框架结构，框架结构的整体性好，抗震抗风性能强。

61. 什么叫做图纸的自审？自审的基本内容是什么？

答：收到图纸后，施工人员要把全套图纸和有关的技术资料全面查阅一遍，把存在的问题做好记录，待到三方会审图纸时提出解决，这个过程叫做图纸自审。

图纸自审的基本内容是：

（1）查阅图纸的张数，标准图的种类，看是否齐全；

（2）核算尺寸和标高；

（3）核对门窗的型号、数量及装饰情况；

（4）核对楼地面、墙面装饰要求；

（5）核对结构施工图的内容、核算型号、数量，并与建筑施工图相互印证尺寸；

（6）核对基础结构布置图，了解基础的做法；

（7）复核水电设备等施工图，了解对建筑与结构的要求。

62. 什么叫做图纸会审？会审的基本内容是什么？

答：由建设单位组织召集，有建设单位、设计单位、施工单位及相应的其他单位的技术人员参加的会议，进行图纸交底，核对图纸内容，解决图纸中存在的问题或施工中可能出现的问题，这个会议叫做图纸会审。

图纸会审的基本内容是：

（1）设计单位介绍设计意图，提出施工中的关键问题和注意点。

（2）建设单位介绍工程的概况和基本要求；

（3）施工单位提出图纸中存在问题，交由设计单位给以相应的修改或调整；

（4）提出合理化建议，以改进设计质量。

63. 怎样编制工程的施工方案？

答：首先要熟悉图纸，了解设计要求，知道施工队伍及其技术装备水平，明确单项工程组织设计的内容，了解前道施工工序的情况和现场实际情况。

按以图纸计算实物工程量，进行用工用料的分析，心中有一个具体数量概况。

编制工艺施工技术方案，列出合理的操作流程，提出操作要点及注意事项，必要的话画出图纸表示其内容。

编写确保质量和安全的技术措施，最后提交有关部门审核。经批准后才可执行。

64. 施工过程中怎样加强安全管理？

答：（1）操作工人要有强烈的自我保护意识；

（2）严格按操作现范施工；

（3）碰到有安全事故的有隐患及隐患，应及时采取有效措施，直至停止操作，向有关部门和人员汇报情况；

（4）危险性较大的工作，应由专人负责安全工作，经常检查安全设置及安全操作情况，并使之及时修改。

65. 班组的施工准备和技术交底各有什么内容？

答：班组的施工准备工作主要有：

（1）了解设计要求和施工组织设计的内容；

（2）针对任务进行人员的组织分工；

（3）踏勘施工现场了解上道工艺的施工情况和设备设置

情况；

（4）制订相应的技术安全措施；

（5）材料、设备进场；

（6）重要的工程要先做出样板，经有关部门批准后方可正式施工。

对班组的技术交底的主要内容是：

（1）说明设计要求和图纸情况介绍；

（2）提出施工中心技术措施和质量标准；

（3）说明操作注意事项及安全技术措施；

（4）对于新工艺要详细介绍其工艺操作依据及工艺施工方法，并进行试做，合格后方可正式施工。

66. 模板的荷载有哪些种类？如何取值？

答：模板上的荷载有模板自重，操作人员与机具设备重量，混凝土与钢筋的重量，浇捣混凝土时的倾倒冲击力、震动力、风力。

根据模板的种类、位置、部件来取值。

67. 简述家具图识读要点。

答：（1）首先看标题栏，了解家具名称、比例等情况，再看所附的立体图，对产品的整体造型、表面装饰等基本概念有一个了解。

（2）分析图形位置及表达意图。

（3）家具组装图中的立面图表示家具的主体形状、柜门，抽屉的位置和数量。分析图样时可从立面图入手，同时结合其他有关视图和剖面图、节点图进行综合分析。

68. 简述时间定额和产量定额的定义和它们之间的关系

答：（1）时间定额是指在一定的生产技术和生产组织条件下，某工程、某种技术等级的工人班组或个人，完成符合质量要求的产品所必需的工作时间。

（2）产量定额是指在一定的生产技术和生产组织条件下，某工种、某种技术等级的班级或个人，在单位时间内应完成合格产品的数量。

（3）时间定额和产是定额成倒数关系，当时间定额减少时，产量定额就相应地增加，当时间定额增加时，产量定额就相应地减少，但它们增减的百分比并不相同。

69. 简述钢筋筏支模法定位放线的操作要点。

答：（1）按设计图确定旋转楼梯的圆心及楼梯起步线的位置。

（2）在圆心处先挖深约 80cm、面积 100cm² 的基坑，然后浇筑混凝土，抹平上口。

（3）在圆心点上预埋一块预埋件，待混凝土硬结后，在预埋件上精确定出圆心"十"字标志，并用水准仪测定其水准标高。

（4）用一根事先准备好的校直支模钢管对准圆心，并用定位焊焊牢，上端用钢拉杆与楼层平台的钢架相连，经经纬仪校正后，下端用定位焊焊牢，上端用扣件固定。

（5）利用轻定位三角架确定圆弧形楼梯的水平投影面范围，在此范围内将基土平整夯实，满铺 3cm 厚砂垫层，砂面上统一铺 5cm 的垫木，在楼梯起步位置下侧挖好基槽，并按设计图样要求做好垫层。

70. 简述扶手质量标准。

答：（1）扶手木料宜用硬木，木料要干燥，其含水率一般应控制在 5%，以免收缩脱胶，产生裂纹。木材表面采用油溶性防腐剂，进行必要的防腐处理。

（2）外形尺寸正确，表面平直光滑，棱角倒圆，线条通顺，不露钉帽，无戗槎、创痕、毛刺、锤印等缺陷。各段落接头应用暗雌雄榫或指形接头加胶连接，安装位置正确，割角整齐，接缝严密，平直通顺。

（3）旋转楼扶手安装允许偏差要符合相关规范要求。

71. 活动地板的质量标准是什么？

答：（1）基层建筑结构层的强度及密度符合设计要求和施工规范规定。

（2）活动地板的支架及结构连接件质量和硬度必须符合设

计要求及施工规范。整体构架无变形、支架与建筑结构基层连接牢固。

（3）活动地板的面层的质量和性能符合设计要求，板面平整，规格尺寸均匀。

72. 内藏灯顶棚的质量控制与注意事项。

答：（1）龙骨不平直，顶棚的平整度差

主要是龙骨完成后，未及时准确的校平或使用了不平直的龙骨。所以材料的堆放要整齐，上龙骨时要注意材料的选用，安装完成后必须对主次龙骨进行整体的校平后再上面板。

（2）灯槽不角方

反光灯槽顶棚也是迭级顶棚的一种，所以在高低顶交接处，要用加强龙骨，且最高位和最低顶都必须有主龙骨，挂落处的龙骨一定要用角方尺靠准后才能上报。如果是直接用木工板做迭级挂落，则木板一定要用硬芯板，否则容易翘曲不平，高低差超过 200mm 的，要加竖向龙骨。

73. 软包墙面的施工要求有哪些？

答：（1）软包墙面手忙所用填充材料、纺织面料和龙骨、木基层板等均应进行防火处理。

（2）墙面防潮处理应均匀涂刷一层清油或满铺油纸，不得用沥青油毡做防潮层。

（3）龙骨宜采用凹槽榫工艺预制，可整体或分片安装，与墙体连接应紧密、牢固。

（4）填充材料制作尺寸应正确，棱角应方正，应与木基层板粘接紧密。

（5）织物面料裁剪时经纬应顺直。安装应紧贴墙面，接缝应严密，花纹应吻合，无波纹起伏、翘边和褶皱，表面应清洁。

（6）包布面与压线条、贴脸线、踢脚板、电气盒等交接处应严密、顺直、无毛边。电气盒盖等开洞处，套割尺寸应准确。

74. 简述金柱制作大木画线基本操作步骤。

答：（1）画迎头十字中线，在柱长身弹出四面中线。

（2）点卯榫位置线。按照金柱丈杆上面所标注的尺寸，在中线上点出柱头、柱脚、上下榫以及枋子口、抱头梁、穿插枋卯眼的位置。

（3）画卯眼线。按照所点各线，分别围画出上下柱脖线，上下榫外端截线，枋子口、抱头梁及穿插枋卯眼等线，要注意卯眼方向。

75. 格扇、挂落制作注意事项有哪些。

答：（1）花格拼装后其外皮尺寸与仔屉内皮尺寸不符，甚至过大或过小。

原因：花格元件较多，在画线和锯削断肩时，产生的错误形成积累误差，导致拼装尺寸不符。

防治方法：在画线时墨线不能太粗，断肩时使用细齿锯，这样有助于控制花格尺寸。

（2）花格元件交肩处不平整。

原因：锯削榫头或凿卯眼，剔挖缺口时偏离原线，容易产生交圈不整齐、榫肩高低不平现象。

防治方法：元件的画线一定要重视每道环节，锯削用细齿锯。一旦出现交肩处不平整的现象，一般很难修正，通常将花格的棂条换掉，重新制作。

76. 斗栱的制作和安装要求有哪些。

答：（1）放实样：按照设计尺寸在胶合板上画出 1:1 足尺大样。

（2）套样板：分别将斗、翘、昂、耍头、撑头木及桁万栱、瓜栱、万栱、厢栱、十八斗、三才升等，逐个套出样板。

（3）画线：按样板在加工好的料上画线。

（4）加工制作：依据画线，进行锯解易凿等加工操作，注意不要走线。卯眼内必要平整方正，以保证安装顺利。

（5）草验：即试装，试装时，如果卯榫结合不严密，要进行修整。

（6）存放：将试装好的斗栱一攒一攒地打上标记，用绳临时捆起存放好，注意不能混淆。

（7）逐层安装：将斗栱成攒运抵现场，摆在对应位置，就可以进行安装。安装时，以幢号为单位，平身、柱头、角科一起逐层进行。先安装第一层大斗，以及与大斗有关的垫栱板，然后按照山面压檐面的构件组合规律逐层安装。

安装时要注意，草验过的斗栱拆开后，要按原来的组合程序重新组装，不得调换构件的位置，安装每层斗栱时，要挂线，以保证各攒、各层构件平齐，发现问题及时修整。

77. 梳妆台的制作流程有哪些。

答：（1）列原辅材料分析表；

（2）配料；

（3）毛料加工；

（4）腿部卯眼加工；

（5）望板和撑子榫头、卯槽加工；

（6）腿、望板撑子精加工；

（7）底板制作；

（8）安装；

（9）制作和安装面板；

（10）制作内部小盒子。

78. 移门的安装形式有哪些。

答：（1）直接在柜体的顶（面）板、搁板、底板的外口上开出槽沟作为滑道。

（2）直接在柜体的顶（面）体、搁板、底板的外口上镶装或在它们开出的槽沟内嵌入滑道。

（3）较大或高的移门，为防止歪斜，减少摩擦，易于移动，可带渡轮或吊轮，并在柜体上镶嵌滑道。

79. 加强施工现场管理的必要性有哪些？

答：（1）加强施工现场管理是解放生产力的需要

（2）加强施工现场管理是市场竞争的需要。

（3）加强施工现场管理是实现企业管理整体优化的需要。

（4）加强施工现场管理是现代化大生产的需要。

80. 施工现场管理的任务是什么？

答：（1）以市场需求为导向，生产满足社会生产和人民生活需要的建筑产品，全面完成生产计划规定的任务。

（2）按施工客观规律组织生产、优化生产要素配置，尽可能采用新工艺、新技术，开展技术革新和合理化建议活动，消除施工现场的浪费现象，实现高效率和高效益。

（3）优化劳动组织，搞好班组建设和民主管理，不断提高施工现场人员的思想和技术业务素质。

（4）加强定额考核、施工任务单和限额领料单等现场管理制度，降低物料和能源消耗，减少生产储备和资金占用，不断降低生产成本。

（5）优化专业管理，建立与完善技术工艺、质量、设备、计划调度、财务、安全等专业管理保证体系，并使它们在施工现场协调配合，发挥综合管理效应，有效地控制施工现场的投入和产出。

（6）推行施工现场标准化，做到事事有标准。现场的所有工作均应按标准进行，按标准检查，按标准考核。

（7）加强管理基础工作，做到人流、物流运转有序，信息交流及时、准确，出现异常现象能及时发现解决，使施工现场始终处于正常、有序、可控的状态。

（8）整治施工现场环境，改变施工现场脏乱差的状况，确保安全与文明施工。

81. 施工总平面图设计的步骤有哪些？

答：（1）绘出整个施工场地的围墙和已有的建筑物、构筑物以及其他设施的位置和尺寸。

（2）画出已有的道路、仓库、行政管理及生活用房、水电管线及设施。

（3）布置新的临时设施及堆场。

82. 如何选择建筑装饰装修工程项目管理的组织形式。

答：（1）对于人员素质好，管理基础强，可以承担大型任务的大型综合企业，宜采用矩阵式、项目团队式、事业部式的项目组织形式。

（2）简单项目、小型项目、承包内容单一的项目，应采用部门控制式项目组织形式。

（3）在同一企业内可以根据项目的具体情况采用几种项目组织形式，如将事业部式与矩阵式的项目组织形式结合使用，将项目团队式项目组织与事业部式结合使用等。但不能同时采用矩阵式和项目团队式，以免造成管理渠道和管理秩序的混乱。

83. 项目经理部应在现场入口的醒目位置，公示什么内容。

答：（1）工程概况牌，包括：工程规模、性质、用途、发包人、设计人、承包人和监理单位的名称，施工起止年月等。

（2）安全纪律牌。

（3）防火须知牌。

（4）安全无重大事故计时牌。

（5）安全生产、文明施工牌。

（6）施工总平面图。

（7）项目经理部组织架构及主要管理人员名单图。

84. 施工日志或施工记录应包含哪些内容。

（1）当日气候实况；

（2）当日工程进展；

（3）工人调动情况；

（4）资源供应情况；

（5）施工中的质量安全问题；

（6）设计变更和其他重大决定；

（7）经验和教训。

85. 质量管理小组的选题依据和选题原则是什么？

答：选题依据：

（1）根据施工企业的方针目标、发展规划和施工项目的质量目标进行选题。

（2）根据生产中的关键或薄弱环节选题。

（3）根据用户的需要选题。

选题原则：

（1）选择周围易见的课题。

（2）选择小组成员共同关心的关键问题和薄弱环节。

（3）先易后难，注意现场和岗位能解决的课题。

（4）选择具体的课题，要有目标值，这样便于检查效果。

86. 工程技术档案的具体内容有哪些?

答：（1）图样会审记录。

（2）施工组织方案和技术交底资料。

（3）材料、构配件、成品出厂证明和检验报告。

（4）施工记录。

（5）建筑装饰施工试验报告。

（6）预验记录。

（7）隐检记录。

（8）建筑装饰工程质量检验评定资料。

（9）交竣工验收书。

（10）设计变更、洽商记录。

（11）施工图、竣工图。

（12）施工日记。

87. 工程技术档案的形式有哪几种?

答：（1）企业保存的关于项目的资料，这是在企业文档系统中，是上层系统需要的信息。

（2）项目集中的文档，这是关于全项目的相关文件，必须由专门的地方及专门人员负责。

（3）各部门专用的文档，它仅保存本部门的资料。

3.6 计算题

1. 某钢筋混凝土柱，其截面为 250mm × 300mm，配置 6ϕ18

钢筋，混凝土强度等级为 C20，已知混凝土的设计强度为 10N/mm^2，钢筋的设计强度为 310N/mm^2，此柱的稳定系数为 1。求柱的轴向承受最大的压力。

【解】$N = (f_c A + f_g \times A_g) \times 1$

$\qquad = \left(250 \times 300 \times 10 + 310 \times \dfrac{\pi 18 \times 18}{4} \times 6\right) \times 1$

$\qquad = (750000 + 473072) \times 1$

$\qquad = 1223072N = 1223kN$

答：柱的轴向承受最大的压力是 1223kN。

2. 某一根钢筋混凝土简支梁的混凝土设计强度为 11N/mm^2，断面为 200mm×500mm，配置 3ϕ20 的受力筋，钢筋的设计强度为 310N/mm^2，计算弯度为 5.7m，试求最大的承受弯矩能力（$\alpha_s = 253$，$\gamma_s = 0.851$）

【解】$m_1 = \alpha_s f_c b h_0 h_0 = 0.253 \times 11 \times 200 \times 465 \times 465$

$\qquad = 120 \times 1000000 N/mm$

$M_2 = \gamma_s \times f_g A_s h_0 = 0.851 \times 310 \times 3 \dfrac{\pi \times 20 \times 20}{4} \times 465$

$\qquad = 115.5 \times 1000000 N/mm$

∴ 取 m_2，即 $M = 115.5 \times 10^6 N/mm$

答：最大的承受弯矩能力是 $115.5 \times 10^6 N/mm$。

3. 某一砖构，截面为 370mm×490mm，其抗压设计强度为 1.58MPa，纵向弯曲系数 $\phi_f = 0.785$，柱调整系数为 0.881，求最大的轴向承压力。

【解】$f = 1.58 \times 0.881 = 1.39MPa$

轴向最大承压力：

$N = \phi A f = 0.785 \times 490 \times 370 \times 1.39 = 197825N = 197.8kN$

答：最大的轴向承压力是 197.8kN。

4. 已知某现浇梁的底模板承受的垂直荷载分别如下：

（1）模板自重：1.5kN/m；

（2）新浇筑混凝土重：22.55kN/m；

（3）钢筋重：0.2kN/m；

（4）施工操作人员及施工设备荷载为：7.5kN/m；

（5）振捣混凝土时产生的荷载为3.6kN/m。

若梁长6m，分别由6根支撑来承担，每根支撑承受的荷载多少？若木材的顺设抗压强度为12MPa时，至少应该用多大截面的方木作支撑。

【解】 $N = (1.5 + 22.55 + 0.2 + 7.5 + 3.6) \times 6 \div 6 = 35.35\text{kN}$

每个支撑承受35.35kN

$$A = \frac{N}{R} = 35.35 \times 10^3 \div 12 = 2945\text{mm}^2$$

$$\alpha = \sqrt{A} = \sqrt{2945} = 55\text{mm}$$

则至少要用55mm×55mm的木料作支撑。

实际上由于稳定、刚度等原因，则断面的实际尺寸远大于此数值。

答：略。

5. 新浇筑混凝土对墙模的侧压力为75kN/m²，振捣混凝土时对模板的荷载为4kN/m²，如果在高3m、长10m的墙模上设置8个螺栓作模板的墙拉杆，则每根拉杆上受到的拉力多大？若拉杆的设计强度为210N/mm²，则拉杆的最小直径应多大？

【解】 总荷载 $N = (75 + 4) \times 3 \times 10 = 79 \times 30 = 2370\text{kN}$

每根拉杆的受力 $= N \div 8 = 2370 \div 8 = 296.25\text{kN}$

拉杆的最小截面 $= 296.25 \times 10^3 \div 210 = 1410\text{mm}^2$

拉杆的最小直径 $= 2 \times \sqrt{\dfrac{1410}{\pi}} = 42.38\text{mm}$

取拉杆的最小直径 $d = 44\text{mm}$

答：拉杆的最小直径是44mm。

6. 已知某双坡木基层屋面工程量为618m²，其中檐口方向长度为30.90m，采用规格为800mm×36mm×8mm×100根的灰板条，1200mm×25mm×25mm×50根的挂瓦条若增加2%的损耗量，则需要多少捆的灰板条和挂瓦条？

【解】（1）山墙半坡长：618÷30.9÷2=10m

（2）挂瓦条：

行数：（10.00－0.28）÷32×2=30.38×2→（31＋2）×2=66行

数量：30.9÷1.2×66×1.02÷50=1733÷50=34.7→35捆

（3）灰板条：

行数：30.9÷0.4=77.25→78＋1=79行×2=158行

数量：10.00÷0.8×79×1.02×2÷100

　　　＝2014.5÷100=20捆

答：要20捆的灰板条和35捆挂瓦条。

7. 已知某双坡木基层屋面工程量为618m²，其中檐口方向长度为30.90m。采用1500mm×25mm×25mm×50根的挂瓦条，1200mm×36mm×8mm×100根的灰板条，若增加2%的损耗量，则需要多少捆的挂瓦条和灰板条？

【解】（1）山墙半坡长：

　　　　　618÷30.9÷2=10m

（2）挂瓦条：

行数：（10.00－0.28）÷0.32×2=30.38×2→（31＋2）×2=66行

数量：30.9÷1.5×66×1.02÷50=27.7→28捆

（3）灰板条：

行数：30.9÷0.5×2=61.8×2

　　　→（61＋1）×2=63×2=126行

数量：10.00÷1.2×126×1.02÷100

　　　＝10.71→10.71→11捆

答：要进28捆挂瓦条和11捆灰板条。

8. 已知某双坡木基层的屋面，工程量为618m²，其中檐口方向的长度为30.9m，采用1500mm×36mm×8mm×100根的灰板条，1500mm×25mm×25mm×50根的挂瓦条，若增加2%的损耗量，则需要多少捆的灰板条和挂瓦条？

【解】（1）山墙单坡的宽为：

$618 \div 30.9 \div 2 = 10m$

（2）挂瓦条为：

行数：$(10.00 - 0.28) \div 0.32 \times 2 = 30.38 \times 2$

$\rightarrow (31 + 2) \times 2 = 66$ 行

数量：$30.9 \div 1.5 \times 66 \times 1.02 \div 50$

$= 27.7 \rightarrow 28$ 捆

（3）灰板条：

所数：$30.9 \div 0.5 \times 2 = 61.8 \times 2$

$\rightarrow (62 + 1) \times 2 \doteq 63 \times 2 = 126$ 行

数量：$10.00 \div 1.5 \times 126 \times 1.02 \div 100$

$= 8.57 \rightarrow 9$ 捆

答：需要 28 捆挂瓦条和 9 捆灰板条。

9. 已知某双坡木基层的屋面工程量为 $618m^2$，其中檐口长度方向为 30.9m，现采用幅宽为 1m 的石油沥青油毡和 1200mm 长 100 根一捆的灰板条，若耗损率为 2%，则需要多少卷油毡和灰板条（灰板条间距为 400mm）。

【解】（1）山墙方向单坡长度：

$618 \div 30.9 \div 2 = 10m$

（2）灰板条

行数：$30.9 \div 0.4 \times 2 = 77.25 \times 2$

$(78 + 1) \times 2 = 158$ 行

数量：$10 \div 1.2 \times 158 \times 1.02 \div 100$

$= 13.4 = 14$ 捆

（3）油毡：

行数：$10 \div (1 - 0.1) \times 2$

$= 10 \div 0.9 \times 2 = 11.11 \times 2 = 23$ 行

数量：$(30.9 \div 20) \times 23 \times 1.02 = 36.24 = 37$ 卷

答：需要 37 卷油毡和 14 捆灰板条。

10. 已知某双坡木基面的工程量为 $618m^2$，其中檐面的檐口长度方向为 30.9m；现采用幅宽为 915mm 的石油沥青油毡和 1500mm 长，100 根一捆的灰板条，若损耗率为 2%，则需要多少卷油毡和多少捆灰板条（灰板条间距为 400mm）？

【解】（1）山墙方向羊坡长度：

$618 \div 30.9 \div 2 = 10m$

（2）灰板条

行数：$30.9 \div 0.4 \times 2 = 77.25 \times 2$

$(78 + 1) \times 2 = 158$ 行

数量：$10 \div 1.5 \times 158 \times 1.02 \div 100$

　　　$= 10.74 = 11$ 捆

（3）油毡：

行数：$10 \div (0.915 - 0.1) \times 2$

　　　$= 10 \div 0.815 \times 2 = 12.26 \times 2 = 26$ 行

数量：$30.9 \div (20 \div 0.915) \times 26 \times 1.02 = 36.24 = 37.5 = 38$ 卷

答：需要 38 卷油毡和 11 捆灰板条。

11. 某木门扇的安装检测中，发现不合格门扇的原因有多种，其中开启不灵活为 8 扇，自开为 5 扇，风缝不对为 12 扇，螺钉安装不好为 15 扇，碰伤板面为 2 扇，其他原因为 3 扇，试画出质量原因排列表。

产品不合格排列表　　　　表 11-1

序号	1	2	3	4	5	6	合计
原因	螺钉	风缝	开启	自开	碰伤	其他	
数量	15	12	8	5	2	3	45
百分比	33.3	26.7	17.8	11.1	4.4	6.7	100
累计	33.3	60	77.8	88.9	93.3	100	

12. 某钢窗安装检测后，发现不合格的原因与数量如下：窗

框与墙体间缝隙填嵌不对 5 樘，窗框正侧面垂直度建标 14 樘，窗框水平度建标 16 樘，附件安装不合格 10 樘，框对角线长度差不合格 8 樘，其他原因 3 樘，画出产品质量不合格的排列表。

产品质量不合格排列表　　　　　表 12-1

序号	1	2	3	4	5	6	合计
原因	水平度	垂直度	附件	对角线	填缝	其他	
数量	16	14	10	8	5	3	56
百分比	28.6	25.0	17.9	14.3	8.9	5.3	100
累计	28.6	53.6	71.5	85.8	94.4	100	%

13. 在某铝合金窗的工程质量检查中发现产品不合格的原因与数量如下：用水泥砂浆填嵌道缝为 18 樘，外观划毛破相为 16 樘，附件安装不对为 3 樘，框对角线长度差超标为 8 樘，框正侧面垂直度超标为 5 樘，其他原因为 2 樘，画出产品质量排列表。

产品质量不合格排列表　　　　　表 13-1

序号	1	2	3	4	5	6	合计
原因	嵌缝	划毛	对角线	垂直度	安装	其他	
数量	18	16	8	5	3	2	52
百分比	34.6	30.8	15.4	9.6	5.8	3.8	100
累计	34.6	65.4	80.8	90.2	96.2	100	%

14. 某模板工程的质量检测后发现不合格的情况如下：拼板宽度超标 3 处，表面清理不合格为 4 处，标高不对为 2 处，表面平整度超标为 5 处，相邻模板高低拼接超标为 7 处，其他原因为 2 处。画出产品不合格排列表。

产品不合格排列表　　　　表 14-1

序号	1	2	3	4	5	6	合计
原因	高低拼	平整度	清理	宽度拼	标高	其他	
救骨	7	5	4	3	2	2	45
百分比	30.4	21.8	17.4	13.0	8.7	8.7	100
累计	30.4	52.2	69.6	82.6	91.3	100	%

15. 某楼面工程质量检测评审情况如下：保证项目全部合格；基本项目检查 12 项，其中合格 4 项，优良 8 项，允许偏差项目实测 20 个点，其中合格为 16 个点，4 个点不合格，根据以上数据，计算有关的合格率和优良率，并确定该楼面工程的等级。

【解】保证项目：合格率 100%

基本项目：

合格率：= (4 + 8) ÷ 12 = 100%

优良率：= 8 ÷ 12 = 67%

允许偏差项目：

合格率：= 16 ÷ 20 = 80%

根据以上数据，该楼面工程可评为优良等级。

答：该楼面工程可评为优良等级。

3.7　实际操作题

1. 制作葵式格扇芯

考核项目及评分标准　　　　表 1-1

序号	考核项目	检查方法	测数	允许偏差	评分标准	满分	得分
1	主要几何尺寸	尺量	4 个	±1mm	超过者，每点扣 2 分	8	

序号	考核项目	检查方法	测数	允许偏差	评分标准	满分	得分
2	榫肩、榫眼、合角	目测塞尺	任意	0.3mm	飞插不开裂，榫、合角密缝，超过者扣2分	8	
3	花饰间距	直尺托板	5个	0.5mm	超过者每点扣1分	5	
4	葵式内框方正	角尺	4个	0.5mm	每超0.5mm扣1分	5	
5	铲口线脚	目测	任意		角度正确无高低及两口毛刺	8	
6	边框弯曲	直尺托板	4个	1mm	超过者每点扣2分	8	
7	对角线	尺量	1个	1.5mm	每超过0.5mm扣3分	5	
8	翘裂	目测尺量	1个	1mm	每超过0.5mm扣2分	7	
9	扇面平整度	直尺托板	3个	1mm	每超过0.5mm扣2分	8	
10	光洁度	目测	任意		有毛刺、雀斑、锤印、创痕，每点扣2分	8	
11	工艺操作规程				错误无分，局部有误扣1~9分	10	
12	安全生产				有事故无分，有事故隐患扣1~4分	5	
13	文明施工				脱手清不做，扣5分	5	
14	工效				根据项目，按照劳动定额进行。低于定额90%本项无分，在90%~100%之间酌情扣分，超过定额者酌情加1~3分	10	

372

2. 做复杂挂落

考核项目及评分标准　　　　　　　表 2-1

序号	考核项目	检查方法	测数	允许偏差	评分标准	满分	得分
1	放实样	尺量	5 个	±1mm	超过者，每点扣 2 分	10	
2	材料预算	按样计算		5%	每超 5% 扣 2 分	8	
3	榫接	目测	任意		飞插密缝不开裂，榫接严密	10	
4	对角线	尺量	1 个	2mm	每超 1mm 扣 2 分	4	
5	合角	目测	任意		有离缝每点扣 2 分	10	
6	线角	目测	任意		线角清晰，连接和顺	10	
7	平整度	直尺托板	3 个	1mm	每超过 0.5mm 扣 1 分	5	
8	光洁度	目测	任意		有毛刺、雀斑、锤印、创痕，每点扣 1 分	8	
9	翘裂	目测	1	1mm	每超过 0.5mm 扣 1 分	5	
10	工艺操作规程				错误无分，局部有误扣 1~9 分	10	
11	安全生产				有事故无分，有事故隐患扣 1~4 分	5	
12	文明施工				脱手清不做，扣 5 分	5	
13	工效				根据项目，按照劳动定额进行。低于定额 90% 本项无分，在 90%~100% 之间酌情扣分，超过定额者酌情加 1~3 分	10	

3. 制作建筑小区模型

序号	考核项目	检查方法	测数	允许偏差	评分标准	满分	得分
1	尺寸位置	目测尺量	任意	±1.5mm	水平尺寸、垂直高度不符，每点扣2分	10	
2	房屋立体模型	目测尺量	任意	±1.5mm	形状不对，尺寸不准每点扣2分	20	
3	场地物品布置	目测	任意		尺度合适，比例适当，形象逼真	10	
4	地盘地形	目测尺量	任意	±1.5mm	形状正确，比例合理	10	
5	外观总体	目测			制作精细，接缝密实，形象生动	20	
6	工艺操作规程				错误无分，局部有误扣1~9分	10	
7	安全生产				有事故无分，有事故隐患扣1~4分	5	
8	文明施工				脱手清不做，扣5分	5	
9	工效				根据项目，按照劳动定额进行。低于定额90%本项无分，在90%~100%之间酌情扣分，超过定额者酌情加1~3分	10	

注：可用三夹板用1:500比例制作。

4. 制作安装五踩斗栱小样

序号	考核项目	检查方法	测数	允许偏差	评分标准	满分	得分
1	选料配料	目测	任意		选材适当，数量正确，尺寸合理	5	
2	构造体系	目测	任意		构造正确，构件配置无误	15	
3	比例尺寸	目测尺量	任意	±1.5mm	各物体之间的大小比例正确，尺寸准确	15	
4	榫接结合	目测尺量	任意	0.3mm	榫接合理，结合密缝	15	
5	装配精度量	目测角面	任意	0.3mm	垂直水平前后、左右位置准确	10	
6	光洁度	目测	任意		无毛刺、雀斑、刨痕、缺棱掉角	5	
7	线角清晰	目测	任意		线角清晰连续	5	
8	工艺操作规程				错误无分，局部有误扣 1~9 分	10	
9	安全生产				有事故无分，有事故隐患扣 1~4 分	5	
10	文明施工				脱手清不做，扣 5 分	5	
11	工效				根据项目，按照劳动定额进行。低于定额 90% 本项无分，在 90%~100% 之间酌情扣分，超过定额者酌情加 1~3 分	10	

注：从单翘单昂平身科、单翘单昂柱头科、角科斗栱中任选一种。

5. 制作安装螺旋形楼梯模板

考核项目及评分标准　　　　　　　　　　　　　　表 5-1

序号	考核项目	检查方法	测数	允许偏差	评分标准	满分	得分
1	放样、样板制作	目测尺量	任意	±1.5mm	形状正确，尺寸无误	10	
2	定位，控制点设置	目测	任意		位置正确，控制点设置合理	10	
3	楼梯梁模板	目测尺量	任意	−5 ~ ±3mm	位置正确，尺寸无误，形状准确	5	
4	楼梯段底模板	目测尺量	任意	−5 ~ ±3mm	位置正确，尺寸无误，旋形面和顺	10	
5	楼梯段侧口板	目测尺量	任意	−5 ~ ±3mm	位置正确，尺寸无误，旋形面和顺	10	
6	踏号板	目测尺量	4个	±3mm	位置正确，尺寸无误	10	
7	支撑	目测	任意		数量合理，受力科学、无松动	15	
8	工艺操作规程				错误无分，局部有误扣1~9分	10	
9	安全生产				有事故无分，有事故隐患扣1~4分	5	
10	文明施工				脱手清不做，扣5分	5	
11	工效				根据项目，按照劳动定额进行。低于定额90% 本项无分，在90% ~ 100%之间酌情扣分，超过定额者酌情加1~3分	10	

376

6. 制作五斜梁相交的空间圆木构架

考核项目及评分标准　　　　表 6-1

序号	考核项目	检查方法	测数	允许偏差	评分标准	满分	得分
1	配料	目测	任意		备料断料正确，木料初加工合格	5	
2	划线	目测	任意		划线清晰正确，编号书写合理	10	
3	榫接处理	目测	任意		榫接处理科学合理	15	
4	装配	目测尺量	3 个	±3mm	对称，不松动，高、边长、对角线准确	15	
5	节点紧密度	目测尺量	任意	0.2mm	密缝、缝隙超过者每处 3 分	10	
6	几何尺寸	尺量	任意	0.5mm	用料、构件长度、高尺寸正确	5	
7	光洁度	目测	任意		无毛刺、雀斑、刨痕、锤印	10	
8	工艺操作规程				错误无分，局部有误扣 1~9 分	10	
9	安全生产				有事故无分，有事故隐患扣 1~4 分	5	
10	文明施工				脱手清不做，扣 5 分	5	
11	工效				根据项目，按照劳动定额进行。低于定额 90% 本项无分，在 90%~100% 之间酌情扣分，超过定额者酌情加 1~3 分	10	

注：可按 1:5 比例制作小样，允许偏差作相应调整。

7. 本职业施工组织设计

考核项目及评分标准　　　　　　　　　　表 7 - 1

序号	考核项目	检查方法	测数	允许偏差	评分标准	满分	得分
1	工程量计算	校对	全部	±5%	超过者及漏项、多项均扣分	25	
2	材料预算	校对	全部	±5%	超过者及漏项、多项均扣分	15	
3	人工预算	校对	全部	±5%	超过者及漏项、多项均扣分	15	
4	施工方案	校阅			技术措施先进，人员、机械安排合理	15	
5	工艺流程	校阅			流程合理，无漏项	10	
6	进度计划	校阅			合理	10	
7	质量验收	校阅			合理、全面	5	
8	安全措施	校阅			合理、全面	5	

注：可结合现场施工图考核